信息技术服务教程

梁昭　白璐　沈琦　编著

电子工业出版社

Publishing House of Electronics Industry

北京 · BEIJING

内 容 简 介

本书以 20 多年来中国信息服务企业实践为基础,概括总结了中国企业信息化发展历程及未来发展趋势;全面介绍信息技术服务领域常用技术及规范标准;给出了常见的信息技术服务流程及相关管理原则;指出了信息技术服务能力获取及提升的关键所在;系统地对从事信息技术服务的企业及个人所需资质进行了分类;精彩呈现了信息技术服务相关的质量管理和营销管理的典型方法与案例。

对于信息技术服务企业的管理者,可以通过本书全面系统地了解管理信息服务业务所必备的知识、经验和方法,并结合自己的管理实践,不断提升企业的市场竞争力;对于从事信息技术服务的个体,可以将本书作为工具书,对比、提升自己的职业能力,合理有效地规划自己的职业发展。同时,本书还可作为高校和培训机构培养信息技术服务产业所需人才的教学用书。

图书在版编目(CIP)数据

信息技术服务教程/梁昭,白璐,沈琦编著. —北京:电子工业出版社,2011.6
ISBN 978-7-121-13584-2

Ⅰ. ①信… Ⅱ. ①梁… ②白… ③沈… Ⅲ. ①信息服务业－高等学校－教材 Ⅳ. ①F719

中国版本图书馆 CIP 数据核字(2011)第 090683 号

策划编辑:徐 静
责任编辑:陈韦凯   特约编辑:蒲 玥
印   刷:北京东光印刷厂
装   订:三河市鹏成印业有限公司
出版发行:电子工业出版社
        北京市海淀区万寿路 173 信箱   邮编 100036
开   本:787×1 092   1/16   印张:14.75   字数:378 千字
印   次:2011 年 6 月第 1 次印刷
印   数:4 000 册   定价:39.00 元

凡所购买电子工业出版社图书有缺损问题,请向购买书店调换。若书店售缺,请与本社发行部联系,联系及邮购电话:(010)88254888。

质量投诉请发邮件至 zlts@phei.com.cn,盗版侵权举报请发邮件至 dbqq@phei.com.cn。

服务热线:(010)88258888。

编 委 会

序　言

21世纪是一个变革的时代，伴随着信息技术的快速发展，全球信息化浪潮也席卷了世界的每一个角落。信息系统作为企业运营的重要支撑环境，发挥的作用越来越大，全球500强企业无一例外地使用先进的信息技术管理系统，控制从产品设计、生产、组织、销售到客户服务等一系列业务流程。先进可靠的信息系统日益成为企业的核心竞争力，企业信息系统的可靠运行对企业越来越重要。

目前，我国正在推行信息化与工业化的融合，"以信息化带动工业化"战略，实现企业信息化的跨越式发展。但就目前我国企业信息化应用状况来看，信息技术的快速发展使得一部分人产生了某种思维定式，认为如果采用了最新的技术，就能够（或容易）取得信息系统的成功。从我们20年来做过的大量案例中看到，一些企业尽管不断地采用最新的信息技术，然而他们的信息系统仍然没有逃脱失败的命运，主要原因是企业在信息化的过程中偏重信息系统的建设，不重视信息技术与业务需求的结合，轻视信息系统的运行。真正为企业带来核心竞争力的是通过信息系统的可靠运行，支持业务流程的高效执行，管理好业务数据，为业务决策提供准确的依据，提高业务的运营质量、客户满意度，让企业信息化发挥真正的效益，从而保持企业的持续竞争力。

越来越多的企业认识到IT服务的价值，并进行了多方面的探索和实践，可是其效果并不是很理想。造成这种状况的一个重要原因，是因为大部分企业提供IT服务的过程还停留在"粗放式"的阶段，缺少成熟有效的方法指导。实质上是目前国内缺少各种IT服务方面的人才，包括：服务运营方面的、服务产品设计方面的、服务产品销售方面的以及服务交付方面的人才。IT服务尽管是一种服务，具有很多服务行业的特点，但其IT的特点更强，需要的是复合型的人才，即既懂信息技术的发展、规律，又懂服务运营的人才。

神州数码IT服务集团具有丰富IT服务工作经验的专家编写了这本《信息技术服务教程》，该书从培养IT服务行业人才的角度，从神州数码IT服务集团多年IT服务工作经验的总结出发，提出了要做好IT服务，其从业人员需要掌握的理论知识、工作思路与方法，介绍了各个行业信息化的发展历程，从使用信息技术设计、构建与运行企业信息系统的架构方面对信息技术做了一个较全面的介绍，让读者对信息技术有一个较全面的理解。本书还系统地介绍了IT服务的基本概念、分类，IT服务的国际、国内标准，IT服务流程管理，IT服务能力保证，IT服务方面的各种资质认证方面的内容，IT服务质量管理，最后用一个服务营销案例介绍了IT服务营销方面的内容，是一本难得的好教材，可以作为大学本科IT服务专业的教材使用。

周一兵

2011.5

前　言

　　任何一个行业，从它诞生之初，对这个行业所生产的产品和对用户实际应用的服务就已经产生了。不过，这个时期的服务是同产品制造、销售、安装等环节结合在一起的。当这个行业发展到成熟阶段，对用户的系统服务就会从产品制造、销售、安装中分离出来，成为一项专业的工作。这是经济学中所谓专业分工的要求所决定的。

　　信息技术产业以 1946 年第一台电子计算机诞生为标志，至今已经有 60 多年的历史。从那时开始，信息技术行业经历了突飞猛进的发展，不仅形成了完整庞大的产业群体，而且深刻地影响和改变了我们的经济生活和社会形态。信息技术的发展，使人类社会的经济形态从工业社会进入到信息社会时代。信息技术渗透到经济、政治、文化和人们日常生活的各个领域，信息技术产业已经完全成熟。今天如果没有计算机信息技术的支撑，我们的工作和生活简直是不可想象的。

　　我国信息技术的大规模应用始于 20 世纪 80 年代初，经过 30 多年的发展，信息技术产业已成为国民经济的一个重要部门。尤其值得注意的是，信息技术产业吸纳了大批具有高等教育学历人员的就业。随着信息技术在各部门的应用日益广泛和深入，信息技术服务逐渐从早期的系统集成业务中分离出来，成为信息技术行业的一个独立分支。随之而来的是软件外包。业务流程外包等业务也蓬勃发展起来，成为一个新的经济增长点。

　　一种业务形态一旦发展起来，就需要有共同遵循的标准，标准是提高全社会的效率和保证产品质量的主观希望和客观要求。由于计算机诞生在美国，因此计算机硬件和软件的标准，大都由美国的一些著名公司制定并推广到全世界，成为全世界共同遵守的标准。信息技术服务也一样，许多标准也由西方一些发达国家制定。但是服务业必定同国情有着重要的关系，因此，工业和信息化部根据中国日益增长的对信息技术服务业的需求和借鉴国外的经验，组织有关各方制定中国的信息技术服务标准。这标志着中国的信息服务业已经进入了标准化、大规模发展的新时期。

　　中国计算机用户协会网络应用分会 20 多年来一直关注用户信息技术的应用情况，从用户的角度去看待信息技术发展的状况和需求。早在几年前，网络应用分会副理事长葛迺康教授就对信息技术监理工作提出要建立标准的问题，出版了《信息化工程监理》一书，并积极参与信息技术监理国家标准的制定和推广。同时网络应用分会还组织编写了《信息化工程监理规范实施指南》丛书，受到业界的广泛欢迎。

　　信息技术同以往的机械、电工技术不同，它的发展和普及速度特别快。信息技术行业符合 3 个商业定律：①摩尔定律（Moore's Law）——集成电路所能集成的晶体管个数，每 18 个月翻一番，性能增加一倍，而价格不变。②吉尔德定律（Gilder's Law）——主干网络的带宽每 8 个月增长一倍，使用户的使用费用不断降低。③梅特卡夫定律（Metcalfe's Law）——网络的价值与使用者数目的平方成正比。这就使应用普及的速度非常快，并充满了变化，致使信息技术行业的从业人员必须不断地学习。

　　任何一件事情的促成都有原因，北京联合大学副校长鲍泓教授是网络应用分会的副理事长，他正负责"国家级服务外包人才培养模式创新实验区"组建工作，很希望能有一套信息技术服务的教材。电子工业出版社高级编审高平女士是网络应用分会秘书长,也在寻找这方面的内容。而我又在联想和神州数码工作过,知道神州数码的信息技术服务已经形成了专业的能力,而且几位资深的专家我都很熟,于是大家决定写一本信息技术服务的教材,由此促成了本书的面世。

本书作者梁昭、白璐、沈琦,20世纪80年代末就在联想集团系统集成公司工作,是行业资深专家,从事信息技术工作20多年。现在他们在神州数码信息服务集团专门从事信息技术服务业务,并形成了系列的服务产品,打造了"锐行服务"的品牌。在写作本书的过程中,得到了神州数码领导的大力支持。除了作者的努力之外,北京联合大学的鲍泓教授、支芬和教授、袁玫教授及沈洪副教授都参与了讨论并提出了宝贵的意见,在此表示感谢。

本书总结了近20多年中国信息技术的发展过程和作者的亲身实践,对信息技术服务进行了全面的介绍和阐述。它既可以作为信息技术服务行业从业者的工具书,也可以作为高等学校软件专业和服务外包专业教学的教材和参考书。

信息技术发展迅速,知识更新速度很快。我们希望教育界和企业界的专家学者更好的合作,完成信息技术服务的系列书籍,加快信息技术服务从业者的知识更新和人才培养,为国家"以信息化带动工业化"的宏伟事业贡献一点力量。

2011.5

目　　录

第1章 行业信息化

1.1 国家信息化发展路径

1.1.1 起步阶段（20世纪80年代初期—20世纪90年代初期）

国家电子和信息产业发展战略，奠定了信息技术（IT）服务市场的基础。20世纪80年代初期，我国计算机工业界认识到，发展我国计算机工业，应该由过去以研究制造计算机硬件设备为中心，转向以普及应用为重点，以此带动研究发展、生产制造、外围配套、应用开发、技术服务和产品销售等工作。国家认识到计算机与大规模集成电路事业是关系四个现代化建设进程的重大战略问题。

为了推动计算机的广泛应用和振兴我国计算机和集成电路事业，1982年国务院成立了计算机与大规模集成电路领导小组，提出了若干政策措施。提出了把发展中小型机、特别是微型机、单板机作为重点方向；要面向应用，大力加强计算机软件工作，迅速形成软件产业；把计算机的推广应用作为整个计算机事业的重要环节来抓。

西方发达国家从工业社会转入信息社会，这对我们向四化进军来说，既是一个机会，又是一个挑战。国务院在1984年指出，为了迎接世界新的技术革命，加速我国四个现代化的建设，要有重点地发展新兴产业。在现代新兴产业群中，信息产业是最重要、最活跃、影响最广泛的核心因素。要加强我国的信息产业，以信息技术为手段改造和服务传统工业。

国家电子振兴领导小组发布了"我国电子和信息产业发展战略"，指出我国电子和信息产业要实现两个转移。第一，把电子和信息产业的服务重点转移到为发展国民经济、为四化建设、为整个社会生活服务的轨道上来，为此，必须把电子信息产业在社会各个领域的应用放在首位；第二，电子工业的发展要转移到以微电子技术为基础、以计算机和通信装备为主体的轨道上来，并确定集成电路、计算机、通信和软件为发展的重要领域。

国家在"七五"期间，重点抓了十二项应用系统工程，即邮电通信系统、国家经济信息系统、银行业务管理系统、电网监控系统、京沪铁路运营系统、天气预报系统、科技情报信息系统、民航旅客服务计算机系统、航天实时测控与数据处理系统、公安信息系统、财税系统、军事指挥系统，并建立电子信息技术推广应用贴息贷款，以支持应用电子信息技术改造传统产业。这些信息系统的建设和发展，为以后的信息化建设奠定了广泛的市场、技术和社会基础，培养了一大批信息技术应用人才。

1986年3月，邓小平同志亲自批示，启动了国家高技术研究发展计划，即"863"计划。

该计划投资 100 亿元，其中，信息技术相关项目的投资约占投资总额的 2/3。

从 1988 年—1992 年，国家经济委员会、机电部、国家科委和电子信息技术推广应用办公室，着重推动传统产业技术改造、EDI 技术、CAD/CAM 以及 MIS 等，推动电子信息技术应用向纵深发展。

【小结】 20 世纪 80 年代中期到 90 年代初期是 IT 相关产业的孵化阶段，联想、华为等著名企业均在这个阶段成长，国家制定的电子和信息产业发展战略，决定了集成电路、计算机、通信和软件以及相关的服务市场发展的起点和方向。

1.1.2　孕育阶段（20 世纪 90 年代初期—2000 年代初期）

国家以信息化带动产业化的指导思想和二十四字方针，奠定了 IT 服务市场的发展空间。1993 年，国家启动了金卡、金桥、金关等重大信息化工程，拉开了国民经济信息化的序幕，确立了推进信息化工程实施、以信息化带动产业发展的指导思想。

20 世纪 90 年代初，以美国为首的发达国家，通过提倡建立国家信息基础设施和全球信息基础设施，掀起了全球信息化的浪潮。以美国为首的发达国家是在完成工业化（即进入"后工业社会"发展阶段）后，开始大力推动信息化建设的。在第八个五年计划期间，我国的奋斗目标仍然是实现工业现代化。工业现代化的任务尚未完成，中国要不要推进信息化？相当多的人认为，我国是发展中国家，经济实力不够，人民的温饱问题尚未解决，我国的信息产业和信息技术相对落后，也不足以支持信息化建设，应该加快工业现代化的进程，在工业化完成之后，再进行信息化建设，走"先工业化后信息化"的道路。但是，当时我国的经济发展已经对信息化提出了紧迫的要求，信息技术的应用已经成为工业现代化建设的重要内容。

中共中央不失时机地在十四届五中全会提出了"加快国民经济信息化进程"的号召，激发了全国人民和各行各业信息化建设的热情。把工业化建设与信息化建设结合起来，推动产业结构的升级，以信息化促进工业化，以工业化支持信息化，实现工业化与信息化并进，使我国的经济实现了跨越式发展。

随着信息技术，特别是网络技术的高速发展和广泛应用，信息化从信息技术应用导致产业结构和经济模式变化乃至社会的变革，信息化改变着人们的生产、生活、思维方式和价值观念，信息化成为各国提高综合国力和国际竞争力，提高国家国际地位的战略措施和手段。信息化带动工业化，准确地定位了信息化与工业化的关系，是人们对信息化认识的新飞跃。信息化代表着由信息技术广泛应用和渗透形成的崭新的、充满活力的新兴生产力，可以提升包括农业、工业、科技和国防以及社会各个领域的现代化水平，实现信息时代的工业化。

1996 年以后，中央和地方都确立了信息化在国民经济和社会发展中的重要地位，信息化在各领域、各地区形成了强劲的发展潮流。国务院成立了以国务院副总理邹家华任组长，由 20 多个部委领导组成的国务院信息化工作领导小组，统一领导和组织协调全国的信息化工作。提出了信息化建设"统筹规划，国家主导；统一标准，联合建设；互联互通，资源共享"的二十四字指导方针。

"二十四字方针"依据了国民经济和社会发展的方针和目标，结合了国家信息化建设的要求和规律，总结了中国多年来信息化工作的实践经验和教训，考虑了今后国家信息化建设发展的需要和方向，体现了中国国家信息化建设的特征，为处理好信息化建设中的重大关系问题提供了依据。

1999 年成立了由国务院副总理吴邦国担任组长的国家信息化工作领导小组,继续推进国家信息化工作。信息产业部努力推动电信体制改革,进行了政企分开、邮电分营、电信重组和结构调整、国营企业改革。初步形成了中国电信、中国移动、中国联通、中国网通、中国铁通等多家电信运营公司开展市场竞争的格局。与此同时,会同有关部门,积极推动政府上网工程、企业上网工程和电子商务。

【小结】 以信息化带动工业化的国家策略成为 IT 服务市场的强大推动力,二十四字方针表明了当时的 IT 服务市场需求的结构特征,电信重组为 IT 服务市场中的电信细分市场创造了巨大的市场空间。

1.1.3 发展阶段(2000 年代初期至今)

国家第十个五年计划明确了信息化以市场驱动、政府引导的思路,明确了国家信息化的基本方针,催化了 IT 服务市场的发展。2000 年,《中共中央关于制定国民经济和社会发展第十个五年计划的建议》指出,信息化是当今世界经济和社会发展的大趋势,也是我国产业优化升级和实现工业化、现代化的关键环节。要把推进国民经济和社会信息化放在优先位置。大力推进国民经济和社会信息化,是覆盖现代化建设全局的战略举措。以信息化带动工业化,发挥后发优势,实现社会生产力的跨越式发展。

我国信息化建设是在国家主导下起步的。信息化建设是一项新兴的事业,在尚无建设经验、从计划经济向社会主义市场经济体制转变的过程中,由国家确立若干项全局性的重点工程,统筹规划、统一建设是非常必要的,它体现了政府的意志,表达了政府对未来发展的强烈愿望。既推动了信息化建设发展,又可以积累经验,带动经济发展全局。全国信息化工作会议以后,领域信息化、区域信息化以及电子政务、电子商务、企业信息化、社区信息化蓬勃发展;信息网络建设、信息资源开发和信息化工程建设全面推进,形成新的投资热点。随着社会主义市场机制的逐步完善和经济体制改革深入发展,市场配置资源作用突显出来。推进信息化建设,在发挥政府的宏观调控作用的同时,应当充分利用市场机制,实行政府调控与市场驱动相结合的方针。

中共中央十五计划建议中提出了"应用主导、面向市场、网络共建、资源共享、技术创新、开放"的基本方针,强调在全社会广泛应用信息技术,提高计算机和网络的普及应用程度。无论政府行政管理、社会公共服务、企业生产经营都要运用数字化、网络化技术。加快传统产业改造,提高信息化水平,面向消费者,提供多方位的信息产品和网络服务。积极创造条件,促进金融、财税、贸易等领域信息化,加快发展电子商务,推动信息产业与有关文化产业结合。要抓应用,促进信息产业发展。强调信息化建设与发展,一定要面向市场需求。要充分发挥市场机制和社会需求对信息技术进步的导向和带动作用,要尊重市场规律,按照市场需求决定生产的产品和规模。要大力培育和发展市场,积极拓展信息化的发展空间。

形成政府引导、市场驱动的思路,是对信息化认识的深化和提高,但是,在某些方面仍然要发挥政府主导作用。实现西部大开发战略,在提高西部经济发展水平的同时,要提高西部的信息化水平,以消除"数字鸿沟"。在经济相对欠发达的地区,国家在资金、政策等方面仍然要给于关注,在信息化建设起步阶段,国家主导具有重要意义。为保证信息和网络安全、维护国家利益,国家必须主导安全政策和安全技术的发展和应用。

在《中华人民共和国国民经济和社会发展第十一个五年规划纲要》中明确提出"坚持以信息化带动工业化,以工业化促进信息化,提高经济社会信息化水平"。在此期间,制造业加快了信息化的步伐,以信息化改造制造业,推进了生产设备数字化、生产过程智能化和企业管理信息化,促进了制造业研发设计、生产制造、物流库存和市场营销的变革。为了深度开发信息资源,加快国家基础信息库建设,促进基础信息共享,完善信息基础设施,积极推进"三网融合",通信行业建设和完善了宽带通信网,加快发展宽带用户接入网,稳步推进新一代移动通信网络建设,建设集有线、地面、卫星传输于一体的数字电视网络,构建了下一代互联网,加快了商业化应用,制定和完善了网络标准,促进了互联互通和资源共享,强化了信息安全保障,积极防御、综合防范,提高了信息安全保障能力,加强了安全监控、应急响应、密钥管理、网络信任等信息安全基础设施建设,加强了基础信息网络和国家重要信息系统的安全防护,推进了信息安全产品产业化。

【小结】 国家第十一五计划指出的信息化发展的"工业化信息化融合"的方针,明确了国家在信息化发展中的新的定位,促进了 IT 服务市场机制的建立,催化了 IT 服务市场的发展。

1.2 主要行业信息化发展历程

电信、金融、政府与制造是 IT 服务最重要的 4 个应用行业,随着其 IT 系统建设的成熟,其对 IT 服务的需求也高于其他行业,这几个行业所占比例分别为 24.5%、20.3%、15.3%、13.4%。从总体 IT 投资额度来看,以上 4 个行业也是比重最高的行业,这一点决定了其 IT 服务需求相对较高。电信与金融行业的整体业务策略正由技术型向业务型转变,这些行业用户趋向将资源用在其核心业务上,这一趋势决定了其对 IT 服务需求的不断增加。政府行业由于部分 IT 服务由行业内部完成,所以虽然 IT 投入总额很高,但 IT 服务的比重相对较低。政府行业的服务需求主要体现在支持维护、集成开发与培训上,咨询与外包相对滞后,各行业市场份额如图 1-1 所示。

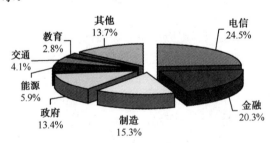

图 1-1 IT 服务市场各行业市场份额

1.2.1 金融

我国银行业的信息化进程至今有 20 多年的历史了,我国银行业的信息化分为 3 个阶段。

第一阶段是机器仿人工的阶段，大致时间是 20 世纪 80 年代初期到 20 世纪 90 年代初期，也就是电子化阶段，即银行的对外业务以计算机处理代替手工操作。

第二阶段是 20 世纪 90 年代初期到 2000 年代初期的数据集中阶段，随着计算机网络技术的发展与成熟，大型国有银行逐步通过网络把营业网点与省级分行的数据中心或全国的数据中心连接起来，实现本省范围或全国范围的业务数据的集中，能够实现全省或全国范围内的通存通兑，方便客户存钱取钱。而且可以对业务数据进行集中统一管理，提高业务数据的安全性。银行完成业务和数据的集中后，就面临着怎样处理这些数据，怎样将这个业务管理最优化的问题，比如创新金融产品、开拓网上金融服务等。

第三阶段是 2000 年代初期以后的管理信息化阶段。银行信息化建设重点由包括资金核算的综合业务系统逐步扩展到提高经营管理效率的管理信息系统，信息化建设的直接目标也由原来的提高业务处理效率过渡到提高管理效率和决策支持水平。因此，建立起一个包括财务管理、人力资源、风险和资产负债管理、客户关系管理、决策分析等功能在内的强大银行后台管理信息系统已势在必行。信息化还包含着业务模式的重建、结构的重构，随着信息化的深入银行业的组织构造会越来越扁平，中间组织大量减少，信息化从管理上说能真正实现一级法人的治理结构。

最早的金融信息化叫金融电子化，主要目的实际上就是利用计算机解决营业网点柜面压力，就是核算问题。改革开放后，搞市场经济，经济活动增多，这就需要金融服务满足经济发展的需要。1984 年，国家进行了第一次金融改革，四大商业银行和人民银行"分家"，当时计算机还很不普及，银行都没有使用计算机，银行的储蓄业务全是手工的，效率非常底，所以，老百姓存钱取钱都非常困难，经常出现排长队的现象。当时引进计算机主要是考虑解决柜面压力，提高业务处理速度。

计算机的使用确实比手工操作的效率高得多。于是在 20 世纪 90 年代，各大银行都大量采用计算机。那个时候也正好是我国经济发展最好的时候，居民的储蓄额持续攀升，各大商业银行都大量建设储蓄网点，一方面丰富业务种类，另一方面提高网点覆盖率。计算机发挥了重大作用，试想，当时那么多网点，如果要是用手工的话，金融系统恐怕一千万业务员都不够，但现在整个金融系统只有三四百万人。

随着信息化影响的逐渐深入，一些业务方式开始改变，开始超越计算机仿手工的阶段，业务操作模式和劳动组织结构都有了变化，传统的是一人记账，一人复核，但是计算机可以通过在账号前加序列号或校验数字解决这个问题，这样单人就能做到不串号了。从最早的提高记账的质量，缩短时间，到内部劳动组织结构都有了变化，人员大量减少。

随着信息化的发展，产生了一些基于信息技术的新业务品种，比如 ATM（自动取款机）、POS（销售点终端）、电话银行、网上银行等，ATM 能 24 小时工作运转。这些新的项目一出现就和信息技术联系在一起，都是因为信息技术的发展而产生的新服务方式。开始是仿人工，现在则是直接利用信息技术创造出新的服务方式。POS 也是一个重大的结果，一般人们消费是从银行里取出现金消费，而 POS 则实现了用卡消费，减少了现金货币的流量，就是我们说的虚拟货币，可见，信息化延伸了服务品种和服务渠道。

数据集中建设是信息技术的发展和银行自身业务发展和创新相结合的结果。最早搞电算化都是一些网点，各分理处、各储蓄所等，都是一个个相互分离的点，每个储蓄所都有自己的微机系统，这是大集中建设的物质基础，大集中建设是自下而上从基层开始做起的。刚开始，以一个市为中心，进行数据大集中的建设，到20世纪90年代时银行业有了两大条件，一个是网络技术发展非常快，另一个就是银行业电算化在当时已经上了一些网点，有了一定的基础。在这种情况下，1994年工商银行最早提出来"大集中"的概念，当时叫"大机延伸"，各储蓄所的微机和大机或主机联网，把数据不再放在储蓄所里了，而是放在一个城市的中心，这样数据的集中管理、保护、处理等各方面都会加强。1998年的主机供应能力有了很大的进步，处理能力强速度高的机器问世，建立更大的计算中心的技术条件成熟。工行在1999年把原来的中心进一步集中，建立了两大数据中心，只在北京和上海建立了两大互相备份的数据中心。其他商业银行看到数据集中的趋势，都随之进行了大集中的建设。当然，各银行数据大集中的程度是不一样的，工行只有一个中心，中行五大中心，农行、建行都以省为中心，数据大集中实际上就是主机能力的提高和网络覆盖面的扩大，它有许多好处，从逻辑上看全国就是一个点，便于全国统一管理，另外数据集中对网上银行业务和各种业务的开展都创造了条件，管理方面可以全国统一查账，任何一个储蓄网点发生的业务在数据库里都有记载。监控方面大集中的作用更是显而易见，在大集中的条件下，各级都有不同的权限等级，对防止风险的发生也有很大作用，有利于事前的防范。

可以说数据集中已经成为现在金融服务创新的一个技术基础，现在推出的许多新的服务，网上银行、自助银行、各种银行卡类的流通，都是以网络的统一和数据的集中为基础的。从某种意义上讲，一个银行集中的范围越大，集中的程度越广，其实力就越强，竞争力就越强。数据集中在一起的目的说到底就是为了业务发展，支持业务管理和业务创新，仅仅集中显然不够，还要将这些数据深入挖掘，分析客户及资金流的走向，进行风险的监控和预测等，所以未来一段时间的主要任务就是业务系统的建设。另外，数据仓库和灾备中心的建设也是一个不能忽视的问题。还有一点，那就是通过数据利用也可以进行业务的创新，这是未来银行业竞争力的主要内容。

从技术上说，在数据集中和业务集中这一点上，各个银行不会有差距，早晚都会达到同一个水平，但是，在数据的深入挖掘和数据分析等方面，也就是数据集中之后的利用上，将会产生差距。

从我国银行业信息化建设方面，我国银行业正处在数据大集中已经建成，向信息化纵深发展的阶段，各种新业务将应运而生。基础设施建设已经大体完成，下面就要开始业务系统或软件的建设等，银行业的信息化已经进入了成熟的阶段。

银行业的信息化有一个现象，那就是银行信息化的水平趋向平均。一方面，整体IT水平相对较弱的金融机构，如农行、农信社、城市商业银行等将会在大环境的促使下极力缩小与大银行的差距，这在资金和技术上也不成问题，各地农信社和地方商业银行尽管起点较低，但在大集中的建设中会直接利用最新的信息技术，也可以吸取别人的经验，省去了大银行在信息化建设过程中不必要的过程。另一方面，各银行对信息化的思路基本没有大的区别，不论国有银行还是中小银行，系统建设的功能也很类似。

银行业信息化的发展趋势是在流程银行、网点转型、高低柜台、手机银行、私人银行、理财中心等业务领域内，继续积极推进数据集中和应用整合，加强全面风险管理、科技风险管理、IT治理、业务连续性管理、数据治理、数据全生命周期管理等安全管理和运行管理，确保银行信息系统平稳运行。同时在数据集中基础上实现深层次的数据应用，加快综合业务系统与信贷管理系统、财务管理系统、客户关系管理系统等管理信息系统的集成，加大技术体系调整、业务流程整合和组织结构调整的力度。技术架构将以核心系统与业务系统松耦合架构、专用系统与开放系统并存的服务器体系结构、高度集中管理安全可靠的网络体系架构为主。组织结构将推广"一部两中心"的技术队伍体系、"两地三中心"的数据中心体系，使总行、分行、营业网点一体化，把数据集中带来的技术优势，尽快转化成企业的竞争优势。把金融理念跟战略信息化合二为一。

【小结】 在我国金融行业信息化发展历程表明，企业信息化第一步是利用信息技术和服务代替人工，帮助银行提高对外业务的生产效率；第二步是将分散的 IT 系统集中起来，进行业务的规范和创新；第三步是充分的挖掘，利用信息数据，进行企业的规范和创新。另外，金融行业中细分市场的信息化进程不尽相同。金融行业是中国信息化发展相对成熟的行业，其发展规律具有代表性，其他行业将步其后尘。

金融行业信息化历程见表 1-1。

表 1-1　金融行业信息化历程

阶段	电子化阶段	数据集中阶段	管理信息化阶段
时间	20 世纪 80 年代初期—20 世纪 90 年代初期	20 世纪 90 年代初期—2000 年初期	2000 年代初期至今
主要需求	银行的对外业务以计算机处理代替手工操作	把计算机连接起来，实现全国范围银行计算机处理联网，使所有的业务都归在一个业务系统下，便于集中统一管理	重点由包括资金核算的综合业务系统逐步扩展到提高经营管理效率的管理信息系统，包括财务管理、人力资源、风险和资产负债管理、客户关系管理、决策分析等
		数据资源整合，通过应用的集成、数据的挖掘、系统的安全保障以及风险控制实现业务管理最优化	信息化建设的直接目标由原来的提高业务处理效率过渡到提高管理效率和决策支持水平。 统一技术标准与业务规范

1.2.2　电信

经过 20 多年的发展，中国电信企业的竞争已从基于业务层面的竞争转变为客户层面的"价值链竞争"，电信企业关注的核心竞争力也从规模投资实力转向市场营销能力。回首 20 多年的中国电信业信息化历程，可以分为四阶段。

第一阶段，20 世纪 80 年代初期—20 世纪 90 年代初期是信息化建设预备期，在程控交换机引进过程中开始配套计费系统的建设，此时期信息化系统主要是计费系统和一些简单的网管系统。

第二阶段，20 世纪 90 年代初期—20 世纪 90 年代后期是信息化建设初期，在这一阶段，正式启动了各种计算机应用系统的建设，如市话业务综合管理系统、MIS 系统、网管系统等，但一些基础管理系统的建设还不完备。

第三阶段，20 世纪 90 年代后期—2000 年代初期是信息化建设正式启动期，中国电信开始 97 系统的酝酿和建设，代表了当时电信运营企业业务支撑系统的方向，97 工程到 1999 年才基本结束，OA（办公自动化）和财务等专用办公系统也进入建设阶段。

第四阶段，2000 年代初期至今是信息化规范建设期，运营商纷纷发起了运营支撑系统的集中改造，并开始制定整体的信息化规划。ERP（企业资源规划）、CRM（客户关系管理）、经营分析等系统也在运筹和建设中。

12.2.1 四大运营商信息化发展状况

1997 年，中国电信 97 系统建设成为电信行业信息化的里程碑， 2003 年下半年，中国电信制定《中国电信未来五年内信息化发展规划》（ITSP（信息化战略规划）1.0），对 97 系统进行全面改造。2003 年中国电信正式启动 ERP 建设，2004 年将原 ERP 项目更名为 MSS（管理支撑系统）项目，对应原有的 OSS（运营支撑系统）、BSS（业务支撑系统），成为中国电信 CTG-MBOSS（中国电信集团管理、业务、运营支撑系统）的 3 个组成部分。从 2008 年 9 月中国电信开始《中国电信未来五年内信息化发展规划》（ITSP2.0），分 3 个阶段对其信息化系统进行全面改造、升级，具体情况为：BSS 系统的升级目标是"持续提升客户品牌经验能力"、OSS 系统的升级目标是"不断提升面向客户的全网运营与服务效率"、MSS 系统的升级目标是"逐步推进人财物企业资源的精确化管理"。

中国电信正在向基于网络和平台的综合信息服务提供商转变，成为智能管道的主导者、综合平台的提供者、内容和应用的参与者。

2000 年，中国移动开始规划、设计和建设 BOSS（业务与运营支撑系统）系统，累计投资数十亿，在集团和 31 个省分公司全部完成了 BOSS1.0 的建设，2005 年完成 BOSS1.5 建设，初步完成经营分析系统一期建设和 MIS（管理信息系统）系统建设，按照规划还将继续建设经营分析二期、容灾系统、BOSS 网管系统、收入保障系统等。2009 年完成 NGBOSS（下一代业务与运营支撑系统）规范的制定、与 NGBOSS1.0 系统的建设，中国移动开始按照国际规范来规划、设计其 BOSS 系统，并把 CRM 系统从 BOSS 系统中分离出来，能够按照以客户为中心的业务策略，根据客户服务的要求对 CRM 系统进行改进、升级，而不影响 BOSS 系统的架构。中国移动致力于打造移动互联网时代的"智能通道"，成为基础设施提供者。

2002 年，中国联通提出名为 UNI-IT 的企业整体 IT 系统框架，由 UNI-CRM、UNI-ERP、UNI-MSS 三部分组成，其中 UNI-CRM 系统包括综合营账、经营分析等系统。2004 年中国联通调整 UNI-IT 的定义，将原有 UNI-CRM 更新为 UNI-BSS。在新的 UNI-BSS 系统规划中，BSS 系统包括综合计费账务、CRM、经营分析等系统。其中 CRM 系统包含原综合营业系统中的营业部分、客服等模块。

2004 年 7 月，中国网通研究院制定《中国网通集团信息化系统规划》，开始从集体层面统一规范信息化系统的建设。中国网通最初的信息化系统也是以 97 系统为主。2002 年—2004 年，网通将主要精力集中在并购、上市、整合等方面，信息化建设基本是 97 系统的改造。

2009 年，中国联通与中国网通合并以后，在 3G 领先与一体化战略的指导下，新中国联通集团公司对 BSS 系统进行了整合，完成了 BSS3.0 系统的建设，不仅能够支撑固网业务、移动网业务，还可以支持新推出的 3G 移动业务，在以后的 BSS4.0 系统中还能够支持固网、移动网融合业务。

1.2.2.2 电信行业信息化的趋势

BSS 与 OSS 整合成为新一代 BOSS。随着市场竞争的加剧以及市场环境的变化加速，原有的 OSS/BSS 已经不能适电信行业的业务发展，运营商需要新型的以客户服务为中心的运营支撑系统来帮助其实现业务的稳定与发展，新系统能够集成各类独立业务系统，消灭"信息孤岛"。

分析型 CRM 将成为客户关系管理主流。电信企业的竞争已从基于业务层面的"异质竞争"转变为客户层面的"价值链竞争"，电信企业的核心竞争力必然从规模投资转向市场营销能力，而 CRM 可以帮助电信运营商树立以客户为中心的战略思想，将成为电信运营商客户服务的主流方向。目前运营商的 CRM 建设正在向操作型 CRM 靠拢，而分析型的 CRM 是未来的建设重点。

MSS（管理支撑系统）与 ERP 成为提升企业管理水平的有力工具。目前运营商生产管理系统已经趋于完善，但企业内部管理信息系统已经不能满足当前需要，如何提升内部管理水平，向管理要效益成为未来几年电信业新的 IT 应用热点。

战略性新兴通信业的领域和重点是 LTE 研发和产业化、IPV4 向 IPV6 转换、宽带、物联网、三网融合、移动互联网、移动支付、智能终端、信息服务业。

【小结】 在我国电信行业的信息化发展的成熟度仅次于金融行业，起步晚起点高。中国加入 WTO 以后，运营商之间竞争激烈，IT 系统是运营商重要的生产资料，IT 服务等级要求高。IT 服务在不同的细分市场的发展相对比较统一。

电信行业信息化历程见表 1-2。

表 1-2 电信行业信息化历程

阶段	预备期	初始建设期	正式启动期	规范建设期
时间	20 世纪 80 年代初期—20 世纪 90 年代初期	20 世纪 90 年代初期—20 世纪 90 年代后期	20 世纪 90 年代后期—2000 年代初期	2000 年代初期至今
主要需求	程控交换机配套计费系统	市话业务综合管理系统	电信 97 系统建设成为电信行业信息化的里程碑	整体的信息化规划
	简单网管系统	MIS 系统	OA 和财务等专用办公系统	运营支撑系统的集中改造
		网管系统等		ERP、CRM、经营分析等系统

1.2.3 政府

我国的政府信息化建设是从机关办公自动化→管理部门电子化工程（如金关工程、金税工程等"金"字工程）→全面的政府上网、电子政务，这样一条线展开的。总的说来，我国的政府信息化进程共经历了 3 个阶段。

第一阶段（20 世纪 80 年代初期—20 世纪 90 年代初期），中央和地方党政机关所开展的办公自动化（OA）工程，建立了各种纵向和横向的内部信息办公网络。

第二阶段（20世纪90年代初期—2000年代初期），1993年年底，为适应全球建设信息高速度公路的潮流，中国正式启动了国民经济信息化的起步工程—"三金工程"，即金桥工程、金关工程和金卡工程。三金工程是我国中央政府主导的以政府信息化为特征的系统工程，是我国政府信息化的雏形。"金桥"工程又称经济信息通信网工程，它是建设国家公用经济信息通信网、国民经济信息化的基础设施。这项工程的建设，对于提高我国宏观经济调控和决策水平以及信息资源共享、推动信息服务业的发展，都具有十分重要的意义。"金关"工程又称为海关联网工程，其目标是推广电子数据交换（EDI）技术，以实现货物通关自动化、国际贸易无纸化。"金卡"工程又称电子货币工程，它是借以实现金融电子化和商业流通现代化的必要手段。在部分"金"字工程推动下，部分政府部门的网络建设，电子化的的深度都得到了一定的发展，并积累了一定的经验。1999年1月，40多个部委的信息主管部门共同倡议发起"政府上网工程"，其目标是在1999年实现60%以上的部委和各级政府部门上网，在2000年实现80%以上的部委和各级政府部门上网。通过启动"政府上网工程"及相关的一系列工程，实现我国迈入"网络社会"，提供政府信息资源共享和应用项目，政府站点与政府的办公自动化连通，与政府各部门的职能紧密结合，使政府站点演变为便民服务的窗口，实现人们足不出户完成与政府部门的办事程序。据统计，我国目前已有70%以上的地市级在网上建立了办事窗口，政府网站也已经多达3000多个。在"政府上网工程"的推动下，网络建设获得了长足的进展，政府信息化的的必要条件已经具备。

第三阶段（2000年代初期至今），国家不断培育政府信息化发展的宏观环境。2002年是政府信息化逐渐由"由概念变成现实，由争论转入实施，由含混转为清晰"的一年。从"割据"向"统一"发展。2002年在国家信息化领导小组第二次会议上，国务院组织了上百位专家对国家电子政务进行研究，明确了"十五"期间我国电子政务的目标以及发展战略框架，将政府信息化建设纳入一个全新的整体规划、整体发展阶段。十六大报告明确提出："深化行政管理体制改革，进一步转变政府职能，改进管理方式，推行电子政务，提高行政效率，降低行政成本，形成行为规范、运转协调、公正透明、廉洁高效的行政管理体制"。

我国政府信息化经过近20年的发展，已经取得了阶段性的成果，各类政府机构IT应用基础设施建设已经相当完备，网络建设在"政府上网工程"的推动下已获得了长足的进展，大部分政府职能部门如税务、工商、海关、公安等部门都已建成了覆盖全系统的专网。

办公自动化、管理信息化的水平不断提高，适应政府机关办公业务和辅助领导科学决策需求的电子信息资源建设初具规模。70%以上的地市级在网上建立了办事窗口，政府网站也已经多达3000多个。

早期启动"金"字工程已经发挥作用，其他"金"字工程也已陆续启动。"金税工程"二期在遏制骗税和税款流失上取得了显著的收效。"金财"工程、"金盾"工程也已经陆续启动，"金水"工程、"金质"工程被列为重点发展的十二个业务系统之一。地方政府建设数字城市的步伐也明显加快，上海、深圳、广州、天津等沿海开放城市纷纷提出建设数字化城市或数码港的概念，其中电子政务的建设是数字城市建设的核心内容之一。

【小结】 政府行业的信息化建设主要是政府主导，对IT服务等级要求相对较低。

政府行业信息化历程见表1-3。

表 1-3　政府行业信息化历程

阶段	机关办公自动化	管理部门电子化	电子政务
时间	20 世纪 80 年代初期—20 世纪 90 年代初期	20 世纪 90 年代初期—2000 年代初期	2000 年代初期至今
主要需求	办公自动化（OA）	1993 年年底中国启动了国民经济信息化的起步工程—"三金工程"，即金桥工程、金关工程和金卡工程。	政府上网工程
	电子发文	政府专用网络建设	政府互联网门户建设

1.2.4　制造业

我国的制造业信息化建设是从财务、人力资源管理（工资管理）→CAD/CAM（计算机辅助设计与计算机辅助制造）→ERP，这样一条线展开的。总的说来，我国的制造业信息化进程共经历了 3 个阶段。

第一阶段（20 世纪 80 年代初期—20 世纪 90 年代初期），大型国有企业上财务管理系统、人力资源管理系统，在这些系统投入生产以后，准备上 MRPII（制造资源规划，ERP 系统的前身）；而大量的中小企业在 20 世纪 80 年代后期刚开始上财务管理系统、人力资源管理系统，开始了制造业信息的初级阶段。

第二阶段（20 世纪 90 年代初期—2000 年代初期），1990 年以后，随着改革开放的不断深入，深圳、广东成为了全球制造业的中心，大量国外 500 强的企业把其制造业的基地设在深圳、广东，带来了大量制造业信息化方面的技术、产品、管理经验。给国内制造业企业造成竞争压力的情况下，也给国内制造业企业带来了新的发展思路与方法，特别是在企业信息化方面。在该时段，国内的制造业企业的信息化有了一个很大的发展。制造业企业信息化发展体现在 3 个方面：一个是企业管理方面的信息化，包括财务管理系统、人力资源管理系统的建设；另一个是产品设计与制造方面的信息化，包括 CAD/CAM 系统、CIMS（计算机集成制造系统）等系统的建设；最后一个是产品生产过程物料管理方面的信息化，包括 ERP 系统的建设。在该阶段的主要标志就是，大型国有企业基本上都上了 ERP 系统、CIMS 系统，中小企业都上了财务管理系统、人力资源管理系统，大部分企业都上了 CAD 系统进行产品设计，但使用 CAM 系统的中小企业较少。1998 年随着互联网在国内大规模发展，以及电信增值业务的发展，给制造业企业提高客户服务质量提供了通信方面的基础。再加上前一个阶段制造业企业的业务发展在信息化的促进下，有了一个长足的进步，使得企业之间的竞争加剧，在产品趋同、价格相近的情况下，企业为了提高客户的忠诚度，都投入资金进行 CRM 系统的建设。基本上大型国有制造业企业都有自己的网站、呼叫中心，为购买其产品的用户提供售后服务，大量的中小企业以其他方式建立企业的网站，如在虚拟主机服务商那租用存储空间存放其网站的内容。

第三阶段（2000 年代初期至今），在该阶段制造业企业的信息化不断深入，为了降低原材料的采购成本、运输成本，大型国有制造业企业都进行 SCM（供应链管理系统）、物流管理系统的建设。随着基于互联网技术的电子商务的蓬勃发展，制造业企业的上下游合作伙伴之间的 ERP 系统、SCM 系统、物流管理系统通过互联网连接在一起，进一步提高原材料采购与供应的效率，提高产品运输的效率，达到降低运营成本的目标，提高企业的竞争力。中小制造业企业大量是为大型制造业企业做配件供应的，该类企业主要根据上游生产企业的要求，通过互联网把自己的生产管理系统加入到上游企业的 SCM 系统中，做好配套供应商的事情。

【小结】 制造业企业的信息化建设主要是企业主导，不同的企业对 IT 服务等级要求不同，大型制造业企业的要求较高，成熟度相对较高。中小制造业企业的要求较低，成熟度相对较低。

制造业企业信息化历程见表 1-4。

表 1-4　制造行业信息化历程

阶段	内部管理信息化	生产过程信息化	电子商务
时间	20 世纪 80 年代初期—20 世纪 90 年代初期	20 世纪 90 年代初期—2000 年代初期	2000 年代初期至今
主要需求	财务管理系统	ERP 系统、CRM 系统、CAD/CAM 系统	物流管理系统、SCM 系统
	人力资源管理系统	CIMS 系统	电子商务系统

1.2.5　能源

能源行业是国民经济的基础行业，也是国家的支柱性行业。近几年连续的能源短缺现象使能源行业备受关注，电荒、煤荒、油荒现象引起广泛重视。与此同时，能源各行业为了提高生产效率、提高管理水平、降低成本、保证安全生产，加大了对信息化建设的投入力度，能源行业的信息化建设加快了步伐。我们把能源行业细分为石油、煤炭、电力 3 个行业进行讨论，但能源行业的发展主线基本相近，我国的能源行业信息化建设是从财务、人力资源管理（工资管理）→生产过程控制与管理→ERP，这样一条线展开的。总的说来，我国的能源行业信息化进程共经历了 3 个阶段。

第一阶段（20 世纪 80 年代初期—20 世纪 90 年代初期），石油行业内主要的活动主体是几个国有油田、很多个国有炼油企业，以及当地的石油管理局，在该阶段各个油田、炼油企业上财务管理系统、人力资源管理系统，在这些系统投入生产以后，准备上石油地质档案管理系统，对油田范围内大量的地质数据进行有效管理，分析、确定钻探开采的位置，提高油田开采的效率，开始了石油行业信息化的初级阶段。煤炭行业内主要的活动主体是多个国有煤矿及当地的煤炭工业局，在该阶段各个煤矿上财务管理系统、人力资源管理系统，在这些系统投入生产以后，准备上煤矿安全信息管理系统，获取井下瓦斯等安全信息，根据预先设置的情况进行报警，提高煤矿生产的安全性，开始了煤炭行业信息化的初级阶段。电力行业内主要的活动主体是多个国有电厂、当地的供电局，在该阶段各个电厂上财务管理系统、人力资源管理系统，在这些系统投入生产以后，准备上电厂安全信息管理系统，实时获取火电锅炉、发电机组运行状态的信息，并把这些运行状态信息实时地在主控台显示出来，根据预先设置的情况由生产管控人员进行操作，保证火电机组的安全运行，开始了电力行业信息化的初级阶段。在该阶段的主要标志就是，各个能源行业的企业都上了财务管理系统、人力资源管理系统，大部分企业还上了生产安全信息管理系统，以提高能源生产的安全性。

第二阶段（20 世纪 90 年代初期—2000 年代初期），1990 年以后，随着改革开放的不断深入，国家对石油行业的国有企业进行了大规模的调整，在国资委的指导下，组建了两个大型的集团公司，即中国石油天然气集团公司、中国石油化工集团公司，把一些油田、炼油企业划入这两个集团公司。中国石化、中国石油这两个集团公司为了能够有效地对下属公司、油田、炼油厂进行管理，陆续上了很多分散的应用系统，包括采油管理系统、原油运输管理系统、成品油生产过程控制与管理系统、石化产品生产过程控制与管理系统等。石油行业信息化发展体现在下列 3 个方面，一个是企业管理方面的信息化，包括财务管理系统、人力资源管理系统的建设；另一个是石油资源管理信息化，包括石油地质档案管理系统、在产油井生产管理系统的建设；最后一个是产品生产过程管理方面的信息化，包括成品油生产过程控制与管理系统、石化产品生产过程控制与管理系统的建设。煤炭行业的信息化工作在该阶段的主要体现是，煤炭工业局的煤炭生产许可证管理查询系统，对煤矿的开采许可进行有效的管理，掌握各个煤矿的生产许可情况；各级煤矿建立了自己的煤矿瓦斯监测监控 MIS 系统，但还没有把各个独立的瓦斯监测、监控系统联网，形成一个完善的实时监测信息管理系统；有些煤炭大省的媒体工业局已经与局属煤矿联网，各个局属煤矿能够通过网络把本煤矿的财务数据上报到本省的煤炭工业局。电力行业的信息化工作在该阶段的主要体现是，各个发电厂独立发电机组 DCS（分布式控制系统）20 世纪 90 年代初在全国电厂大力推广以后，已经初具规模，基本上所有电厂的各类发电机组都部署了 DCS，充分提高发电厂的生产安全与效率；20 世纪 90 年代初建立的 SCADA/EMS（电网数据采集与监控系统/电力管理系统）系统，能够对地区电网的电力进行有效调配，提高用电效率，保证重点地区的用电与生产。

在该阶段的主要标志就是，进一步完善生产安全信息管理系统的建设，对能源生产过程的实时监测、监控进一步完善，基本上所有的企业都建立了生产过程实时监测、监控系统，但这些系统是独立运行没有连网，也没有与企业的业务 MIS 集成。1998 年随着互联网在国内大规模发展，两个大型石油集团公司都开始建立各自的电子商务网站，销售加油卡；同时在集团的下属企业启动上 ERP 系统的工作，在该阶段主要是在各自的集体内部选择合适的企业做 ERP 系统建设的试点，总结经验，以便以后在全集团公司推广 ERP 系统的建设工作。煤炭行业的信息化工作在该阶段的主要体现是，对原有的 MIS 系统进行补充、完善和改造、升级，特别是按照综合资源流管理理论方法改造和升级原有的 MIS 系统，有步骤地推广适合中国煤炭工业的企业资源计划（ERP）的应用；进一步完善煤矿瓦斯监测、监控系统建设，并完成局内煤矿生产安全信息的联网，使得煤矿的安全生产管理部门能够即时了解各个生产工作面的安全信息，对可能出现的情况做出即时工作部署；各级煤炭工业管理和煤矿安全监察部门加速推进政府上网工程和完善已有的政府网站，在网上做好政策宣传、公众服务、信息引导等方面的工作。电力行业的信息化工作在该阶段的主要体现是，网电分离以后给电力行业企业的发展带来更大的发展机遇与发展空间，形成多个大型的电网公司，如国家电网公司，多个大型的发电公司，如华能集团等；电网公司对 20 世纪 90 年代初建立的 SCADA/EMS 系统逐步更新换代改造，电网调度自动化系统的通道数量和质量、厂站信息质量和设备运行的可靠性均有大幅度提高，确保了跨大区电网和省网安全调度和优质运行，调度自动化主站相关系统的建设、运行和应用水平得到提升；随着发电厂的企业网络的建成和发展，发电企业正把电厂机组的实时监控系统 DCS 的应用向厂级监控系统 SIS（监控信息系统）发展，电厂 SIS 实现全厂 DCS 等各分系统的整合，同时与 MIS 实现联通；SIS 系统在网络和小型计算机系统以及在大型实时数据库的支持下，实现全厂运行实时监控，生产运行以及机组运行状况监控分析、厂级性能计算、厂级能量统计、机组负荷优化分析、运行指导、综合指标查询等功能。借着互联网的东风，国家电网公司建立了包括电力行业第一门户的"国家电力信息网"和"国家电网公司网站"。国电信息中心和电力企业其他单位，除建立自己内部网站外，还根据信息需求，建立了多个应用网站对外开展服务，如"国家电力商务网站"、"国家电力资讯网站"、"中国发电企业信息网"、"中国供电企业信息网"、"中电新闻网"等不同功能、面向不同对象的信息网站。同时国家电力监管会成立后就建立了信息网站，加大信息公开性。在该阶段的主要标志就是，生产过程信息管理系统的联网，能够在公司或集团总部获取能源生产过程的各种信息，使得公司的领导能够做出正确的业务决策；已经有部分有条件的能源企业开始上 ERP 系统，并与生产过程信息管理系统集成；互联网技术开始在一些能源企业得到使用，如国家电网公司建立了本企业的网站。

第三阶段（2000 年代初期至今），在该阶段石油行业的信息化不断深入，主要的信息化工作体现在对以前分散建立的业务应用系统进行整合、集成，数据集中、应用集成，彻底解决一个一个的信息与应用孤岛。与此同时，两大集团公司下属企业的 ERP 系统的建设从试点走向全面铺开，已经有大量企业完成 ERP 系统的建设，开始进入深入使用 ERP 系统阶段；还在原来初级电子商务系统的基础上建成了物资采购电子商务系统、供应链管理系统、炼化生产调度指挥系统、加油卡系统等一批重要应用系统，提高企业的竞争力。煤炭行业的信息化工作在该阶段的主要体现是，进一步完善煤矿生产安全信息的联网工作，如煤矿瓦斯监测、监控信息的实时采集、传输；大力在各个有条件的煤炭企业上煤炭行业的 ERP 系统，对煤炭企业的生产资源、资产进行有效管理，提高企业的资源使用率、降低成本；制定煤矿安全生产监测监控系统的行业标准，使得各厂家建设的各分（子）系统之间能够互通，实现信息资源共享，监测系统、控制系统和管理系统能够联动。电力行业的信息化工作在该阶段的主要体现是，各供电企业加快了电力营销系统和电力客户服务呼叫中心（"95598"呼叫中心）的建设速度；电力银行电费结算系统的大规模使用，可以利用商业银行网点，为用户提供灵活方便的缴费方式；各省电力公司建设的 MIS 系统在企业改革后面临改造、调整与整合，部分电力企业把企业管理信息系统建设与企业管理流程的改造密切结合，积极开展电力 ERP 建设；在企业 ERP 系统建设完成以后，企业开始上 EAM（企业资产管理系统），在对各种电力生产用的资产进行正规化维护的过程中，电力和其他资产密集性企业逐渐总结并进一步应用了各种维护理论和 CMMS（计算机辅助维护管理系统），可以把 EAM 系统与 CMMS 系统结合，可以更好地控制和管理维护相关的人工和材料，更好地降低企业的生产成本。在该阶段的主要标志就是，基本上所有的能源企业都已经上了 ERP 系统，而且有的信息化程度比较高的企业开始上 EAM 系统，如发电企业。

【小结】 能源行业企业的信息化建设主要是企业主导，不同的企业对 IT 服务等级要求不同，大型能源企业的要求较高，成熟度相对较高。中小企业的要求较低，成熟度相对较低。

能源行业信息化历程见表 1-5。

表 1-5　能源行业企业信息化历程

阶段	内部管理信息化	生产过程信息化	电子商务
时间	20 世纪 80 年代初期—20 世纪 90 年代初	20 世纪 90 年代初期—2000 年代初	2000 年代初期至今
主要需求	财务管理系统	ERP 系统、CRM 系统、DCS 系统	EAM 系统、SIS 系统
	人力资源管理系统	安全信息监控系统	电子商务系统

1.2.6　交通

交通行业是国民经济的基础行业，也是国家的支柱性行业。主要分为公路交通与水路交通两个部分，由于公路交通与水路交通的特点不同，我们把交通行业信息化的发展分成两个部分来进行，即公路交通和水路交通。但公路交通、水路交通还是有很多共性的，其信息化发展的主线是交通管理部门的办公自动化系统、客运售票系统——物流管理系统——电子商务系统——电子政务系统。总的来说，我国的交通行业信息化进程共经历了 3 个阶段。

第一阶段（20 世纪 80 年代初期—20 世纪 90 年代初期），交通行业内活动的主体有交通运输管理部门和运输企业，管理部门包括交通部、各省交通厅、海事局、及其下属的公路管理局、高速公路管理局、道路运输管理局、海事局等；运输企业有公路、水路的运输企业，包括各地客运站、港口码头、国有和民营的公路运输公司、国有民营的航运公司、各种物流公司等。在该阶段交通管理部门开始上办公自动化系统，而各地运输公司开始上公司的人力资源管理系统和财务管理系统。在该阶段后期，在一些发达省市开始考虑上公路、水路信息管理系统。

第二阶段（20 世纪 90 年代初期—2000 年代初期），1990 年以后，随着改革开放的不断深入，对公路、水路运输方面的需求不断增长，全国的公路建设进入大规模发展阶段，使用 GPS（全球定位系统）、GIS（地理信息系统）技术进行公路的计算机辅助设计得到大量使用，因此，把公路信息管理系统的建设带上了一个新的台阶。同时为了提高水路运输的效率，在水路运输方面也开始使用 GPS 技术，对内河航行的船舶进行定位、管理，使用 GPS 技术更新、改造水路信息管理系统，使得水路信息更准确、可靠，提高了水路航运的效率，支持了内陆的开放与经济建设。各个运输公司的自身信息化建设工作不断深入、完善，大的公路、水路客运公司基本上都上了客运售票管理系统。在该阶段的主要标志就是，大型国有运输公司基本上都上了财务系统、人力资源管理系统、客运售票管理系统等；中小企业都上了财务管理系统、人力资源管理系统；各地运输管理部门都上了公路、水路信息管理系统，发达省市都使用新技术改造、更新了其公路、水路信息管理系统。1998 年随着互联网在国内大规模发展，以及电信增值业务的发展，运输管理部门开始电子政务网站的建设，而各个运输公司开始网站建设，用户可以在网站上查询客票信息。有条件的国有运输公司开始建设呼叫中心，为用户提供更好的服务。大型物流公司开始出现，在物流公司开始上物流管理系统，对其覆盖全国的物流运输情况进行有效管理，提高运输车辆的满载率，降低物流运输成本。在公路、水路信息管理系统的建设中引入 RS（遥感技术），进一步实时监控公路、水路上车辆、船舶的运行情况。

第三阶段（2000 年代初期至今），在该阶段交通行业的信息化不断深入，在公路管理领域，以全国第二次公路普查为契机，全国公路管理部门以公路数据库建设为重点，按照建设"一库一网一套应用系统"的工作思路，即建设一个标准规范的全国公路数据库，一个提供公众出行信息的人性化服务网，一套应用系统的工作思路，全面推进公路管理信息化。各省在全国公路数据库基础上开发许多应用系统，如养护管理系统、路政管理系统、计划管理系统等。在道路运输管理领域，绝大多数省先后建立了覆盖省、市、县三级道路运输管理信息系统，业务范围包括许可管理、稽查管理、信用管理等领域。在海事管理领域中，交通部海事局开始进行了水上安全监督信息系统的建设，实现了部海事局与直属局之间、各直属局之间的网络互联；重点建设了船舶管理、船员管理、事故与应急子系统，兼顾建设了通航管理、船载客货管理、办公和法规管理子系统。2004 年又启动了水上安全监督信息系统二期工程建设，其目标是，初步建成覆盖海事系统所有直属海事局、所有分支机构和部分派出机构的上下贯通的海事信息网，以海事业务应用为重点，重点推广船舶管理、船员管理、通航管理、事故应急、船载客货等应用系统，初步建成全国统一、共享的海事业务数据库，为实现"数字海事"打下基础。交通智能化是交通信息化提高和发展的表现，采用信息化、自动化、智能化技术手段，改造传统的交通行业，可以极大提高交通管理与运营效率和效益。"十五"期间，依托我国高速公路的快速发展，我国智能交通已经实现从研究走向产业化实施的转变，在高速公路联网收费、道路运输 GPS 安全监管系统、港口 VTS/AIS（船舶航行服务/自动识别系统）等方面，取得了突破性进展。以联网收费为代表的智能信息系统已见雏形。目前，许多省完成了高速公路联网收费系统的建设，实现了省级高速公路网的收费"一卡通"。另外，有些省也实现了计重收费、不停车收费等，并实现了与联网收费的集成。港口 VTS/AIS 获得全面发展。我国在沿海和长江干线建设了许多 VTS 中心，覆盖了沿海港口大部分重要水域和长江干线下游的重要航段。许多港口也把 AIS 技术引入引航作业和 VTS，通过和 ECDIS（电子海图显示与信息系统）、VTS 和 DGPS（差分全球定位系统）信息的综合集成，实现了船舶交通管理由静态管理到动态管理的跨越，为维护辖区水域的通航秩序、保障船舶进出港的航行安全、避免船舶间紧急事故和船舶搁浅事故的发生，发挥了显著的作用。道路运输的发展，给道路运输信息化带来了发展机遇。许多省市以危险品运输安全管理和客运监管服务为目标，建立 GPS 安全监管系统，在危险品运输车辆和客运车辆上安装 GPS 终端设备，极大提高了道路运输安全水平和客运服务质量，获得了较好的社会效益。

【小结】 交通行业的信息化建设主要是企业主导，不同的企业对 IT 服务等级要求不同，大型交通运输企业的要求较高，成熟度相对较高。中小企业的要求较低，成熟度相对较低。

交通行业信息化历程见表 1-6。

表 1-6 交通行业信息化历程

阶段	内部管理信息化	生产过程信息化	电子商务
时间	20 世纪 80 年代初期—20 世纪 90 年代初期	20 世纪 90 年代初期—2000 年代初期	2000 年代初期至今
主要需求	财务管理系统、人力资源管理系统、公路信息管理系统	客运售票管理系统、呼叫中心、电子商务系统	GPS 安全监管系统、物流管理系统
	水路信息管理系统	电子政务系统	智能交通系统

第 2 章　IT 服务技术

在企业信息化的过程中，信息技术（IT）很重要，往往很多技术人员，包括技术出身的信息中心主管或 CIO 对技术有一种莫名的崇拜，特别是在众多 IT 产品供应商的包围下，对技术的选择更是无所适从。一方面希望使用最好的、先进的、主流的、可靠的技术为企业的信息化服务，另一方面在选择信息技术的过程中，无法做出正确的判断实现自己的愿望，即找到理想的、适合本企业的信息化技术。导致希望或想法与结果严重背离，造成这个问题的主要原因是怎么看待信息技术，技术是为企业业务服务的，信息技术是为企业信息化服务的。技术不是万能的，但没有技术是万万不能的。

技术是泛指根据生产实践经验和自然科学原理而发展成的各种工艺操作方法与技能。技术是知识进化的主体，是社会进化的决定性力量，换句话说，它是趋动社会发展、进步的原动力。自从人类社会的起源开始，技术就与每个人息息相关，一刻也没有离开过。只不过是每个人是否明确清晰地感觉到和识别出来而已，古老的保留火种的技术就是把雷电击中的枯树或者自燃起火的火种一直燃烧在岩洞洞穴中。直到火燧氏发明了钻木取火，才使得人类的生活方式得以大大地改善。按照技术出现、使用的时间来划分人类文明发展的时代，大致地，可以分为石器时代、青铜器时代、铁器时代、蒸汽时代（蒸汽机引发蒸汽机时代）、电气时代，直到 21 世纪的信息时代。

技术的三要素如下：

（1）条件性。技术是有条件的，或者说是有前提的，或者说是有特定环境要求的。一种技术是在一个或几个明确的或默示的条件规定下，特定环境内才有效的方法。因为世界是客观的，科学规律是客观的、有条件的，技术必须符合科学规律才能发挥作用，显然要受到客观环境的制约，只有在特定条件下才能起作用。技术的条件性要求在应用技术时认真考察目标环境是否适合这项技术的应用。

（2）抽象性。技术是生产、生活实践中总结出来的一种方法，是一种对操作、活动的抽象，源于实践活动又高于实践活动。技术对环境的要求是随着人们的认识深入而变化的，在一个生产活动中，一种技术的应用只考虑环境中的一个或几个特定变量，而其他环境变量被忽略了，这是必然的，这些被忽略的环境因素也可以影响技术发挥作用，人们对技术的认识需要一个过程。技术抽象性要求在应用技术时必须有意识的把技术和实际联系起来，并注意到任何总结出来的技术都不是一成不变的，有待进一步完善。

（3）目的性。技术之所以不同于科学就在于技术是为了满足人的需要的行动方法。技术有目的、是以人为本的，技术的价值也正在于此。没有目的，技术就不成为技术。比如在地上挖一条沟，如果不告诉我们为什么要挖这条沟，这个行为就没有技术的意义。如果挖这条沟是为了修水渠灌溉，或是准备引水当护城河，或是排水设施，或是为了种地、种树、埋东西、挖东西，总之，必须有目的，一种行为方法才会带有技术意义。技术的目的性要求在应有技术时要认识到应用这种技术除了造成想要的结果，还会有一些意外的结果，而这些结果产生的影响可能对我们有间接的意义。另外，相同或相似的技术方法可以用在不同的目的中，这提示我们技术的可迁移性，灌溉时总结的技术方法很可能在排水时也有用，我们在解决特定问题时可以到其他活动的技术方法中寻求灵感。

凡是能扩展人的信息功能的技术，都是信息技术（即信息技术）。可以说，这就是信息技术的基本定义。它主要是指利用计算机和现代通信手段实现获取信息、传递信息、存储信息、处理信息、显示信息、分配信息等活动的相关技术。

具体来讲，信息技术主要包括以下几方面技术：

（1）感测与识别技术。它的作用是扩展人获取信息的感觉器官功能，它包括信息识别、信息提取、信息检测等技术，这类技术的总称是"传感技术"。它几乎可以扩展人类所有感觉器官的传感功能。传感技术、测量技术与通信技术相结合而产生的遥感技术，更使人感知信息的能力得到进一步的加强。信息识别包括文字识别、语音识别和图形识别等。通常是采用一种叫做"模式识别"的方法。

（2）信息传递技术。它的主要功能是实现信息快速、可靠、安全的转移。各种通信技术都属于这个范畴。广播技术也是一种传递信息的技术。由于存储、记录可以看成是从"现在"向"未来"或从"过去"向"现在"传递信息的一种活动，因而也可将它看作是信息传递技术的一种。

（3）信息处理与再生技术。信息处理包括对信息的编码、压缩、加密等。在对信息进行处理的基础上，还可形成一些新的更深层次的决策信息，这称为信息的"再生"。信息的处理与再生都有赖于现代电子计算机的超凡功能。

（4）信息施用技术。是信息过程的最后环节，它包括控制技术、显示技术等。

由上可见，传感技术、通信技术、计算机技术和控制技术是信息技术的四大基本技术，其中现代计算机技术和通信技术是信息技术的两大支柱。

信息技术实际上有3个层次，第一层是硬件，主要指数据存储、处理和传输的主机和网络通信设备；第二层是指软件，包括可用来收集、存储、检索、分析、应用、评估信息的各种软件，它包括我们通常所指的 ERP（企业资源计划）、CRM（客户关系管理）、SCM（供应链管理）等商用管理软件，也包括用来加强流程管理的 WF（工作流）管理软件、辅助分析的 DW/DM（数据仓库和数据挖掘）软件等；第三层是指信息的应用，指收集、存储、检索、分析、应用、评估使用各种信息，包括应用 ERP、CRM、SCM 等软件直接辅助决策，也包括利用其他决策分析模型或借助 DW/DM 等技术手段来进一步提高分析的质量，辅助决策者作决策（强调一点，只是辅助而不是替代人决策）。有些人理解的 IT 把前二层合二为一，统指信息的存储、处理和传输，后者则为信息的应用；也有人把后二层合二为一，则划分为前硬后软。通常第三层还没有得到足够的重视，但事实上却是唯有当信息得到有效应用时 IT 的价值才能得到充分发挥；也才真正实现了信息化的目标。信息化本身不是目标，它只是在当前时代背景下一种实现目标比较好的一种手段。

信息技术本身只是一个工具，就像一柄利剑或一支好笔，买了它并不能一定保证武功增进多少、字写得漂亮多少，还需要不断地去练习如何舞剑、如何写字，信息化建设也需要不断地提升运用信息的能力，这才是真正核心也是最难的地方。功夫全在题外，信息化（数字化）目的并不是上系统拿几个业务方面的数据，它只是基础，其核心在一个"化"字，把各种资源相关的信息整合起来后进行"合理化"、"优化"的配置。譬如用历史信息来辅助做销售预测、采购计划、生产计划、配送计划、库存计划，并按照这些计划下达指令并根据实际运行情况滚动修正计划。

信息技术是 IT 产品的基础，IT 产品是信息技术的表示形式，不同的厂家使用同样的技术会推出不同的产品，如 Intel 公司、AMD 公司都使用复杂指令系统技术（CISC）推出了至强、皓龙 CPU 产品，微软公司、ORACLE 公司都使用关系数据库管理技术推出了 SQL Server、ORACLE 11g 数据库产品。根据上述技术三要素的定义，我们可以认为 IT 产品有适用的环境、范围，以及能够解决特定的企业信息化的问题，即技术的目的性。企业的技术人员、信息主管在选择 IT 产品时，应该透过现象看本质，即在众多厂家、繁多产品的围攻下，透过产品的表象，深入了解、理解这些产品使用的技术，并对技术的优缺点、发展趋势有一个好的把握，就能够找到适合本企业的信息技术与产品。

2.1 IT 服务技术构成

根据企业业务发展战略的要求，选择、使用合适的信息技术进行企业的业务架构、数据架构、业务流程的设计，然后针对具体的业务系统使用合适的技术进行需求分析、系统设计、数据设计、运行环境设计、开发、测试、部署等工作，把开发、测试完成的业务应用系统部署在已经准备好的信息系统运行环境中，提供给业务部门使用，支持企业的业务工作。最后为了保证企业的信息系统的服务质量，需要一套完善的运行维护工具与信息安全工具、各种运行维护与安全管理流程。规划、设计、构建、部署与维护企业信息系统要使用的信息技术架构如图 2-1 所示。

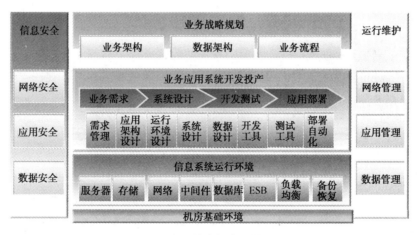

图 2-1   企业信息技术架构示意图

图 2-1 中，最底层是企业数据中心机房的基础环境，包括机房空间、机柜空间、空调、UPS 电源、消防、门禁等物理设施，为信息系统的运行环境提供安全、可靠的支撑环境。上述的每一个物理设施都涉及大量的技术，如空调制冷方面的技术、机房制冷环境设计方面的技术、UPS 电源方面的技术、机房电源设计方面的技术、消防设计方面的技术等。在机房基

础环境上面的是信息系统运行环境层，即企业的 IT 基础设施层，包括企业的网络（包括企业总部、分公司、分支机构、各地营业网点的局域网、覆盖全国或企业服务区域的广域网等）、运行企业信息系统的服务器（包括接口服务器 Web Server、应用服务器、数据库服务器等）、存放企业业务数据的存储设备（包括磁盘阵列、NAS、磁带机、或磁带库等）、还有一些平台级的软件（包括中间件、数据库管理系统、企业服务总线 ESB、备份管理软件等）、面向大规模业务量的负载均衡设备等。再上层是业务应用系统开发投产层，即支持企业完成业务系统的开发、测试、部署、投产方面的工作，包括需求管理、应用架构设计、运行环境设计、系统设计、数据设计、开发工具、测试工具、部署工具等方面的技术与产品。最顶层是业务战略规划层，即支持企业完成企业业务架构、数据架构、业务流程的设计、优化与管理工作，包括业务架构设计、优化与管理方面的技术、企业数据架构设计、优化与管理方面的技术、企业业务流程设计、优化与管理方面的技术等。右边的是信息系统运行维护的技术与产品，主要保证企业信息系统能够高质量的、可靠的运行，支持企业各个业务的正常开展，保证各个业务的服务质量，包括网络与系统管理方面的技术、业务应用管理方面的技术、数据管理方面的技术等。左边的是信息安全方面的技术与产品，主要保证企业信息系统的安全，在遇到网络或系统攻击时能够保证各个业务系统的正常运行，支持企业各个业务的正常开展，包括网络与系统安全方面的技术、业务应用安全方面的技术、数据安全方面的技术等。

下面将分层次介绍各层技术方面的内容，主要从各种技术当前的关注点来介绍技术方面的内容，不会具体谈太多技术方面的细节。如当前服务器技术的关注点可能是服务器虚拟化、云计算等，当前网络技术的关注点可能是广域网带宽管理、服务质量等，当前存储技术的关注点可能是存储虚拟化、IP-SAN、iSCSI 等。

2.2 软件开发与部署技术

1. 需求管理技术

为了应对业务敏捷性的要求，企业信息系统的构建过程中应该选择一个合适的业务需求管理工具软件，对将要开发的、已经开发完成的业务系统需求进行有效管理。需求管理技术方面的关注点有 4 个，第一个是需求管理的层次有几级，即能否根据信息系统集成方面的要求，把业务系统的需求分为几个层次：业务系统集成需求、独立业务系统需求、子系统需求、功能模块需求等。第二个是是否支持业务建模，即能否根据业务需求管理库中的需求内容，帮助业务规划师为企业业务系统建立企业业务模型。第三个是能否从业务需求自动生成、或管理业务系统的测试用例，即需求管理软件是否能够从需求库中的需求内容自动生成功能需求的用例、测试用例，或对用例、测试用例进行管理、维护，在需求内容变化时，自动修改用例、测试用例库。第四个是能否管理非功能需求，管理的方式如何，非功能需求是运行环境设计的主要依据。

2. 应用架构设计技术

为了能够高效、准确地设计企业的业务应用架构，构建满足业务要求的企业业务应用系统，需要选择一个合适的应用架构设计工具软件，帮助应用架构师设计企业的业务应用架构，并对企业的业务应用架构进行维护，应对业务的敏捷性变化。应用架构设计技术方面的关注点有 3 个，一个是应用架构表示的直观性，即是否能够以简单、直观的图示方式表达企业的业务应用架构，画出业务应用架构图。一个是能否支持灵活的应用架构评估，即是否可以灵活设定应用架构评估的规则，对应用架构设计师完成的企业业务应用架构进行评估，提出应用架构优化建议。最后一个是能否自动生成应用架构执行的指导原则，对业务应用系统的设计、开发工作进行指导、约束。

3. 运行环境设计技术

根据企业的业务应用架构、需求管理库中的非功能需求可以规划、设计企业业务应用系统的运行环境，包括服务器、存储、网络、中间件、数据库等。运行环境设计技术方面的关注点有 3 个，一个是服务器、存储的容量规划、设计，根据企业业务发展规模的数据进行推算，需要一个适合企业业务发展数学模型，以及管理模型的工具。一个是关心运行环境的可扩充性，即从业务发展模型出发，估算未来 3 年的业务量，确定服务器的新容量，再选择合适的运行环境结构，满足服务器、存储将来扩容的要求。最后一个是中间件、数据库软件产品的选择，根据业务量的规模、可靠性、可扩充性等方面的要求进行合理的产品选择。

4. 系统设计技术

以需求分析报告为依据，在企业业务应用架构指导原则的指导下进行企业业务应用系统的设计，出系统设计报告。系统设计技术方面的关注点有 3 个，一个是能否通过功能需求的用例自动生成业务应用系统结构图，包括子系统、模块，以及子系统与模块之间的关系，出一个业务应用系统设计报告。一个是能否通过功能需求的用例自动生成业务应用系统包括的各个流程图，以泳道图的方式表示一个具体的业务流程与功能模块的关系。最后一个是有灵活的对系统设计的结果进行评估的方法，能够对系统设计工具完成的设计报告进行评估，提出优化、改进建议。

5. 数据设计技术

从需求分析报告中提炼企业业务应用系统要求处理的业务对象，使用数据设计工具软件进行企业业务应用系统的数据设计，最后能够出数据库的表结构报告。数据设计技术方面的关注点有 3 个，一个是能否用图示的方法画出企业业务数据的结构，如 ER 图（实体关系图）。一个是是否有灵活的评估方法，对设计完成的企业业务数据结构进行评估，提出优化、改进建议。最后一个是是否能够自动生成在数据库系统中建立数据库、与各个表的 DDL 脚本。

6. 开发工具技术

在完成企业业务应用系统设计、企业业务数据设计以后，即进入应用软件的开发、编程阶段，需要选择一个合适的软件开发工具，当前广泛使用的软件开发工具主要是集成开发工具、面向对象与面向服务的软件开发工具。开发工具技术方面的关注点有 3 个，一个是是否集成的开发工具，即能够既可以做用户介面开发，又可以做功能模块开发，还可以把用户介面与功能模块集成，还可以进行集成调试，出现运行、调试故障时，能够定位到源代码的某条语句。一个是能否进行对象的封装，即对开发、调试完成的对象进行自动封装，以便其他对象对该对象的访问。最后一个是如果是面向服务的开发，能否对开发、调试好的服务进行封装，并自动完成服务接口定义 XML 文本的编写，以便其他对象或服务能够方便地访问该服务。

7. 测试工具技术

在业务应用系统软件开发的过程中、完成以后需要对软件进行测试，就要选择一个或多个测试工具软件，对开发的软件进行单元测试、集成测试、全系统功能测试、压力测试等。测试工具技术方面的关注点有 4 个，对于单元测试，能否根据业务系统设计报告中的系统结构构建一个测试床，把一个个功能模块单元加入到测试床中进行测试，看功能单元是否满足设计要求。对于集成测试，能否方便地把测试合格的功能单元模块替代测试床中的功能单元测试桩，当所有的功能单元模块都测试通过、并替代完毕，即完成了业务系统的开发、测试工作，可以进行全系统功能测试工作。对于全系统功能测试，能否方便地进行测试用例程序的开发与管理，以及测试用例的自动执行、出功能测试报告，是否有工具软件对功能测试报告进行评估，确定该业务应用系统的功能需求是否满足。对于压力测试，是否能够自动向业务应用系统发大量业务请求，并对业务应用系统的响应进行记录，出压力测试报告，是否有工具软件对压力测试报告进行评估，确定该业务应用系统的容量是否满足要求。

8. 部署工具技术

在业务应用系统开发、测试完成，需要把业务应用软件部署到准生产环境，进行试运行、或试生产，对于大型业务应用系统软件，运行环境或准生成环境比较复杂，有大量的服务器、存储、网络、中间件、数据库需要安装、部署，如果没有部署工具软件，都通过人工部署，则不仅花费大量时间，而且还容易出错，所以需要选择一个操作系统、应用软件的自动部署工具来实施业务应用系统的部署工作。部署工具技术方面的关注点有 3 个，一个是自动部署操作系统服务器的种类，即能否部署小型机操作系统（包括 IBM、HP、SUN 等），能否自动部署 X86 服务器上的 Linux、Windows Server 等。一个是能否自动运行操作系统的脚本，修改多台服务器上的操作系统配置参数、IP 地址等。最后一个是能否按照应用软件部署要求自动部署应用软件与配置文件。

2.3 运行环境技术

1. 服务器技术

目前服务器方面技术的主要关注点是 CPU 技术、内存技术、存储技术、网络技术、操作系统技术等。服务器方面的技术分为小型机方面与 X86 服务器方面两类，一般各个小型机的厂家都使用 RISC 技术的 CPU，该类型 CPU 的特点是小型机上运行的各种操作系统软件、应用软件需要大量的内存，一般情况下比 CISC 技术 CPU 的机器要多，基本上是 2 倍的关系，而 X86 服务器的厂家都使用 Intel 或 AMD 的 CPU（CISC 技术）。内存技术方面的关注点有 3 个，一个是 CPU 和内存的 I/O 带宽，一个是用了几级缓存、缓存大小，最后一个是是否使用了 ECC 校验内存。磁盘技术方面的关注点有 3 个，一个是磁盘接口的类型：SATA、SCSI、FC 等，一个是磁盘的 I/O 带宽，尽管磁盘接口的类型决定了磁盘 I/O 理论上的带宽，但实际使用过程中，磁盘 I/O 带宽与理论值相差较大；最后一个是存储区域网（SAN）的技术，包括 FC-SAN、IP-SAN、iSCSI 等。服务器网络技术方面的关注点有 2 个，一个是服务器以太网卡的数量，一个是以太网卡的 I/O 带宽，目前已经有万兆接口的以太网卡。操作系统技术方面的关注点有 3 个，一个是操作系统性能优化的参数类型与数量，一个是是否支持多进程、多线程，操作系统带的系统运行情况的监控工具的功能是否完善。当前服务器方面技术的最新关注点是虚拟化技术，不同小型机厂家使用不同的虚拟化技术，如 SUN（现在是 ORACLE）使用 Domain 技术，而 IBM 使用动态 LPAR 技术等。但 X86 服务器虚拟化技术是由软件厂商在推进，不是由服务器生产厂商推进，主要的虚拟化软件产品有：VMware、Xen、KVM、微软的 Hyper-V 等。

2. 网络技术

企业信息化中网络技术主要是构建企业网络要用到的技术，一个企业网络由下列几个部分组成：企业数据中心网络、企业总部 OA 网络、企业广域网、企业分支机构（或分公司）OA 网络、企业营业网点业务网络等。企业数据中心网络技术方面的关注点有 3 个，一个是按照服务器的类型进行数据中心网络的分区，如分为数据库服务器区、应用服务器区、接口服务器区、外联服务器区等，使用的网络分区的技术主要是高性能三层交换机技术。一个是广域网连接的可靠性，企业的信息系统是为企业业务服务的，总部、分支机构的业务部门、各地营业网点都通过广域网连接到企业数据中心的服务器，进行各种业务操作，企业数据中心网络边缘连接设备的可靠性直接影响业务系统的可靠性，一般使用的方法是"双设备、双链路"，使用的技术是 HSRP、VRRP 等。最后一个是数据中心网络安全方面，我们在安全类的技术介绍中细述。企业总部、分支机构 OA 网络技术方面的关注点有 3 个，一个是员工电脑接入认证，保证 OA 网络的安全性，使用的技术是 LDAP、域用户认证技术等。一个是桌面虚拟化、应用虚拟化技术，对合适的员工开放合适的业务应用，即财务部的员工才能访问财务系统，内部稽核部的人员才能访问内部稽核系统。内外网邮件系统的设计，一般企业会在企业内部 OA 网中部署一个内网邮件系统，并在内网邮件系统上开发一个办公自动化系统（如内部发文、工作审批流程等），但现在企业员工又需要通过互联网与外部合作伙伴进行邮件联系，所以需要在企业 OA 网络外部部署一个外部邮件系统。企业广域网技术方面的关注点有 3 个，一个是广域网架构方面，目前的最佳实践是网络架构尽量简单、扁平化，还需要考虑网络的可靠性，即总部与分支机构的连接最好有双链路，对于与关键的分公司的广域连接使用双设备、双链路。一个是路由设计方面，对于规模较大的企业网络，最好使用动态路由协议，企业广域网中常用的动态路由协议有 OSPF、RIP、IS-IS、BGP4 等。最后一个是能够区分广域网上的业务流量，即对广域网上不同的业务数据区分出优先级，不同的业务数据按照优先级的高低进行广域网传输，使用的技术有 Diff-Serv、Int-Serv 等。

3. 存储技术

企业信息化过程中存储技术与产品使用的趋势是数据大集中，将会使用更多、更大的集中存储设备，如大型磁盘阵列，而通过存储区域网（SAN）把大量服务器与磁盘阵列连接起来。所以存储技术又分为存储区域网（SAN）技术与磁盘阵列技术，SAN 技术方面的关注点有 3 个，一个是 SAN 的架构设计，充分考虑可靠性、可扩充性、安全性等，考虑使用双 Fabric 架构、与分区技术；一个是 SAN 接口协议的选择，包括 FC、iSCSI、IP 等；还有一个是 NFS 方面的技术。磁盘阵列技术方面的关注点有 4 个，一个是磁盘阵列的容量，主要是能够安装多少块硬盘，一个是硬盘的接口类型，即 FC、SCSI、SATA 等。还有一个磁盘阵列控制卡上接口的数量与接口的带宽大小，如果是磁盘阵列是双控制卡，则还需要考虑 SAN 双链路切换方面的技术，即在服务器的操作系统上安装双链路切换的驱动软件；磁盘阵列控制卡上缓冲区的容量大小。当前存储技术方面的最新关注点是存储虚拟化，存储虚拟化分为 3 个层次，一个是服务器方面的存储虚拟化，即在服务器操作系统中安装存储虚拟化的软件，使得服务器使用多个磁盘阵列时，像使用一个虚拟的硬盘一样，主流的产品是 Symantec 的 Storage Foundation；一个是 SAN 网络中交换机上的虚拟化，即在 SAN 交换机中安装虚拟化软件，对交换机上连接的多台磁盘阵列进行虚拟化，使得 SAN 交换机连接的所有服务器都能够实现存储的虚拟化，看一个虚拟硬盘；最后一个是磁盘阵列的虚拟化，即在磁盘阵列的控制卡中安装存储虚拟化软件，能够对其他厂家的磁盘阵列进行管理，实现存储虚拟化。

4. 中间件技术

中间件技术一般大量使用在 B/S 架构的企业信息系统中，在 B/S 架构中，一个信息系统的部署分为 3 个层次，即 Web Server、Application Server、DB Server 等，而中间件是应用服务器的重要组成部分。企业信息系统中使用的中间件技术与产品分为两种，一种是商品化的软件，如 ORACLE 公司的 Weblogic，另一种是开源的软件，如 Tomcat、Jboss 等。中间件技术方面的关注点有 3 个，一个是负载均衡技术，即选择的中间件技术或产品是否有安装在 Web Server 上组件，支持应用的负载均衡，即通过 Web Server 把应用的负载分担到后面的 2 台或多台应用服务器上；一个是高可用集群技术，即能否把 2 台或多台应用服务器组成一个集群，对外提供服务，如果有一台应用服务器故障，不影响前端用户使用应用服务器上的业务应用软件；最后一个是是否支持多容器，即选择的应用服务器产品是否使用多容器技术，可以在一台应用服务器中部署多个容器，每个容器中部署不同的业务应用，这样可以充分利用应用服务器的资源，提高应用服务器的利用率，还可以在高可用性应用服务器集群中，部署多个容器、与业务应用。

5. 数据库技术

数据库技术与产品是企业信息系统中的关键组成部分，数据库技术方面的关注点有 4 个，一个是高可用集群技术，即能否把 2 台或多台数据库服务器组成一个集群，对外提供数据管理服务，如果有一台数据库服务器故障，不影响前端应用服务器上的应用软件对数据库的访问。一个是数据库中数据的分布技术，即能否把一个大规模的数据库中的大量数据分布到多台数据库服务器中，提供分布式数据库系统对不同的数据进行同时操作，提高数据库数据处理的速度。一个是负载均衡技术，即选择的数据库技术或产品是否有安装在 Application Server 上的组件，支持数据库访问的负载均衡，即通过 Application Server 把数据库访问的负载分担到后面的 2 台、或多台应用服务器上。最后一个是是否支持多实例，即选择的数据库技术与产品是否能够使用多实例技术，可以在一台数据库服务器中部署多个实例，每个实例中部署不同的业务应用的数据库，这样可以充分利用数据库服务器的资源，提高数据库服务器的利用率。还可以在高可用性数据库服务器集群中，部署多个实例。

6. 企业服务总线

企业根据业务发展的需要，对已经部署、投产的多个业务应用系统进行集成，以支持新的业务要求或灵活应对业务的变化，而使用企业服务总线（ESB）能够方便、有效地实现业务应用系统的集成工作。企业服务总线技术方面的关注点有 3 个，一个是对外的接口类型，如是否为 Web Service 接口；一个是是否支持业务流程设计，特别是是否支持 BPEL 语言来定义企业的业务流程；最后一个是是否支持 ESB 的高可用集群，即能否把 2 台或多台 ESB 服务器组成一个集群，对外提供服务，如果有一台 ESB 服务器故障，不影响集成的业务应用软件的使用。

7. 负载均衡技术

对于业务量比较大的业务应用系统的部署，需要考虑负载均衡技术的使用，如互联网上的电子商务业务应用。企业信息系统部署时，一般可以考虑下列几种负载均衡技术，即 DNS 轮询、专用业务负载分担软件、负载均衡的交换机设备等。负载均衡技术方面的关注点有 2 个，一个是是否支持后端服务器设备故障的感知，即当后端多台服务器设备中有一台服务器故障，不能处理业务应用请求时，前端负载分担设备可以感知到该故障设备，并不再把业务负载分配到故障设备上，另一个是是否支持后端服务器设备负载情况的感知，并根据感知信息进行业务负载的合理分配，即负载分担设备能够感知到后端所有服务器设备运行情况的信息，把新来的业务请求分配给负载最轻的服务器设备，做到几台服务器设备的负载基本平衡。

8. 备份恢复技术

为了保证企业信息系统中关键业务数据的安全性、可靠性，需要对存储在集中存储设备中的联机数据进行备份，最好是备份到离线设备中，当出现业务系统运行故障时，业务数据被破坏，可以从离线备份设备中恢复以前备份的可用数据。当前比较流行的离线备份技术、产品主要是磁带机、磁带库、统一备份管理软件等。备份恢复技术方面的关注点有 3 个，一个是磁带库的容量，可以管理多少盘磁带，以及单盘磁带的容量大小；一个是磁带库有几个驱动器，每个驱动器能够为一个业务数据进行备份，驱动器越多能够进行同时备份的业务数据就越多；最后一个是统一备份恢复软件的功能完善性与使用方便性。

2.4　运行维护技术

1. 网络管理技术

网络管理技术是企业信息系统运行维护过程要使用的关键技术，包括企业网络运行维护过程中要使用的网络管理技术，企业数据中心业务应用系统运行环境中各个服务器、操作系统运行维护过程要使用的服务器管理技术，企业数据中心业务应用系统运行环境中各个存储、备份设备运行维护过程中要使用的存储管理技术等，一般情况下，把上述 3 方面的管理技术统称为网络管理技术。网络管理技术方面的关注点有 3 部分，企业网络运行维护过程中要使用的技术的关注点有 3 个，一个是能否自动发现企业网络中的设备、生成网络拓扑结构图，一个是能否及时发现企业网络中的设备故障，并及时反映在拓扑图中，最后一个是是否支持系统的分布部署，主要是在一个大型企业网络中，网络管理工具能够分布部署，对分区域的广域网进行有效管理。服务器、操作系统管理技术方面的关注点有 3 个，一个是服务器监控是否使用了代理软件，使用代理软件的服务器监控工具的功能更丰富；一个是能否对应用程序的进程进行控制，即监控应用程序的运行情况、停止或重启出故障的应用程序，最后一个是能否动态、灵活地为服务器增加存储空间。存储管理技术的关注点有 3 个，一个是存储设备的扩容管理，即能否方便地进行磁盘阵列的扩容操作、为服务器分配新的存储空间；一个是能否方便地进行磁盘阵列中数据的统一备份操作；最后一个是在磁盘阵列出现硬盘故障时能否方便地进行磁盘阵列的调整，保证数据的可靠性、一致性。

2. 应用管理技术

为了保证企业信息系统的服务质量，需要使用应用管理技术与产品对企业信息系统进行监控与控制。应用管理技术方面的关注点有 3 个，一个是能否对业务应用程序的运行情况进行监控，不仅能监控应用程序的进程是否在正常运行，而且还能监控程序是否能够对客户端的请求进行响应。一个是能否给出业务应用对客户端请求的响应时间、占用 CPU、内存、网络带宽等方面的数据。最后一个是能否对出故障的应用程序进行重启，保证业务应用系统服务的连续性。

3. 数据管理技术

企业信息化以后，业务数据都存储在存储与备份设备中，对于业务数据这样的企业核心资产需要进行更加可靠的管理，数据管理技术与产品的使用能够对企业的数据资产进行有效的保护。数据管理技术方面的关注点有 3 个，一个是是否支持业务数据分级保护、离线数据备份、与恢复操作，另一个是是否支持存储设备的远程镜像与快照操作，最后一个是数据仓库方面的，即选择合适的数据仓库技术与产品保存企业业务系统的部分或全部历史数据，为业务决策提供数据支撑。

2.5 信息安全技术

1. 网络安全技术

与网络管理技术类似，网络安全技术包括企业网络的网络安全技术，服务器、操作系统的安全技术等，一般情况下，把上述 2 方面的技术统称为网络安全技术。网络安全技术方面的关注点分为两部分，一是企业网络安全技术的关注点有 3 个，一个是保护网络设备的安全，即使用网络设备的访问控制技术或其他安全保护技术保证网络设备的运行安全；一个是保证企业数据中心网络的安全，即在企业数据中心的网络中部署防火墙、入侵检测、主动防御等技术与产品对数据中心的业务应用系统运行环境进行有效保护；最后一个是能否自动扫描、发现网络设备操作系统的漏洞，并自动为网络设备的操作系统打补丁，保证运行环境中网络设备的安全。二是服务器、操作系统安全技术方面的关注点有 3 个，一个是能否自动发现、与关闭服务器上不使用的服务端口，减少服务器的漏洞；另一个是能否自动设置对服务器访问的控制策略，如访问控制列表（用户、其他服务器的 IP 地址、端口等）；最后一个是能否自动扫描、发现业务应用系统运行环境中所有服务器操作系统的漏洞，并自动为服务器操作系统打补丁，保证运行环境中服务器的安全。

2. 应用安全技术

企业信息化过程中业务应用的安全技术包括的内容比较广，包括应用软件开发方面的安全技术、应用软件测试方面的安全技术、应用软件部署方面的安全技术、应用软件运行方面的安全技术。应用软件开发方面安全技术的关注点有 3 个，一个是系统设计的技术与工具能否对应用软件的系统设计结果进行安全方面的评估，并提出保证应用软件安全运行的改进建议；另一个是编程工具能否支持对编写完成的应用软件代码进行安全方面的检查，如有没有缓冲区溢出方面的漏洞，并定位到有安全隐患的语句、给出修改意见；最后一个是集成开发工具能否在多模块联调是对模块之间的接口进行安全检查，发现模块调用接口的安全漏洞，并给出修改意见。应用软件测试方面安全技术的关注点有 3 个，一个是单元测试技术与工具能否找出单元模块中的安全漏洞；另一个是集成测试技术与工具能否测出接口、与模块交互程序中的安全漏洞；最后一个是功能测试技术与工具能否测出整个应用系统的安全漏洞。应用软件部署方面安全技术的关注点有 3 个，一个是应用软件部署技术与工具能否自动关闭操作系统中应用软件不需要使用的服务端口，一个是应用软件部署技术与工具能否按照分布式应用软件的部署要求自动设置应用软件配置文件，设定对应用软件某个模块的访问控制列表，最后一个是应用软件部署技术与工具能否按照分布式应用软件的部署要求自动修改运行该应用软件服务器的操作系统的访问控制列表，控制其他服务器对本服务器的访问，如服务器的 IP、用户名等。应用软件运行方面安全技术的关注点有 3 个，一个是用户对应用的访问技术，即区分内部用户、外部用户，制定不同用户访问业务应用的不同方式，包括用户接入、用户认证、用户授权、访问审计等；另一个是应用软件故障处理技术，即业务应用软件在运行过程中可能出现应用软件的故障，影响业务部门或外部用户的使用，需要使用相应的技术与工具处理故障，恢复应用软件的运行；最后一个是应用虚拟化方面的技术，即使用应用虚拟化技术与产品，一方面可以提高业务应用软件运行的安全性，另一方面可以支持越来越多的移动办公需求。

3. 数据安全技术

企业信息化以后，业务应用的数据已经成为企业的核心资产，保护好企业的业务数据就非常重要，数据安全包括保密性、完整性、可用性 3 个方面的要求，所以数据安全技术方面的关注点也就从这 3 个方面入手。数据保密性方面的关注点有 3 个，一个是数据加密存储技术，一个是数据加密传输技术，最后一个是数据安全访问技术，即给适当的人员提供适当的数据，与某个业务无关的人员不能访问该业务数据。完整性方面的关注点有 2 个，一个是垃圾数据处理技术，即在应用软件运行故障时会产生一些垃圾数据，造成业务数据的不一致，应该使用业务数据整理技术与工具对垃圾数据进行处理，保证数据的完整性；一个是数据一致性检查技术，即使用数据一致性检查技术与工具定期对数据库中数据的一致性进行检查与维护，目前关系型数据库管理系统都有这方面的功能，需要把该功能用好。可用性方面的关注点有 2 个，一个是数据存储的可靠性技术，如使用高可靠 RAID 磁盘阵列存储业务数据，保证业务数据不丢失；一个是高可用数据库技术，如使用高可用数据库服务器集群，保证用户能够随时访问业务数据，在单台数据库服务器故障时，也不影响用户对业务数据的访问操作的执行。

2.6　技术发展趋势

根据规划、设计、构建、部署与运行维护企业的业务应用系统的要求，简单介绍了各类信息技术，包括业务战略规划、业务应用系统开发与部署、信息系统运行环境、运行维护、信息安全等五个大类。IT 服务技术覆盖面比较广，也比较复杂，尽管以图 2-1 所示的架构对企业信息化要使用的各种信息技术进行了分类，并做了简单介绍。但只介绍了各类技术在选择、与使用过程的主要关注点，没有介绍各类技术的细节，如果要把全部的信息技术的内容说明清楚，可能需要用几本书的、而不是一个章节来介绍。在本章介绍企业信息化过程中要用到的信息技术的目的不是详细介绍各类技术的细节，成为 IT 服务技术的百科全书，而是希望给读者建立一个怎么使用好信息技术、为企业信息化服务的思路、与方法，因为所有的技术都为目标、目的服务的，包括本章介绍的信息技术。为了选择、使用好信息技术为企业的信息化服务，提高企业的 IT 能力与业务开拓的能力，就需要把握信息技术发展的趋势，在适当的时机选择合适的信息技术，提高企业的 IT 能力，为企业的业务服务。另外信息技术不同于其他技术，信息技术发展很快，几乎每年都有大量新技术出现，又有大量新产品被市场接受、并得到大规模使用，还有一些老技术、产品被市场所淘汰。信息技术与产品的成活期、或者叫寿命比较短，从著名的摩尔定律就可见一斑，每 18 个月，CPU 中的晶体管数量将翻一番，性能会增加一倍。所以把握好信息技术的发展趋势比较困难，在本章的总结中介绍一些方法帮助读者判断信息技术的一些发展方向与趋势。

为了能够准确判断信息技术的发展趋势，先把信息技术区分为 3 个大类，硬件技术、软件技术、网络技术。硬件技术包括的内容比较广，但其一般规律就是摩尔定律，从摩尔定律可以看未来 2～3 年硬件的处理性能的提高，性能提高到一定程度就会从量变发展到质变，会出现新的创新的硬件技术，并会颠覆目前市场上的主流产品，当出现颠覆性信息技术与产品时，如果能够把握住这个趋势一定会为企业的 IT 能力提高带来巨大帮助。与硬件技术相比软件技术的发展相对较慢，软件技术又分为系统软件与应用软件，系统软件主要包括操作系统、数据库系统、中间件系统等。各个厂家的操作系统、数据库系统、中间件系统版本尽管不断升级，但所使用的技术都是成熟的技术，版本升级一方面是给老的系统打补丁、堵漏洞，另一方面是增加一些新的功能，操作系统的发展方向与趋势是能够管理越来越多的硬件资源，如更多的 64 位 CPU、更多的内存、更多的存储空间、更多的进程与线程等。数据库系统的发展方向是高可用性、OLTP 性能、分布式数据库、管理更大的数据库空间等，如高可用数据库集群、内存数据库、管理几个 TB 的单数据库（DB）。中间件系统的发展方向与趋势是高可用性、处理性能，如高可用应用服务器集群、负载均衡等。应用软件方面的技术包括系统设计技术、开发工具技术、软件测试技术、应用软件部署技术、其他的技术等，应用软件的开发工具技术发展比较快，其发展方向与趋势是能够重用更多的模块、对象、或服务，从结构化程序开发到面向对象程序开发，现在发展到面向服务的软件开发。而系统设计技术的发展主要体现在应用软件部署与使用模式的发展与变化，从最早的单机、使终端模式发展到客户端、服务器模式（即 C/S 模式），又从 C/S 模式发展到浏览器、服务器模式（即 B/S 模式），现在发展到面向服务的架构（即 SOA）。应用软件技术的发展方向与趋势是怎么把 SOA 模式与业务流程设计有效结合，实现企业业务系统变化的敏捷性，有效应对企业竞争环境的快速变化。由于在企业的信息化过程中网络越来越重要，现在企业的信息系统都是分布式系统，基本都是 B/S 模式。没有网络都不能构建与实施企业的信息系统，所以网络技术是企业信息化中要用到的关键技术，把网络技术单独提出来讨论，还有就是互联网的快速发展，很多互联网企业使用的技术逐渐被其他企业所采用，如 B/S 应用模式最早就是在互联网企业中使用的，现在已经大量使用在企业信息系统中。网络技术又分为硬件技术与软件技术，所以摩尔定律也适用于网络硬件技术，即网络硬件性能每 18 个月增长一倍，而且可以推出网络带宽每 9 个月增加一倍，这就是著名的吉尔德定律，可以利用吉尔德定律来看未来 2-3 年网络硬件的处理性能的提高，性能提高到一定程度就会从量变发展到质变，会出现新的创新的网络硬件技术，并会颠覆目前市场上的主流网络产品。网络上的软件技术主要是互联网上应用软件开发方面的技术，其发展、变化是最快的，比上述的一般应用软件开发技术的变化还要快，需要紧密关注互联网上的新业务、新产品、新技术，把互联网上成功的新技术引入企业信息化的实践中。

最后为了把握好信息技术的发展方向与趋势，还需要关注近期 IT 行业的热点，如从 2009 年开始虚拟化、云计算成为 IT 行业的热点。应该能够从一些热点的表象中分析各个热点发生的原因，将会带来的结果；从而判断这些热点是否只是时尚，就象赶时髦，热度过去，这些热点也就消失了，只是昙花一现；还是真正的趋势与方向，将来这些热点的做法会得到大规模使用，使用的新技术、新产品会得到大量使用，就像现在的虚拟化、云计算一样。

第3章 信息技术服务常用标准

本章重点介绍信息技术（IT）服务企业日常业务中使用的国际标准和国家标准，这些标准大多是对本领域的规范性要求。本章列举的这些标准是服务企业关注度较高或常使用的，通过提取标准的适用范围和标准的主要内容，让读者对标准能够快速了解。

3.1 国际标准

3.1.1 信息技术服务管理最佳实践（ITIL）

ITIL（IT Infrastructure Library，信息技术基础设施资料库）是 20 世纪 80 年代英国政府商务办公室出版的一套 IT 服务管理指南，20 世纪 90 年代开始流行并推广，流行较广的版本是 ITIL V2。2005 年 12 月 15 日，国际标准化组织和国际电工委员会正式颁布了 ISO/IEC 20000 标准，ISO20000 包括 ITIL V2 中的所有相关流程，并在内容上有了扩充。ITIL 作为最佳实践并不是真正意义上的标准，但在 ISO/IEC 20000 颁布之前，ITIL 一直被业界认为是 IT 服务管理领域事实上的管理标准。

ITIL 是基于流程的方法论，它提供了一套方法，指导服务商构建自己的 IT 服务管理体系。因此，建立基于 ITIL 的交付服务管理流程，并制度化执行通常被认为是有能力提供 IT 服务的。

2007 年 5 月 30 日，英国政府商务办公室在全球发布了 ITIL 最新版本 ITIL V3。该版本基于服务生命周期，以服务战略为指导，从服务设计开始，通过服务转换，直至服务运营，用生命周期的概念将 V2 中设计的各个管理流程有机地贯穿在了一起。可以说，V3 是用一种全新的视角对 ISO20000 中的管理流程进行了整合，根据各个流程的特性及所处的阶段，将它们归纳到不同的服务生命周期过程中。同时伴随着持续服务改进，用以提高服务水平。

3.1.1.1 ITIL V2 的主要内容

1. ITIL V2 的主体框架

ITIL V2 的主体框架包括 7 个部分，如图 3-1 所示。

1）服务支持（Service Support）

服务支持主要面向用户，用于确保用户得到适当的服务以支持组织的业务功能，确保 IT 服务提供方所提供的服务质量符合服务级别协议的要求。

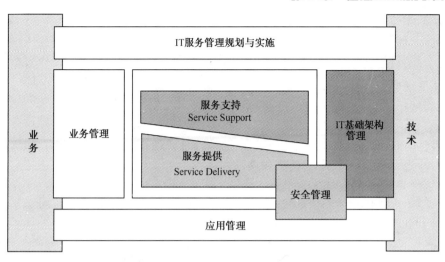

图 3-1　ITIL V2 主体框架

2）服务提供（ Service Delivery）

服务提供主要面向服务收费的机构和个人用户，用于根据组织的业务需求，并基于实现这些服务目标所需要耗费的成本核算的基础上，对服务的能力、持续性、可用性等服务级别目标进行规划和设计。

3）业务管理（Business Perspective）

业务管理帮助服务组织在 IT 管理和客户需求之间架起沟通的桥梁。

4）IT 基础架构管理（IT Infrastructure Management）

IT 基础设施管理流程主要包括对 IT 服务提供所需的资源、人员、技能和培训级别的管理。帮助服务组织提供一个稳定的 IT 和通信基础设施所需的流程、组织和工具。

5）应用管理（Application Management）

应用管理根据业务的变化帮助优化业务需求，同时将这些变化反映到相应的流程和职能中。

6）IT 服务管理规划与实施（Planning to Implement Service Management）

IT 服务管理规划与实施为组织规划和实施 IT 服务管理过程中需要考虑的一些关键问题提供实践指南，以及解释实施或改进服务供应所需要采取的重要步骤。

7）安全管理（Security Management）

安全管理帮助服务组织按照保密性、完整性和可用性的要求保护信息的价值。安全管理的目标确立是基于服务级别协议中所确定的安全性需求，这些安全性需求通常与合同的要求、法律法规以及组织的政策相关。

2. ITIL V2 的 10 个核心流程

ITIL V2 框架的主要内容是服务提供（Service Delivery）和服务支持（Service Support）两个部分，是 ITIL 的核心。描述了 IT 部门应该包含的各个工作流程以及各个工作流程之间的相互关系。服务提供包含服务级别管理、成本管理、持续性管理、可用性管理、容量管理 5 个流程。服务支持包含事件管理、问题管理、变更管理、发布管理、配置管理 5 个流程和 1 个服务台管理职能。服务支持侧重在 IT 服务的日常运作任务上，服务提供则更关注 IT 服务的规划和实现，包括客户的服务需求，以及提供这些服务所需要具备的因素。10 个流程的主要管理描述如下。

1）事件管理（Incident Management）

事件管理的目的就是在出现事件时尽可能快地恢复服务的正常运作。避免它造成业务中断，以确保最佳的服务可用性级别。

2）问题管理（Problem Management）

问题是导致一起或多起事件的潜在原因，问题管理就是尽量减少 IT 基础设施、人为错误和外部事件等缺陷或过失对客户造成的影响，并防止它们重复发生的流程。问题管理流程包括识别、检查、消除和控制 IT 基础设施的错误等。

3）变更管理（Change Management）

变更是对已批准构建或实施的、已在维护的或作为基准的硬件、网络、软件、应用、环境、系统及相关文档所作的增加、修改或移除。变更管理的目的是使用标准方法和规程来快速有效地处理所有变更，以减少任何有关事件对服务的影响。

4）配置管理（Configuration Management）

配置管理是识别和确认系统的配置项，记录和报告配置项状态和变更请求、检验配置项的正确性和完整性等活动构成的过程。其目的是提供 IT 基础设施的逻辑模型，支持其他服务管理流程，特别是变更管理和发布管理的运作。

5）发布管理（Release Management）

发布是指一组经过测试后导入实际运营环境的、新增的或经过改动的配置项 CI。发布管理流程控制软件和硬件的发布，包括集成、测试和存储。它同时确保只有正确和经测试的版本和已授权的软件和硬件得以发布。

6）服务级别管理（Service Level Management）

服务级别管理流程定义交付给用户的服务等级。服务级别由服务提供者和客户协商制定，同时记录在服务级别协议（SLAs）中。

7）IT 服务财务管理（Financial Management for IT Services）

IT 服务财务管理是指负责预算和核算 IT 服务提供方提供 IT 服务所需的成本，并向客户收取相应服务费用的管理流程。

8）可用性管理（Availability Management）

可用性管理流程通过评估和维护 IT 资源的可用性来确保业务运作的不中断。

9）能力管理（Capacity Management）

能力管理流程的目的是配备适当的 IT 资源以满足组织和客户对 IT 服务的需求。该流程要求以合理的成本提供所需的 IT 资源。

10）IT 服务持续性管理（IT Service Continuity Management）

IT 服务持续性管理是指确保发生灾难后有足够的技术、财务和管理资源来确保 IT 服务持续性的管理流程。IT 服务持续性管理关注的焦点是在发生服务故障后仍然能够提供预定级别的 IT 服务从而支持组织的业务持续运作的能力。

正是通过这 10 个核心流程和 1 个服务职能，实现了 IT 服务管理的规范化、流程化。图 3-2 显示了 ITIL 流程之间的关系。

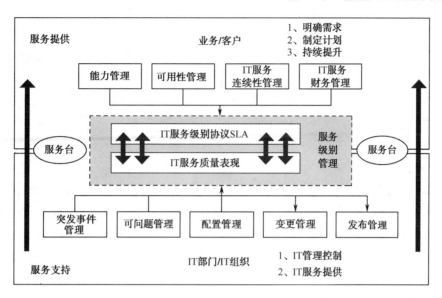

图 3-2 ITIL 流程之间的关系

3.1.1.2 ITIL V3 的核心架构

ITIL V3 的核心架构是基于服务生命周期的，如图 3-3 所示。服务战略是生命周期运转的轴心，服务设计、服务转换和服务运营是实施阶段，服务改进则在于对服务的定位和基于战略目标对有关的进程和项目的优化改进。

图 3-3 ITIL V3 服务生命周期框架

1. 服务战略

服务战略从组织能力和战略资产两个战略角度来指导服务组织设计、开发和实施服务管理。该模块提出了服务管理实践过程中整个 ITIL 服务生命周期的政策、指南和流程。服务战略是服务设计、服务转换、服务运营和服务改进的基础，其主题包括了市场开发、内部和外部的服务提供、服务资产、服务目录以及整个服务生命周期过程中战略的实施。

此外，还包括了财务管理，服务投资组合管理、组织的制定和战略风险等另一些重要的主题。组织通过这些指导可以设定面向客户的服务绩效目标、期望及市场空间，并能够很好地识别、选择和优化机会。服务战略确保组织能处理与服务投资组合相关的成本和风险，建立运营的有效性和实现出色的绩效。服务战略制定的决策将产生深远的影响。

2. 服务设计

服务设计描述了对服务及服务管理流程设计和开发的指导。它包括了将战略目标转变成服务投资组合和服务资产的原则和方法。服务设计的范围不仅限于新的服务，它还包括为了保持和增加客户价值，而实行服务生命周期过程中必要的变更和改进，服务的连续性，服务水平的满足和对标准、规则的遵从性。它指导组织如何开发设计服务管理的能力。

3. 服务转换

服务转换为如何将新的或变更的服务转换到运营过程中有关能力的开发和改进的指导。服务战略需求通过服务设计进行编码，而服务转换则是探讨如何将这种编码有效地导入到服务运营的体系中，与此同时，还应控制失败的风险和服务中断。

4. 服务运营

服务运营包含了在服务运营管理方面的实践。它对如何达到服务支持和交付的效果和效率，以确保客户与服务供应商的价值提供了指导。战略目标最终需要通过服务运营来实现，因此，它是一种非常重要的能力。它对如何在设计、规模和服务水平变化的情况下，如何保持服务运营稳定性提供指导。

5. 服务改进

服务改进为创造和保持客户价值，而用更优化的服务设计、导入和运营提供指导。它结合了质量管理、变更管理和能力改进方面的原则、实践和方法。组织要学会在服务质量、运营效率和业务连续性方面的不断提高和改进的意识。此外，该卷还为改进所取得的成就与服务战略、服务设计和服务转换之间如何建立关联提供指导。该模块还对建立基于 PDCA 模型（Plan、Do、Check 和 Act），从而形成计划性变更的接受闭环反馈系统的建立提供指导。

生命周期模型的引入改变了模块之间相互割裂、独立实施的局面，从战略、战术和运作 3 个层面针对业务和 IT 快速变化提出服务管理实践方法。它通过连贯的逻辑体系，以服务战略作为总纲，通过服务设计、服务转换和服务运作加以实施，并借助持续服务改进不断完善整个过程，使 IT 服务管理的实施过程被有机整合为一个良性循环的整体。

3.1.1.3 ITIL V2 与 ITIL V3 的关系

ITIL V3 是一个巩固和提高 ITIL 最佳实践的过程，也是"当前最佳实践"的精髓。"当前最佳实践"规定了行业实践中的前沿信息，并且会随着客户需求的改变而不断变化。OGC 对 ITIL V2 中的重要内容加以精简，然后将其收录到 ITIL V3 中。ITIL V3 的结构框架和内容来源于大量的公众评议会及行业管理者的意见。同时，它也囊括了 V2 中仍被 ITSM 团体广泛实践和运用的那部分内容。

V3 增加了部分新概念，尤其是引入了"生命周期"概念。IT 服务从开始到结束的整个过程，就是服务管理的生命周期。当开展一项服务时，组织中不同的管理层和成员都参与到该服务的生命周期中，包括决策、计划、设计、开发、测试、发布、运行和改进等活动中。借助于"生命周期"的贯穿，ITIL V3 将 V2 中的各个流程有机地整合在了一起。但严格说起来，V3 只是 V2 的加强版，它补充并解释了 V2 的不足之处，在前者的基础上增加了一些营销方法与流程，并解释 ITIL 在不同的行业该如何切入，使得 ITIL 跟企业的关系更紧密。

ITIL V2 与 V3 的比较主要体现在表 3-1 所示的 5 个方面。

表 3-1　ITIL V2 与 V3 的特征对比

ITIL V2 特征	ITIL V3 特征
V2 关注诸如服务台、事件、问题、变更、配置和风险管理的流程	V3 则关注服务，因为流程只是服务的附属物
V2 关注的是业务与 IT 的结合（Alignment）	V3 则强调业务和 IT 的整合（Integration）
V2 关注的是价值链（Value-Chain）管理	V3 则强调价值网络（Value Nerwork）的集成
V2 关注的是线性的服务目录	V3 则强调动态的服务投资组合
V2 关注的是流程一体化的集成	V3 则强调全面服务管理的生命周期

3.1.2　信息技术服务管理标准（ISO 20000）

ISO/IEC20000 是国际标准化组织于 2005 年 12 月 15 日发布的专门针对信息技术服务管理（IT Service Management）领域的国际标准，这是国际范围内认可的第一部规范 IT 服务管理的标准。此套体系规范秉承"以客户为中心，以流程为导向"的服务理念，旨在帮助企业组织能够有效的识别与管理 IT 服务管理的关键过程，保证在满足客户与业务需求的同时，依照公认的"P-D-C-A"方法论应用，充分发挥 IT 服务持续改进的能力，最终达到企业组织用最小成本获得最大收益价值的目的。

ISO20000 标准由两部分组成：

第一部分，ISO20000-1:2005 信息技术服务管理规范，对 IT 服务管理提出了要求，该部分规范了 IT 服务过程包含的 13 个流程，是认证的依据。

第二部分，ISO20000-2:2005 信息技术服务管理实施指南，对标准第一部分的内容提供解释和应用指导。

在 ISO/IEC20000 流程框架中共分为 5 大过程组，13 个管理流程。这个框架并非一个简单的组合，而是在业界广泛认可的 IT 服务管理流程的基础之上，从流程、人员、技术和合作者 4 个方面来规划企业的 IT 管理结构，是全面集成的 IT 服务管理流程图。

3.1.2.1　标准适用范围

ISO20000 的目标是为任何提供 IT 服务的企业提供一套通用的参考标准，不论其为内部客户还是外部客户提供服务。由此看出，ISO20000 标准从其产生和制定的目标来看，始终把提供 IT 服务的企业和部门作为认证主体。ISO20000 为服务提供商规定了向其客户交付可接受质量服务的各项要求。

ISO20000 的使用者可以是：

（1）为外包服务寻求竞标的组织。

（2）要求供应链中的所有服务提供商采用一致性方法的组织。

（3）对 IT 服务实施标杆管理的服务提供商。

（4）以 ISO20000 为基础来评估企业 IT 服务管理水平的组织。

（5）需要证明其有能力提供满足客户需求的服务组织。

（6）致力于通过有效的流程应用来监视并改进服务质量，从而改进服务的组织。

需要明确的是，ISO/IEC 20000 并非一个针对产品或者服务的标准，而是一个针对管理流程体系的标准。所以，获得 ISO/IEC 20000 的认证，并不直接意味着被认证的是一种高质量的服务，而是意味着提供服务的 IT 组织，对 ISO/IEC 20000 中定义的这些管理流程，具有足够好的管理控制力。

管理控制力包括：

（1）对流程输入的了解和控制。

（2）对流程输出的了解、使用和诠释。

（3）制定和执行对流程效能的衡量机制。

（4）有客观的证据表明，对流程的功能负责，使之符合 ISO 20000 标准要求。

（5）制定流程的改进提高计划，衡量和回顾改进结果。

也就是说，一个 IT 服务组织，要获得 ISO/IEC 20000 的认证，必须证明它能够对标准中涉及的所有 5 组 13 个流程都具有以上的管理控制力。这个 IT 服务组织，可以是企业内部的 IT 部门，也可以是外部的 IT 服务提供商。

3.1.2.2　标准主要内容

ISO20000-1 为 IT 服务管理规范，包括了 5 大过程组以及过程组所覆盖的 13 个服务管理流程，并与体系管理职责、文件要求及能力、意识和培训，一同作为体系认证的参考标准。其相关的服务管理过程如图 3-4 所示。

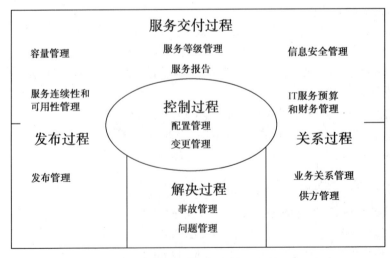

图 3-4　ISO20000 服务管理过程

ISO20000 管理规范所涉及的范围主要包括以下四个方面：

（1）管理职责，主要包括管理职责、文件要求与能力、意识和培训三大主要模块。

（2）服务管理的计划与实施，主要包括"P-D-C-A"四个核心过程模块。

（3）新的或变更服务的计划与实施，主要是针对于新的或变更服务的流程管理。

（4）服务管理流程，主要包括五大核心过程组，分别是：

- 服务交付过程（Service Delivery Process）
- 关系过程（Relationship Process）
- 解决过程（Resolution Process）
- 控制过程（Control Process）
- 发布过程（Release Process）

ISO20000-2 是实施指南，应与 ISO20000-1 联合使用，是对标准的第一部分内容进行解释和应用指导，使服务组织能够理解如何提供交付给外部客户的服务质量。

3.1.2.3　ISO20000 与 ITIL 的关系

ISO20000 的颁布是在 ITIL V3 之前，因此借鉴了 ITIL V2 的主要思想。ISO20000 和 ITIL 的核心都是服务管理流程，但两者的流程不尽相同。ISO20000 主要基于 ITIL V2 的 10 个核心流程，并添加业务关系管理（Business Relationship Management）与供应商管理（Supplier Management）和服务报告（Service Reporting）三个新流程。而这三个流程在 ITIL V3 中也作为独立的流程有专门的论述。但 ISO20000 与 ITIL V2 之间不完全一致，从整体来说，ITIL V2 关注十个核心服务管理流程，而 ISO20000 不仅仅有对服务管理流程的要求，还增加了关于服务管理体系整体的要求，比如管理层承诺、服务目标和持续改进等。

ISO20000 定义了服务管理的一系列目标和控制点，但没有告诉组织实现这些目标的方法和途径，ITIL 作为 IT 服务管理行业的最佳实践，给出了实现这些目标的方法和途径。

3.1.3　信息和相关技术管控目标（COBIT）

COBIT（Control Objectives for Information and related Technology，信息系统和技术的控制目标）是目前国际上通用的信息系统审计的标准，由美国信息系统审计与控制协会（ISACA）和 IT 治理协会（ITGI）于 1992 年创建。该协会于 1996、1998、2000、2005 年分别颁布了 COBIT 1.0、COBIT 2.0、COBIT 3.0 以及 COBIT 4.0，2007 年 5 月份，已更新到 COBIT 4.1。在这个过程中，COBIT 已从一个审计师的工具演变为 IT 治理框架，越来越多的被 IT 管理人员使用。COBIT 为管理人员、审计人员和 IT 用户提供了一套通用的测量、显示和处理的方法以及最佳的实践，帮助其通过在组织中使用信息技术和适当的 IT 治理与控制，使组织的利益最大化。COBIT 将 IT 过程、IT 资源及信息标准与企业的策略和目标联系起来，形成一个三维体系结构，如图 3-5 所示。

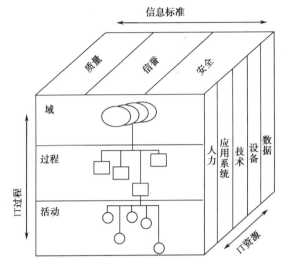

图 3-5 COBIT 模型

1. 其中信息标准维度集中反映了企业的战略目标，主要从质量、成本、时间、资源利用率、系统效率、保密性、完整性、可用性等方面来保证信息的安全性、可靠性、有效性。

2. IT 资源维度主要包括人、应用系统、技术、设施及数据在内的信息相关的资源，这是 IT 治理过程的主要对象。

3. IT 过程维度则是在信息标准的指导下，对信息及相关资源进行规划与处理。

通过 IT 流程管理 IT 资源，来实现 IT 目标以满足业务需求是 COBIT 框架的基本原理。COBIT 是一个非常有用的工具，也非常易于理解和实施，可以帮助企业在管理层、IT 与审计之间搭建桥梁，提供了彼此沟通的共同语言。几乎每个机构都可以从 COBIT 中获益，来决定基于 IT 过程及他们所支持的商业功能的合理控制。当知道这些业务功能是什么，其对企业的影响到什么程度时，就能对这些事件进行良好的分类。

COBIT 实现可跟踪的业绩衡量，通过平衡记分卡可以在财务（企业资源管理）、客户（客户关系管理）、过程（内部网，工作流工具）、学习（知识管理）等方面维持平衡，评价企业目标的实现情况以及 IT 绩效，并调整业务目标和 IT 战略，进行持续的 IT 管理。COBIT 采用成熟度模型，可以定位自己企业的 IT 管理目前在业界所处的位置，以及未来努力的方向，通俗地说就是给 IT 管理"打分"。COBIT 还提供了目前最佳案例和关键成功因素（CSF），供企业和组织借鉴。

3.1.3.1 标准适用范围

该标准适用于不同类型的内外部利益相关方，每一个利益相关方都有特定的需求。

1. 关注 IT 投资创造价值的企业内部利益相关方。

- 投资决策人。
- 需求制定人。
- IT 服务对象。

2. **提供 IT 服务的内外部利益相关方。**

- IT 组织和流程的管理人员。
- IT 功能开发人员。
- IT 运营服务人员。

3. **负责控制或风险管理的内外部利益相关方。**

- 负责安全、隐私和/或风险管理的人员。
- 履行合规职能的人员。
- 要求或提供保证服务的人员。

3.1.3.2　标准主要内容

COBIT 包含 34 个信息技术流程控制，并归集为以下 4 个控制域：

（1）IT 规划和组织（Planning and Organization）。

（2）系统获得和实施（Acquisition and Implementation）。

（3）交付与支持（Delivery and Support）。

（4）信息系统运行性能监控（Monitoring）。

4 个控制域及所包括的 34 个信息技术流程控制见表 3-2 所示。

表 3-2　COBIT 34 个信息技术流程控制

1. 规划与组织（Planning and Organization，PO）	3. 交付与支持（Delivery and Support，DS）
● PO1 定义 IT 战略规划	● DS1 服务水平的定义和管理
● PO2 定义信息架构	● DS2 第三方服务管理
● PO3 确定技术方向	● DS3 性能和容量管理
● PO4 定义 IT 流程、组织和关系	● DS4 确保服务连续性
● PO5 IT 投资管理	● DS5 确保系统安全
● PO6 沟通管理目标和方向	● DS6 成本确认和分摊
● PO7 IT 人力资源管理	● DS7 教育与培训客户
● PO8 质量管理	● DS8 服务台和事件管理
● PO9 IT 风险评估和管理	● DS9 配置管理
● PO10 项目管理	● DS10 问题管理
	● DS11 数据管理
	● DS12 物理环境管理
	● DS13 运营管理
2. 获得与实施（Acquisition and Implementation，AI）	4. 监控（Monitoring，M）
● AI1 识别自动化解决方案	● M1 监控与评价 IT 绩效
● AI2 应用系统开发和维护	● M2 监控与评价内部控制
● AI3 技术基础设施的获取和维护	● M3 确保遵循外部要求
● AI4 运营知识保障	● M4 提供 IT 治理
● AI5 资源获取	
● AI6 变更管理	
● AI7 系统测试与发布	

COBIT 在 4 个域内将 IT 活动定义为一个流程模型。计划与组织、获取与实施、交付与支持、监控与评价这四个域映射到传统的 IT 职责域，即计划、建设、运行和监控。IT 规划

和组织（PO）域涵盖了战略和战术，致力于识别 IT 为实现业务目标作出最佳贡献的途径。系统获得和实施（AI）域是为实现 IT 战略，应确认、开发/采购、实施 IT 解决方案并将其整合到业务流程中。该域还涵盖了现有系统的变更与维护以确保持续满足业务目标。交付与支持（DS）域主要关注所需服务的实际交付情况，包括服务交付、安全和持续性管理、客户服务支持、数据和操作设施管理。信息系统运行性能监控（M）域涉及绩效管理、内部控制的监督、合规和治理等内容，确保定期评估所有 IT 流程的质量以及与控制要求的符合程度。COBIT 的每个 IT 流程都有一个流程描述和多个控制目标，在流程与应用控制之间建立了联系。标准的主要篇幅完整描述了如何控制、管理和测评每个流程。

COBIT 的管理框架分为四部分，即管理指南（Management Guidelines）、控制目标（Control Objectives）、应用工具集（Implemenation Toolset）、审计指导方针（Audit Guidelines）。

1. 管理指南

管理指南包括了：成熟度模型（Maturity Models），用来帮助决定每一个控制阶段和过程是否符合标准规范；关键成功因素（Critical Success Factors），用来识别在信息化过程中实现有效控制所必需的最重要的活动；关键目标指标（Key Goal Indicators），用来定义关键目标的绩效衡量标准，是处理过程实现其目标的可测指标，通常指需要实现的目标；关键性能指标（Key performance Indicators），用来测量 IT 控制程序是否能达到目标，是 IT 处理过程的性能指标，表现为 IT 的实际业绩。这些管理工具都是为了确保企业能成功和有效地整合业务流程与信息系统。

2. 审计指导方针

提供了关于 34 个控制目标的审计步骤，以协助信息系统审计师检验 IT 程序是否符合控制目标，并提供管理上的保证和改进的建议。

3. 控制目标

为 IT 控制提供了一个用来明晰策略和实施指导的关键方针，包括控制目标的详细说明。这 34 个过程也正是信息系统生命周期中的关键环节。信息系统的生命周期一般分为系统规划、系统设计、系统实施、系统运行和系统评价五个阶段。规划与组织域相对生命周期的规划阶段，获取与实施域相对系统的设计和实施阶段，交付与支持域针对运行维护阶段，而监控域则是覆盖了对整个生命周期的控制。企业可通过对这 34 个环节进行控制和评价提高信息系统绩效，评估信息系统的价值，衡量信息化效益，并运用 COBIT 模型提供的控制目标，使信息系统更好地满足企业战略规划的需求。

4. 应用工具集

包括管理意识（Management Awareness）、IT 控制诊断（IT Control Diagnostics）、应用指导（Implementation Guide）、常见问题（FAQs）等。这些新工具主要是设计让 COBIT 的应用更容易，让组织能快速且成功地从教材中掌握如何在工作中应用 COBIT。

3.1.3.3　COBIT 和 ITIL 的比较

COBIT 基于已有的许多架构，如 SEI 的能力成熟度模型（CMM）对软件企业成熟度 5 级的划分，以及 ISO9000 等标准，COBIT 在总结这些标准的基础上重点关注企业需要什么，而不是企业需要如何做，它不包括具体的实施指南和实施步骤，它是一个控制架构（Control Framework）而非具体如何做的过程架构（Process Framework）。COBIT 的目标人群是信息系统审计师，企业高级管理人员以及高级 IT 管理人员，如 CIO。

ITIL 基于企业的最佳实践（Best Practice），OGC 收集和分析各种组织解决服务管理问题方面的最佳做法，最后形成了 ITIL。它给出了各个服务管理流程的目标、活动、输入和输出以及各个流程之间的关系，但没定义范围广泛的控制架构。它关注方法和实施过程。由于它关注 IT 服务管理（ITSM），它的视野相对 COBIT 来说狭窄，但它对 IT 服务的提供和支持定义了更为详细和更易理解的过程集，它的目标人群是 IT 人员和服务管理人员。

尽管两个标准有着许多的不同之处，但在 COBIT 和 ITIL 背后却有着非常一致的指导原则。信息系统审计师通常综合使用 COBIT 和 ITIL 的自评估方法，去评估企业 IT 服务管理环境。COBIT 为每一个过程提供了关键目标指标（KGIs）、关键绩效指标(KPIs)、关键成功要素(CSFs)，这些指标与 ITIL 过程相结合，可以建立 ITIL 过程管理的基准。在实际应用中，某些企业综合两个标准提出了更易理解的适用于本企业环境的 IT 治理和运行架构。

很多 COBIT 的过程特别是交付与支持（DS）域的很多过程如 DS1、DS3、DS4、DS8、DS9 和 DS10 与 ITIL 的过程有着很好的映射关系，如服务级别管理、成本管理、可用性管理、事故管理、问题管理、配置管理、发布管理、容量能力管理。同样 AI6 变更管理过程与 ITIL 中变更管理和其他服务支持过程如发布管理形成了较好的对应关系。

3.3.1.4　COBIT 和 ISO/IEC 17799 的比较

ISO/IEC 17799 强调信息安全管理体系的有效性、经济性、全面性、普遍性和开放性，目的是为希望达到一定管理效果的组织提供一种高质量、高实用性的参照。其最大特点就是广泛但不深入，而且仅作参考之用。

与 ISO/IEC 17799 不同，COBIT 完全基于 IT，其 IT 准则反映了企业的战略目标，IT 资源包括人、系统、数据等相关资源，IT 管理则是在 IT 准则指导下对 IT 资源进行规划处理。COBIT 在 PO、AI、DS、M 四个方面确定了 34 个处理过程以及 318 个详细控制目标。此外对每个过程还有评审工具。

3.1.4　组织的信息技术治理（ISO 38500）

ISO/IEC 38500 是关于信息技术治理的国际标准，用来为管理者在组织内评估、指导和监控信息技术的使用，提供一个原则框架。该标准于 2008 年 6 月发布，标志着国际上普遍认可信息化迈入 IT 治理时代。

在信息化时代，大部分组织已经将 IT 作为基本的业务工具，IT 对业务的支撑作用不可忽视。IT 的支出已经成为组织财务和人力资源支出的重要部分，但其投资的收益常常没有得到充分认识，而且可能会给组织带来重大的负面影响。这些消极结果的主要原因是，过于强调 IT 活动的技术、财务和日程安排方面，而没有关注整个业务环境中的 IT 使用。ISO/IEC 38500 标准的目的是使 IT 治理成为公司治理的重要组成部分，以帮助组织高层人员理解和实现其组织在利用 IT 方面的法律、法规和道德要求。

3.1.4.1　标准适用范围

ISO/IEC 38500 可以用于任何规模的组织，包括公有和私有性质的公司，政府机构以及非营利组织，不考虑其使用信息技术的程度。这一标准提供了一个 IT 治理的框架，以协助组织高层管理者理解并履行他们对于其组织 IT 使用的既定职责，实现 IT 治理的有效性、可用性及效率。

标准适用于组织内部信息和通讯服务的管理流程（和决策）的治理。这些过程可能受组织内的 IT 专家、外部服务提供商或组织内业务部门控制。该标准也为那些向组织的责任人进行建议、告知或协助的人员提供指南。

3.1.4.2　标准主要内容

该标准为组织的责任人（包括所有者、董事会成员、责任人、合作伙伴、高级执行层或其他类似人员）提供组织内有效、高效和合理运用信息技术的指导性原则。这些原则有助于责任人平衡风险，鼓励从 IT 使用中获得机会。标准还给出了 IT 治理的评估—指导—监控的循环模型，通过以下 3 项主要任务来治理 IT：

（1）评估现在和将来对 IT 的利用。

（1）指导计划和方针的准备及实施，以保证 IT 的利用符合业务目标。

（3）监控方针的符合性，以及对应计划的实际绩效。

ISO/IEC 38500 标准关于 IT 治理的 6 项原则如下。

原则 1：Responsibility（职责）

组织内的个人或团体理解和接受其与 IT 提供和需求相关的职责。并且这些活动的责任人，必须要有相关的授权（authority）。为 IT 分配职责的方式取决于组织所使用的业务模式和组织架构。

原则 2：Strategy（战略）

IT 的能力必须要满足企业内现在及未来的业务战略方向。

原则 3：Acquisition（采购）

应基于适当的和持续的分析、清晰可见的决策，并具有合理的理由确定 IT 的采购。这对短期或长期的利益、机会、成本和风险是一个合适的平衡。

原则 4：Performance（绩效）

IT 所提供的服务，产生出来的服务水平及服务质量，必须能够满足现在与未来的业务需求。

原则 5：Conformance（符合）

IT 必须遵守相关的法规、政策及规定。IT 所定义的政策及实施方式，必须清晰的被定义、被实施及被履行。

原则 6：Human Behavior（人员行为）

IT 的政策、实施方式及决定，必须展现出对于人员行为的尊重。

3.1.5　信息安全管理体系（ISO27001）

ISO 27001 信息安全管理体系是国际信息安全管理领域内的重要标准，起源于 BSI（英国标准协会）制定的信息安全管理标准 BS7799-2《信息安全管理体系规范》。BS7799-2 规定了信息安全管理体系要求与信息安全控制要求，它是一个组织的全面或部分信息安全管理体系评估的基础，可以作为一个正式认证方案的依据。BS7799-1《信息安全管理实施细则》则提供了一套综合的、由信息安全最佳惯例组成的实施规则。

经过十年的不断改版，2005 年被国际标准化组织（ISO）转化为正式的国际标准，并于 2005 年 10 月 15 日发布为 ISO/IEC 27001:2005。该标准可用于组织的信息安全管理体系的建立和实施，保障组织的信息安全，采用 PDCA 过程方法，基于风险评估的风险管理理念，全面系统地持续改进组织的安全管理。其正式名称为《ISO/IEC 27001:2005 信息技术—安全技术-信息安全管理体系—要求》。

ISO27001 是 ISO27000 系列的主标准，类似于 ISO9000 系列中的 ISO9001，各类组织可以按照 ISO27001 的要求建立自己的信息安全管理体系（ISMS），并通过认证。

ISO27000 系列包含下列标准：

（1）ISO 27000 原理与术语（Principles and vocabulary）。

（2）ISO 27001 信息安全管理体系—要求（ISMS Requirements）。

（3）ISO 27002 信息技术—安全技术—信息安全管理实施指南（ISO/IEC 17799:2005）；

（4）ISO 27003 信息安全管理体系—风险管理（ISMS Risk management）。

（5）ISO 27004 信息安全管理体系—指标与测量（ISMS Metrics and measurement）。

（6）ISO 27005 信息安全管理体系—实施指南（ISMS Implementation guidelines）。

信息是组织的重要资产，需要被妥善保护。信息安全就是要保护信息免受威胁的影响，从而确保业务的连续性，缩减业务风险，最大化投资收益并充分把握业务机会。信息安全主要体现在以下三个方面：

（1）保密性。保密性是指确保信息资料，特别是重要的信息资料，不流失，不被非法盗用。

（2）完整性。完整性是指信息资料不丢失、不少缺。比如采取一定的措施防止磁盘文件因操作不当或病毒侵袭导致的文件残缺或丢失。

（3）可用性。可用性是指当需要某一信息资料时，可马上拿得到。

信息安全是通过实施一整套适当的控制措施来实现。控制措施包括策略、过程、程序、组织结构和软硬件功能。需建立、实施、监视、评审，适当时改进这些控制措施，从而确保实现组织特定的安全和业务目标。ISO 27001 信息安全管理体系一个重要的方面是对信息风险的分析与管理。

3.1.5.1　标准适用范围

该标准能用于内部、外部包括认证组织使用，评定一个组织符合其本身的需要及客户和法律的要求的能力。与 ISO20000 适用范围不同，ISO20000 适用于企业的 IT 服务部门，通常是 IT 部门。ISO27001 适用于整个企业，不仅是 IT 部门，还包括业务部门、财务、人事等部门。

3.1.5.2　标准主要内容

本标准为建立、实施、运行、监视、评审、保持和改进信息安全管理体系（ISMS）提供了模型，用来指导组织人员开展信息安全管理体系建设。并基于科学的 PDCA 方法论，给出了建立信息安全管理体系（ISMS）的一套规范，详细说明了建立、实施和维护信息安全管理体系的要求，指出实施机构应该遵循的风险评估标准。

ISO27001 定义了 11 个控制点，39 个控制目标和 133 个控制措施，实施 ISO27001 的企业可根据需要从这些控制措施中进行选择性采用，所有控制点如表 3-3 所示。

表 3-3 ISO27001 附录 A 部分控制点

控制点	目标个数	控制措施个数
安全方针	1 个	2 个
信息安全组织	2 个	11 个
资产管理	2 个	5 个
人力资源安全	3 个	9 个
物理和环境安全	2 个	13 个
通信和操作管理	10 个	32 个
访问控制	7 个	25 个
信息系统的获取、开发和维护	6 个	16 个
信息安全事件管理	2 个	5 个
业务连续性管理	1 个	5 个
符合性	3 个	10 个

3.1.5.3 ISO27001 与 ISO20000 的区别与联系

ISO20000 在服务提供过程的"安全管理"部分中包括有对信息安全的要求。尽管两者都专注于 IT 服务的管理，然而，在专注点和适用范围上有着很大的不同。

（1）ISO20000 以流程为核心，定义了一系列比较抽象的流程目标，而 ISO27001 以控制点/控制措施为主，比较具体。

（2）两套体系规范的侧重点有所不同，ISO20000 是面向 IT 服务管理的质量体系标准，而 ISO27001 是面向信息安全的质量标准规范，ISO20000 强调以流程的方式达到质量管理标准，ISO27001 强调以风险控制点的方式来达到信息安全管理的目的。

（3）两套体系规范存在着许多的共性特征，如事件管理、业务连续性管理、信息资产管理等方面，大多数的企业都会选择将 ISO20000 与 ISO27001 认证项目一同实施，使两套体系间的互补特性得到充分发挥，更全面更规范的控制公司的服务运行维护体系与安全管理。

（4）适用范围不一样，ISO20000 适用于企业的 IT 服务部门，通常是 IT 部门。ISO27001 适用于整个企业，不仅是 IT 部门，还包括业务部门、财务、人事等部门。

3.1.6 质量管理体系（ISO 9000）

"ISO9000"不是指一个标准，而是一族标准的统称。ISO9000 族标准是国际标准化组织（ISO）于 1987 年颁布的在全世界范围内通用的关于质量管理和质量保证方面的系列标准。1994 年，国际标准化组织对其进行了全面的修改，并重新颁布实施。2000 年，ISO 对 ISO9000 系列标准进行了重大改版，关注以顾客为中心，反映了质量管理的发展，同时也汲取了第一版标准发布以来在实践工作中所取得的经验。原 ISO 9000 族标准中有关质量体系保证的标准有以下 3 个：

（1）ISO9001 质量体系标准是设计、开发、生产、安装和服务的质量保证模式。

（2）ISO9002 质量体系标准是生产、安装和服务的质量保证模式。

（3）ISO9003 质量体系标准是最终检验和试验的质量保证模式。

2000 版把这 3 个外部保证模式 ISO9001、ISO9002、ISO9003 合并为 ISO9001 标准，允许通过裁剪适用不同类型的组织，同时对裁剪也提出了明确严格的要求。

2000 版 ISO 9000 族标准有以下 4 个核心标准：

（1）ISO9000 标准描述了质量管理体系的概念并规定了其专用术语。

（2）ISO9001 标准规定了质量管理体系要求，在组织需要证实其提供满足顾客和适用法规要求的、产品的能力时使用。

（3）ISO9004 标准为质量管理体系业绩改进指南，包括促使组织顾客和其他利益方满意的持续改进过程提供指南。

（4）ISO19011 为管理和实施环境审核和质量审核提供指南。

上述标准构成了一组密切相关的质量管理体系标准，可帮助组织实施并有效运行质量管理体系，有利于国内和国际贸易中促进相互理解和信任。

其中，2008 年 11 月 14 日，国际标准化组织（ISO）正式发布了质量管理体系标准的最新版本 ISO9001:2008，这是 ISO9000 族相关标准的第四版。与 ISO9001:2000 版标准相比，新版标准没有引入额外的要求，仅对之前的标准做出了技术修正，对标准中容易发生误解或含糊的内容做出了进一步的澄清或说明。

3.1.6.1　标准适用范围

该标准可以适用于各行各业的组织进行管理和运作，不限于经济组织。标准中使用的术语"产品"一词，有双重的含义。可以指有形的实物产品，也可以指"服务"。因此对于 IT 服务企业同样适用。

标准能用于内部和外部各方（包括认证机构）评定组织满足顾客要求、适用于产品的法律法规要求和组织自身要求的能力。

标准规定的所有要求是通用的，意在适用于各种类型、不同规模和提供不同产品的组织。

3.1.6.2　标准主要内容

ISO9000 族标准并不是产品的技术标准，而是针对组织的管理结构、人员、技术能力、各项规章制度、技术文件和内部监督机制等一系列体现组织保证产品及服务质量的管理措施的标准。

ISO9000 族标准是在以下 4 个方面规范质量管理：

（1）机构。标准明确规定了为保证产品质量而必须建立的管理机构及职责权限。

（2）程序。组织的产品生产必须制定规章制度、技术标准、质量手册、质量体系操作检查程序，并使之文件化。

（3）过程。质量控制是对生产的全部过程加以控制，是面的控制，不是点的控制。从根据市场调研确定产品、设计产品、采购原材料，到生产、检验、包装和储运等，其全过程按程序要求控制质量。并要求过程具有标识性、监督性、可追溯性。

（4）总结。不断地总结、评价质量管理体系，不断地改进质量管理体系，使质量管理呈螺旋式上升。

强调组织应不断主动识别、寻求过程的持续改进。持续改进的最终目的是提高组织的有效性和效率，它包括改善产品的特征及特性、提高过程有效性和效率所开展的所有活动，从确定、测量和分析现状，建立目标、寻找解决办法、评价解决办法、实施解决办法、测量实施结果，直到纳入文件等一系列不断的 PDCA 循环。通过改进组织的过程，实现改进组织业绩的目标。

质量管理体系的主要组成部分，任何组织的质量管理体系应考虑 4 个重要组成部分，首先是管理职责，包括方针、目标、管理承诺、职责与权限、策划、顾客需求、质量管理体系和管理评审等项内容；其次是资源管理，包括人力资源、信息资源、设施设备和工作环境等项内容；第三是过程管理，包括顾客需求转换、设计、采购、产品生产与服务提供等项内容；第四是测量、分析与改进，包括信息测评、质量管理体系内审、产品监测和测量、过程监测和测量、不合格品控制、持续改进、纠正和预防措施等项内容。

以下简要介绍几个标准的主要内容：

1. ISO 9000《质量管理体系 基础和术语》

标准表述了 ISO 9000 族标准中质量管理体系的基础，并确定了相关的术语。

标准明确了八项质量管理原则，是组织改进其业绩的框架，能帮助组织获得持续成功，也是 ISO 9000 族质量管理体系标准的基础。标准表述了建立和运行质量管理体系应遵循的 12 个方面，强调了过程的方法，即系统识别和管理组织内所使用的过程，特别是这些过程之间的相互作用。标准给出了有关质量的术语共 80 余个词条，分成 10 个部分，阐明了质量管理领域所用术语的概念，并提供了术语之间的关系图。

2. ISO 9001《质量管理体系 要求》

标准提供了质量管理体系的要求，供组织需要证实其具有稳定地提供满足顾客要求和适用法律法规要求的产品能力时使用，组织可通过体系的有效应用，包括持续改进体系的过程及保证符合顾客与适用的法规要求，增强顾客满意。

标准应用了以过程为基础的质量管理体系模式的结构，鼓励组织在建立、实施和改进质量管理体系及提高其有效性时，采用过程方法，把建立和运行一个质量管理体系也视同为一个过程。建立质量管理体系始于管理职责、方针目标的制定，终于持续改进，形成一个循环。在体系运行中的横向环，除了针对体系覆盖的产品，控制其形成的全过程外，将"过程"向识别顾客满意程度的评价延伸，以评价和确认顾客要求是否被满足。通过不断评审，形成一个大过程，在运行过程中进入新的水平，以达到质量管理体系的持续改进。

3. ISO 9004《质量管理体系 业绩改进指南》

此标准以八项质量管理原则为基础，帮助组织用有效和高效的方式识别并满足顾客和其他相关方的需求和期望，实现保持和改进组织的整体业绩，从而使组织获得成功。标准提供了超出 ISO9001 要求的指南和建议，不用于认证或合同的目的，也不是 ISO9001 的实施指南，主要为进取型的组织希望超越 ISO9001 要求，改进自身管理体系提供指导或成熟度评估。

标准的结构也应用了以过程为基础的质量管理体系模式，鼓励组织在建立、实施和改进质量管理体系及提高其有效性和效率时，采用过程方法，以便通过满足相关方要求来提高相关方的满意程度。

标准还给出了自我评定和持续改进过程的示例，用于帮助组织寻找改进的机会。通过 5 个等级来评价组织质量管理体系的成熟程度，即初学型组织、前摄型组织、弹性组织、创新型组织、可持续组织五种类型。通过给出的持续改进方法，提高组织的总体业绩并使相关方受益。

ISO 9001 和 ISO 9004 两个标准结构相似，都从管理职责、资源管理、产品实现、测量分析和改进四个大过程来展开。两个标准有不同的性质和用途，前者为组织规定了质量管理体系的基本要求，适用于内部和外部评定组织满足顾客、法律法规和自身要求的能力；后者则侧重于在组织内部提高质量管理体系的有效性和效率，进而考虑开发、改进组织业绩的潜能。

4. ISO 9011《质量和(或)环境管理体系审核指南》

标准遵循"不同管理体系可以有共同的管理和审核要求"的原则，为质量和环境管理体系审核的基本原则、审核方案的管理、环境和质量管理体系审核的实施以及对环境和质量管理体系审核员的资格要求提供了指南。它适用于所有运行质量和环境管理体系的组织，指导其内审和外审的管理工作。

标准在术语和内容方面，兼容了质量管理体系和环境管理体系的特点。在对审核员的基本能力及审核方案的管理中，均增加了应了解及确定的法律和法规要求。

3.2 国家标准

3.2.1 信息技术服务标准体系

信息技术服务标准（Information Technology Service Standards，ITSS）是一套体系化的信息技术服务标准库，全面规范了信息技术服务产品及其组成要素。ITSS 是新开辟的电子信息产业标准化领域，它与信息技术服务业的发展息息相关。它与以产品和技术为对象的标准有本质的区别，其特点主要是以服务的方法和流程为标准化对象。用于指导实施标准化的信息技术服务。

ITSS 是在工业和信息化部软件服务业司的指导下，2009 年由信息技术服务（以下简称"IT 服务"）标准工作组组织研究制定的，是我国 IT 服务行业最佳实践的总结和提升，也是我国从事 IT 服务研发、供应、推广和应用等各类组织自主创新成果的固化。

ITSS 规定了 IT 服务的组成要素和生命周期，并对其进行标准化，其核心内容充分借鉴了质量管理原理和过程改进方法的精髓，如图 3-6 所示。

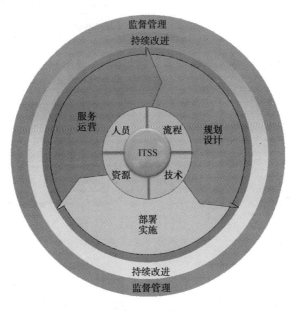

图 3-6 ITSS 原理图

IT 服务的组成要素，包括人员（People）、流程（Process）、技术（Technology）和资源（Resource），简称 PPTR。

IT 服务的生命周期，包括以下阶段：规划设计（Planning & Design）、部署实施（Implementing）、服务运营（Operation）、持续改进（Improvement）和监督管理（Supervision），简称 PIOIS。

（1）规划设计。从客户战略出发、以客户需求为中心，参照 ITSS 对 IT 服务进行全面系统的规划设计，为 IT 服务的部署实施做好准备，以确保为最终客户提供满足其需求的服务。

（2）部署实施。在规划设计的基础上，依据 ITSS，建立管理体系、部署专用工具及服务解决方案。

（3）服务运营。根据服务部署实施的结果，依据 ITSS 要求，实现服务与业务的有机结合。本阶段运营的重点内容包括业务运营和 IT 运营，主要采用过程方法，对基础设施、服务流程、人员和业务连续性进行全面管理。

（4）持续改进。本阶段主要根据服务运营的实际效果，特别是服务满足业务的实际情况，提出服务改进方案，并在此基础上重新对服务进行规划设计、部署实施，以提高 IT 服务质量。

ITSS 的内容即为依据上述原理制定的一系列标准，是一套完整的 IT 服务标准体系，包含了 IT 服务的规划设计、部署实施、服务运营、持续改进和监督管理等全生命周期阶段应遵循的标准，涉及信息系统建设、运行维护、服务管理、治理及外包等业务领域。

ITSS 涵盖了 IT 服务组成要素及 IT 服务全生命周期所需标准，其核心特点可概括为"全面性"和"权威性"，主要体现在以下几个方面：

（1）全面覆盖。ITSS 全面覆盖了 IT 服务的组成要素、IT 服务的全生命周期，同时也覆盖了咨询、设计与开发、信息系统集成、数据处理和运营等 IT 服务的不同业务类型。

（2）统筹规划。ITSS 是一套体系化的标准库，其研发过程是从体系的规划设计着手，并按照"急用先行、成熟先上"原则而制定的。

（3）科学权威。ITSS 是严格按照《中华人民共和国标准化法》、《中华人民共和国标准化法实施条例》的要求，遵循公开、公平、公正的原则而研究制定的系列国家标准，用于指导 IT 服务行业的健康发展。

（4）全面兼容。ITSS 是在充分吸收质量管理原理和过程改进方法精髓的基础上，结合我国国情、由行业主管部门主导、以企业为主体、产学研用联合研发的，同时与 ITIL、CMMI、COBIT、eSCM、ISO/IEC 20000、ISO/IEC 27001 等国际最佳实践和国际标准兼容。

3.2.1.1　标准适用范围

ITSS 既是一套成体系的标准库，又是一套指导 IT 服务选择和供应的方法学。我国境内需要 IT 服务、提供 IT 服务或从事 IT 服务相关的理论研究和技术研发的单位或个人都需要 ITSS，包括以下几方面。

1. 行业主管部门

用于规范和引导信息技术服务业的发展。

2. IT 服务需方

主要用于实施标准化的 IT 服务，或选择合格的 IT 服务提供商。

3. IT 服务供方

主要用于提供标准化的 IT 服务，提升服务质量并确保服务可信赖。

4. 科研院所

用于指导 IT 服务相关的理论研究和技术研发。

5. 个人

主要通过研究和学习 ITSS，全面理解和掌握 IT 服务的内容和标准化知识，以及实施 IT 服务的方法，从而提升个人技能。

3.2.1.2　标准主要内容

ITSS 体系的提出，主要从技术、业务形态、服务模式、应用服务等 4 个方面考虑，分为基础标准、业务标准、管理标准、模式标准、应用标准 5 大类，37 项具体标准。另外，ITSS 体系是动态发展的，与 ITS 相关的技术、服务模式和心态、产业发展紧密相关，同时也与 ITSS 的应用需求、标准化工作的目标和定位紧密相关，其更新将结合上述情况动态调整，如图 3-7 所示。

1. 基础标准

基础标准为信息技术服务领域的通用类标准，适用于其他各专业领域，也是制定其他专业领域标准的依据。

《信息技术服务 分类与代码》标准规定了 IT 服务的分类及代码。该标准适用于信息技术服务的分类、管理和编目，也适用于信息技术服务的信息管理、信息交换及统一核算，供科研、规划、统计等工作使用。

《信息技术服务 从业人员能力规范》标准规定了 IT 服务工程师、项目经理和服务总监等 IT 服务人员应具备的能力要求。该标准适用于 IT 服务从业人员职业发展规划，提供了能力提升的路线图。同时也是编写《IT 服务工程师》、《IT 服务项目经理》、《IT 服务总监》等培训教材以及实施人员资质认证的主要依据。

《信息技术服务 质量评价指标体系》标准建立了信息技术服务质量模型，规定了信息技术服务质量的评价指标体系，同时规定了信息技术服务质量的评价方法，给出了评价结果使用建议，供使用者参考。该标准为信息技术服务相关方评价信息技术服务质量提供一致的、公正的方法或依据。

2. 信息系统建设

信息系统的建设涉及概念、开发、生产和使用等 4 个阶段。在 ITSS 中主要相关标准如下。

《信息技术服务 系统建设 第 1 部分：咨询通用要求》标准规定了从事信息技术咨询的组织应该具备的能力以及在提供咨询服务的过程中，应向需方提供的内容。该标准主要适用于供方改进和提升自身的能力，同时适用于需方选择合适的供方。

《信息技术服务 系统建设 第 2 部分：系统集成规范》标准规范了计算机信息系统集成服务提供商在提供主机系统集成、存储系统集成、网络系统集成、智能建筑系统集成、安全防护系统集成、数据集成、应用集成等服务时应如何实施、向需方交付什么内容。该标准适用于计算机信息系统集成实施服务供方规范系统集成服务、提高集成服务的质量，同时也适用于需方选择服务商和规范服务上的行为。

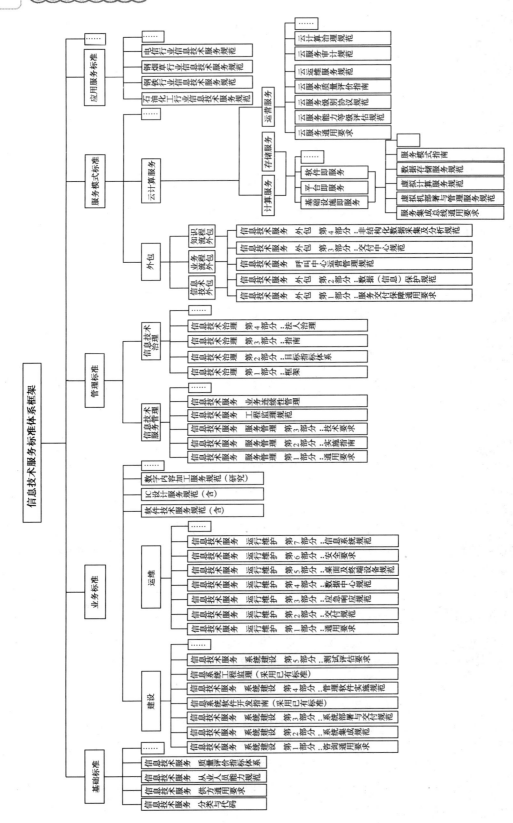

图 3-7　ITSS 标准体系框架

《信息技术服务 系统建设 第3部分：系统部署与交付规范》标准通过规定信息化系统部署和交付过程中所涉及到的人员组织方式，以及与部署交付有关的各项工作的准备、实施、验收等内容，促进信息化系统的交付质量，降低交付成本。该标准适用于信息系统建设服务的提供者、参与信息系统验收的需方人员和信息系统建设的监理和审计人员，同时可作为信息系统交付使用的过程质量评价的依据。

《信息技术服务 系统建设 第4部分：管理软件实施规范》标准规定了管理软件实施项目的组织、沟通、流程、任务、成果、风险及应对等内容，给出了通用的管理软件实施过程的基本要求和度量方法。该标准可用于客户选择管理软件服务提供商的依据，也可以作为管理信息化客户在项目验收时的依据，还可以作为管理软件实施服务商改进实施项目管理的依据。

《信息技术服务 系统建设 第5部分：测试评估规范》标准规定了实施信息系统测试的基本要求、流程及实施方法。该标准适用于规范从事信息系统测试的组织，包括企业、第三方评测机构或内部测试机构，在能力、技术方面应具备的条件，以及从事信息系统测试评价应提交的成果物。

3. 运行维护

运行维护是信息系统全生命周期中的重要阶段，主要提供维护、后勤和对系统的运行和使用的其他支持。包括对支持系统和服务的性能监视，以及识别、分类并报告支持系统和服务的反常、缺陷和故障。在 ITSS 中主要相关标准如下。

《信息技术服务 运行维护 第1部分：通用要求》标准为运行维护服务组织提供了一个公共框架，规定了运行维护服务组织在人员、资源、技术和过程方面应具备的条件。同时还规定了评价或选择各种能力水平的运行维护服务提供商的方法。该标准适用于从事信息技术运行维护的各类组织、需方选择和评价供方以及评价或认定各类运行维护服务组织能力水平的第三方。

《信息技术服务 运行维护 第2部分：交付规范》标准给出了运行维护服务供需双方在服务级别协议（SLA）签署后到 SLA 结束的过程中，对交付管理的策划、实施、检查和改进方面提供原则框架，并对交付内容、交付方式和交付成果给出指导建议。该标准除了为需方和供方提供参考依据外，还可以为运行维护服务质量的评估、审计人员提供指南。

《信息技术服务 运行维护 第3部分：应急响应规范》标准规定了运行维护服务应急响应的实施和管理要求以及运行维护服务中应急响应的应急准备、检测与预警、应急处理和总结改进四个环节。该标准适用于提供运行维护服务的各类组织（包括企业、政府组织和非营利组织）建立应急响应体系。

《信息技术服务 运行维护 第4部分：数据中心规范》标准规定了数据中心运行维护服务的对象、类型、服务策略、服务内容和服务报告的编制等要求。该标准适用于规范数据中心运行维护服务供方的行为，也适用于需方选择和管理数据中心运行维护服务供方。

《信息技术服务 运行维护 第5部分：桌面及外围设备规范》标准规定了桌面及外设运行维护服务的对象、类型、服务策略、服务内容和服务交付成果等要求。该标准适用于规范桌面及外设运行维护服务供方的行为，也可供需方参考进行需求规划和成本计量。

《信息技术服务 运行维护 第6部分：安全要求》标准规定了在提供运行维护服务的过程中应具备的安全保障能力，包括物理安全、人员安全和信息安全。该标准适用于规范和提升运行维护服务的安全保障能力，也适合于专门提供安全服务的供方改进和提升服务能力、提高服务质量。

《信息技术服务 运行维护 第 7 部分：信息系统规范》标准规定了信息系统运行维护的组成、服务内容以及需交付的成果物等要求。该标准适用于规范从事信息系统运行维护的相关组织的行为及交付结果，也适用于需方选择供方、管理供方。

4. 服务管理

鉴于 ISO/IEC 20000 仅解决了实施服务管理的基本要求问题，对如何实施服务管理、什么样的服务管理是优秀的以及实施服务管理的路线图没有提供有效指导。因此，ITSS 工作组结合我国在采用 ITIL 中存在的问题以及实际的需求，研究制定了服务管理标准，在兼容 ISO/IEC 20000 的基础上，突出以应用为导向，并能有效实现咨询培训、软件系统研发、认证等产业上下游之间的衔接。

《信息技术 服务管理 第 1 部分：通用要求》标准规定了服务管理体系、人员、流程、工具等实施服务管理的要求。该标准旨在为供方提供一个参考依据来指导其信息技术服务管理，并为需方提供依据来选择和评价供方的服务管理能力和水平。

《信息技术 服务管理 第 2 部分：实施指南》标准规定了如何依据《信息技术 服务管理 第 1 部分：通用要求》实施服务管理，包括实施步骤及每个步骤的工作内容，同时提供了实施模板参考。该标准旨在为信息技术运行维护服务供应方提供一个实施指南来指导其信息技术服务管理。

《信息技术 服务管理 第 3 部分：技术要求》标准规定了信息技术服务管理工具的体系结构、功能要求、接口要求、技术要求等规范。该标准适用于指导供方开发信息技术服务管理工具、需方选择信息技术服务管理工具、第三方机构测试信息技术服务管理工具。

《信息技术服务 工程监理规范》标准规定了信息技术服务工程中监理工作的目标、主要内容和监理要点，并提供了实施监理的指导。该标准适用于指导第三方监理机构对信息技术服务项目实施监理。

《信息技术服务 业务连续性管理》标准给出了业务连续性管理实施方案的制定方法和危机事件处置的决策过程，以确保业务中断后能在限定时间内能够得到恢复，保障业务平稳运行和可持续发展。该标准适用于指导供需双方实施业务连续性管理，包括业务连续性管理体系的建立及实施，也适用于第三方认证机构依据该标准实施业务连续性管理认证。

5. 信息技术治理

信息技术治理（IT 治理）是指组织在运用信息技术（以下简称 IT）过程中，制定的有关 IT 决策权分配和责任承担的框架，主要包括在 IT 原则、IT 架构、IT 基础设施、IT 应用和 IT 投入 5 个方面制定相关制度并建立有效的工作机制，实现 IT 决策的责任和权力的有效分配与控制，提高 IT 资源的有效性、可用性和安全性，是组织治理的重要组成部分。国际标准化组织在 2008 年发布了 ISO/IEC38500《信息技术的联合治理》。但这些国外最佳的实践及国际标准尚不能有效满足我国开展 IT 治理的标准需求。为此，ITSS 工作组拟结合我国的实际国情，研究制定以下相关标准。

《信息技术治理 第 1 部分：框架》标准规定了如何建立良好的 IT 治理架构，并提供了如何实施 IT 治理的指南。该标准旨在为领导者在组织内评估、领导和监控信息技术（IT）的使用，提供一个原则框架。

《信息技术治理　第 2 部分：指南》标准规定了实施 IT 治理的步骤及方法，包括组织结构建设、工作机制、内部控制等。该标准适用于指导实施 IT 治理。

《信息技术治理　第 3 部分：目标指标体系》标准规定了实施 IT 治理的目标指标体系，包括业务、信息资源利用、风险管理等目标指标体系，以及有效性、保密性、完整性、可用性、一致性、可靠性等目标指标体系。该标准适用于开展 IT 治理的各类组织评价治理绩效，也适用于指导监理目标指标体系。

《信息技术治理　第 4 部分：法人治理》标准规定了实施 IT 治理的过程中，领导者或管理层的职责、应提供的资源以及在治理过程中应发挥的作用。该标准适用于开展 IT 治理的各类组织的领导者或管理层明确在实施治理的过程中应承担的责任或义务。

6. 服务外包

服务外包是指企事业单位价值链中原本由自身提供的具有基础性的、共性的、非核心的 IT 业务和基于 IT 的业务流程剥离出来后，外包给企业外部专业服务提供商来完成的经济活动。常见服务外包类型包括信息技术服务外包（ITO）、业务流程外包（BPO）和知识流程外包（KPO）。ITSS 制定服务外包标准，目的是规范接包方的行为，并为发包方和接包方之间建立标准化的沟通语言。相关标准如下。

《信息技术服务　外包　第 1 部分：服务交付保障通用要求》标准在研究借鉴 eSCM 的基础上，结合我国服务外包行业发展情况，规定了服务外包管理体系、战略管理、实现过程、保障过程等通用要求。该标准适用于提供信息技术服务或计划提供信息技术服务的组织；评价、选择信息技术服务提供方的服务发包方；以及评价、认定信息技术服务提供方能力水平的第三方。

《信息技术服务　外包　第 2 部分：数据（信息）保护规范》标准规定了数据（信息）保护的整体框架和原则，包括数据保护原则、数据主体权利、数据管理者责任和义务、数据保护体系等。该标准适用于提供服务外包业务支持的供方实施数据（信息）保护。

《信息技术服务　外包　第 3 部分：交付中心规范》标准规定了服务外包交付中心全生命周期管理规范，包括规划设计、部署实施、运营级持续改进，管理内容包括业务、人员、知识、质量、安全和服务环境等。该标准适用于服务外包中心的建设和运营，也适用于服务外包中心的升级与扩展。

《信息技术服务　外包　第 4 部分：非结构化数据采集及分析规范》标准规定了承接文件管理、音视频等非结构化数据外包服务的要求。该标准适用于承接非结构化数据外包服务供方改进和提升自身的服务质量，也适用于发包方选择和管理供方。

7. 云计算服务

2010 年 1 月，ITSS 工作组启动了云计算服务标准预研工作，目前计划研究制定的标准涉及云计算术语、云计算基本参考模型、计算服务、存储服务以及运营服务等。

3.2.2　计算机软件相关标准

3.2.2.1　计算机软件文档编制规范（GB/T8567-2006）

该标准主要从软件开发与管理的角度，规定了相应的文档及规范。对软件的开发过程和管理过程应编制的主要文档及其编制的内容、格式规定了基本要求。在标准中综合了在软件开发与管理中的经验，在规定软件需求规格说明、软件测试文件、软件质量保证计划与软件配置管理计划等文档时，既依据了相应的国标，又根据发展与实践经验作了相应的扩展。

1. 标准适用范围

该标准原则上适用于所有类型的软件产品的开发过程和管理过程。使用者可根据实际情况对本标准进行适当剪裁（可剪裁所需的文档类型，也可对规范的内容作适当裁剪）。软件文档从使用的角度大致可分为软件的用户需要的用户文档和开发方在开发过程中使用的内部文档（开发文档）两类。

2. 标准主要内容

该标准给出了文档编制过程的主要活动及其顺序关系，并对过程中的关键性活动进行了详细描述，包括源材料准备、文档计划、文档开发、文档评审等。标准还明确提供了在软件的生存周期中应该产生的基本文档（见表3-4），以及这些文档的编制规范。针对每一个文档编制格式中，不仅对每个文档给出了作用说明，而且对文档应包括的章节给出明确解释和编写要求，便于使用者依据标准对这些文档的编写质量进行检验，同时具有很好的实操性。

表 3-4　文档种类与使用人员对应表

管理人员	开发人员	维护人员	用　户
● 可行性分析（研究）报告 ● 项目开发计划 ● 软件配置管理计划 ● 软件质量保证计划 ● 开发进度月报 ● 项目开发总结报告	● 可行性分析（研究）报告 ● 项目开发计划 ● 软件需求规格说明 ● 接口需求规格说明 ● 软件(结构)设计说明 ● 接口设计说明书 ● 数据库(顶层)设计说明 ● 测试计划 ● 测试报告	● 软件需求规格说明 ● 接口需求规格说明 ● 软件(结构)设计说明 ● 测试报告	● 软件产品规格说明 ● 软件版本说明 ● 用户手册 ● 操作手册

3.2.2.2　计算机软件需求规格说明规范（GB/T9385-2008）

该标准给出了软件需求规格说明（SRS）的编制要求，描述了一份好的软件需求规格说明的内容和质量，并在附录中给出了 SRS 提纲示例。

1. 标准适用范围

该标准适用于编制软件需求规格说明（SRS）。有助于软件的顾客准确地描述其希望得到什么，也有助于软件的供方正确地理解顾客想要什么。

2. 标准主要内容

该标准详细规定了软件需求规格说明的编制原则，包括软件需求规格说明的基本性质、环境、特征、联合编制者、演变、编制工具的原型法、嵌入设计、嵌入项目需求，软件需求规格说明的组成和内容要求。该标准规定，软件需求规格说明应包括引言（含目的、范围、定义和缩略语、引用文件、综述），总体描述（含产品描述、产品功能、用户特点、约束、假设和依赖关系、需求分配），具体需求，支持信息。标准以附录的形式给出了按各种模式

组织的软件需求规格说明提纲模板。

3.2.2.3 计算机软件可靠性和可维护性管理（GB/T 14394-2008）

该标准规定了软件产品在其生存周期内如何选择适当的软件可靠性和可维护性管理要素，并指导软件可靠性和可维护性大纲的制定和实施。软件可靠性和可维护性大纲是为保证软件满足规定的可靠性和可维护性要求制定的一套管理文件。

1. 标准适用范围

该标准适用于软件产品生存周期的基本过程。

2. 标准主要内容

标准详细规定软件生存周期基本过程中的可靠性和可维护性管理要求，以及可靠性和可维护测量。制定软件可靠性和可维护性大纲，包括大纲的主要因素，大纲的主要活动，这些活动包含大纲目标、运行环境、要求的可行性论证、制定规范和准则、可靠性和可维护性分析、评审、文档、培训、维护保障要求。通过示例说明了大纲的各项活动同软件生存周期各阶段的基本关系，并给出了对大纲的剪裁原则。

该标准代替 GB/T 14394-1993，两者的差别是，GB/T 14394-1993 依据 GB/T8566-1988《计算机软件开发规范》划分软件生存周期，按阶段描述软件可靠性和可维护性要求。该标准依据 GB/T8566-2007《信息技术 软件生存周期过程》划分软件生存周期，按过程和活动描述软件可靠性和可维护性要求。

3.2.2.4 计算机软件测试文档编制规范（GB/T9386-2008）

测试是软件生存周期中一个独立的关键阶段，也是保证软件质量的重要手段。为了提高检测出错误的概率，使测试有计划和有条不紊地进行，就必须编制软件测试文档。而标准化的测试文档就如同一种通用的参照体系，可达到便于交流的目的。文档中所规定的内容可以作为对相关测试过程完备性的对照检查表，故采用这些文档将会提高测试过程每个阶段的可视性，极大地提高测试工作的可管理性。该标准规定了一组基本的计算机软件测试文档的格式和内容要求，主要涉及测试计划、测试说明和测试报告等。

1. 标准适用范围

该标准适用于计算机软件生存周期全过程，它的应用范围不受软件大小、复杂度或关键性的限制。该标准既适用于初始开发的软件测试文档编制，也适用于其后的软件产品更新版本的测试文档编制。

2. 标准主要内容

该标准对测试文档的测试计划、测试设计说明、测试用例说明、测试规程说明、测试项传递报告、测试日志、测试事件报告、测试总结报告分别详细规定了测试目的、提纲、详细说明。其中，测试计划用来描述测试活动的范围、方法、资源和进度，测试设计说明规定测试方法和标识要测试的特征，测试规程说明是规定执行一组测试用例的各个步骤，测试项传递报告是为测试而传递的测试项，测试日志是按时间顺序提供关于执行测试的相关细节的记录，测试事件报告是将测试过程中发生的需要调查研究的所有事件形成文档，测试总结报告是总结指定测试活动的结果并根据这些结果进行评价。标准以附录的形式给出了实施和使用指南，以及测试文档和传递报告的示例。

3.2.2.5　计算机软件测试规范（GB/T15532-2008）

该标准明确了测试类别的划分，解决了测试内容如何保证全面、完整的问题，规定了计算机软件生存周期内各类软件产品的基本测试方法、过程和准则。该标准还提出了对每种测试类别的测试过程控制以及每个节点的评审要求，解决了软件测试中的管理问题。

1. 标准适用范围

该标准适用于计算机软件生存周期全过程，它适用于计算机软件的开发机构、测试机构及相关人员。

2. 标准主要内容

该标准规定了每种测试类别具体的测试对象、目的、组织、管理、技术要求、内容、环境、方法、准入条件、准出条件、测试过程、文档等内容要求。并给出了每一类别的软件测试、软件回归测试的完整测试方案。

标准首先给出了软件测试规范的总体概貌和共性要求，包括测试的目的、类别、过程、方法、用例、管理、文档、工具、软件完整性级别与测试的关系，然后对单元测试、集成测试、配置项测试、系统测试、验收测试、各种回归测试分别详细规定了测试对象和目的、测试的组织和管理、技术要求、测试内容、测试环境、测试方法、测试过程、文档。在附录中还给出了软件的静态和动态测试方法、软件可靠性的推荐模型、软件测试的部分模板、软件测试内容的对应关系。

该标准代替 GB/T 15532-1995《计算机软件单元测试》。两者的主要差别是扩充了技术内容、调整了标准的编排结构、改变了各类测试的具体要求。

3.2.3　系统工程与系统生存周期过程标准（GB/T 22032-2008）

该标准为描述人造系统的生存周期建立了一个公共框架，提供了支持用于组织或项目中生存周期过程的定义、控制和改进的一些过程。

3.2.3.1　标准适用范围

该标准适用于作为需方和供方的各个组织，所选的过程集合可用于管理和实施系统生存周期和各个阶段。

3.2.3.2　标准主要内容

该标准首先规定了与这个标准的符合性要求，然后详细规定了系统生存周期的各种过程，包括协议过程、获取过程、企业过程、生存周期过程管理过程、资源管理过程、质量管理过程；各种项目过程，包括项目的策划、评估、控制、决策、风险管理、配置管理、信息管理过程；技术过程，包括利益者需求定义、需求分析、体系结构设计、实现、集成、验证、移交、确认、运行、维护、处置过程；系统生存周期的模型和阶段。标准以附录的形式给出了标准的剪裁过程、参考性的生存周期阶段，以及系统、生存周期、过程的基本概念。

该国家标准于 2008 年 11 月发布，它等同采用国际标准 ISO/IEC 15288：2002。该国际标准已修订为 ISO/IEC 15288：2008《系统和软件工程　系统生存周期过程》（2008 年 3 月）。

3.2.4　信息安全相关标准

信息安全相关标准是确保有关信息安全产品和系统在设计、研发、生产、建设、使用、测评中保持一致性、可靠性、可控性、先进性和符合性的技术规范、技术依据，是信息安全标准化工作的指南。为了加强我国信息安全标准化工作的组织协调力度，国家标准化管理委员会于 2002 年批准成立全国信息安全标准化技术委员会（简称信安标委），该标委会是我国在信息安全专业领域内从事标准化工作的技术组织，工作任务是向国家标准化管理委员会提出本专业标准化工作的方针、政策和技术措施的建议。国家信息安全标准基本上都是由国家标准化技术委员会提出并归口。

信息安全标准体系主要作用突出地体现在两个方面，一是确保有关产品、设施的技术先进性、可靠性和一致性，确保信息化安全技术工程的整体合理、可用、互联互通互操作。二是按国际规则实行 IT 产品市场准入时为相关产品的安全性合格评定提供依据，以强化和保证我国信息化的安全产品、工程、服务的技术自主可控。

目前 IT 服务中常用的信息安全国家标准主要有产品安全技术要求、安全管理以及产品安全评测等几类。

3.2.4.1　产品安全技术要求类

产品安全技术要求有以下标准：

1．GB/T 18018-2007 信息安全技术　路由器安全技术要求
2．GB/T 20270-2006 信息安全技术　网络基础安全技术要求
3．GB/T 20271-2006 信息安全技术　信息系统通用安全技术要求
4．GB/T 20272-2006 信息安全技术　操作系统安全技术要求
5．GB/T 20273-2006 信息安全技术　数据库管理系统安全技术要求
6．GB/T 21028-2007 信息安全技术　服务器安全技术要求
7．GB/T 21052-2007 信息安全技术　信息系统物理安全技术要求
8．GB/T 20275-2006 信息安全技术　入侵检测系统技术要求和测试评价方法
9．GB/T 20276-2006 信息安全技术　智能卡嵌入式软件安全技术要求
10．GB/T 20277-2006 信息安全技术　网络和终端设备隔离部件测试评价方法 GB/T 20278-2006 信息安全技术　网络脆弱性扫描产品技术要求
11．GB/T 20279-2006 信息安全技术　网络和端设备隔离部件技术要求
12．GB/T 20280-2006 信息安全技术　网络脆弱性扫描产品测试评价方法
13．GB/T 20281-2006 信息安全技术　防火墙技术要求和测试评价方法

3.2.4.2　产品安全评测类和管理类

产品安全管理和安全评测有以下标准：

1．GB/T 20008-2005 信息安全技术　操作系统安全评估准则
2．GB/T 20009-2005 信息安全技术　数据库管理系统安全评估准则

3．GB/T 20010-2005 信息安全技术 包过滤防火墙评估准则

4．GB/T 20011-2005 信息安全技术 路由器安全评估准则

5．GB/T 20984-2007 信息安全技术 信息安全风险评估规范

6．GB/Z 20985-2007 信息技术 安全技术 信息安全事件管理指南

7．GB/T 18336-2008 信息技术 安全技术 信息技术安全性评估准则

- GB/T 18336.1 第 1 部分 简介和一般模型
- GB/T 18336.2 第 2 部分 安全功能要求
- GB/T 18336.3 第 3 部分 安全保证要求

8．GB/T 22080 2008 信息技术 安全技术 信息安全管理体系要求

该标准等同采用 ISO/IEC 27001:2005《信息技术 安全技术 信息安全管理体系 要求》。

9．GB/T 22081-2008 信息技术 安全技术 信息安全管理实用规则

该标准等同采用 ISO/IEC 27002:2005《信息技术 安全技术 信息安全管理实用规则》，并代替 GB/T 19716-2005《信息技术 信息安全管理实用规则》。

10．GB/T 20269-2006 信息安全技术 信息系统安全管理要求

11．GB/T 20282-2006 信息安全技术 信息系统安全工程管理要求

12．GB/T 17859-1999 计算机信息系统安全保护等级划分准则

13．GB/T 22239-2008 信息安全技术 信息系统安全等级保护基本要求

14．GB/T 22240-2008 信息安全技术 信息系统安全等级保护定级指南

15．GB/T 20274-2006 信息安全技术 信息系统安全保障评估框架

- GB/T 20274.1-2006 第 1 部分 简介和一般模型
- GB/T 20274.2-2008 第 2 部分 技术保障
- GB/T 20274.3-2008 第 3 部分 管理保障
- GB/T 20274.4-2008 第 4 部分 工程保障

3.2.4.3 标准主要内容和适用范围

GB/T 18018-2007《信息安全技术 路由器安全技术要求》标准分等级规定了路由器的安全功能要求和安全保证要求。标准适用于指导路由器产品安全性的设计和实现，对路由器产品进行的测试、评估和管理也可参照使用。

GB/T 20270-2006《信息安全技术 网络基础安全技术要求》标准依据 GB17859 计算机信息系统安全保护等级划分准则的 5 个安全保护等级的划分，根据网络系统在信息系统中的作用，规定了各个安全等级的网络系统所需要的基础安全技术的要求。该标准适用于按等级化的要求进行的网络系统的设计和实现，对按等级化要求进行的网络系统安全的测试和管理可参照使用。

GB/T 20271-2006《信息安全技术 信息系统通用安全技术要求》标准主要从信息系统安全保护等级划分的角度，说明为实现 GB17859 中每一个安全保护等级的安全功能要求应采取的安全技术措施，以及各安全保护等级的安全功能在具体实现上的差异。该标准大量采用了 GB/T18336 的安全功能要求和安全保证要求的技术内容，并按 GB17859 的 5 个等级对每一个安全保护等级的安全功能技术要求和安全保证技术要求做了详细描述。该标准适用于按等级化的要求进行的安全信息系统的设计和实现，对按等级化要求进行的信息系统安全的测试和管理可参照使用。

GB/T 20272-2006《信息安全技术　操作系统安全技术要求》标准以 GB17859 的 5 个安全保护等级划分为基础，根据操作系统在信息系统中的作用，对操作系统的每一个安全保护等级的安全功能技术要求和安全保证技术要求做了详细描述和规定。该标准用以指导设计者如何设计和实现具有所要求的安全保护等级的操作系统，主要说明为实现 GB17859 中每一个安全保护等级的要求，操作系统应采取的安全技术措施，以及各安全技术要求在不同安全保护等级中具体实现上的差异。该标准适用于按等级化要求进行的操作系统安全的设计和实现，对按等级化要求进行的操作系统安全的测试和管理可参照使用。

GB/T 20273-2006《信息安全技术　数据库管理系统安全技术要求》标准按照 GB17859 的 5 个安全保护等级的划分，根据数据库管理系统在信息系统中的作用，对数据库管理系统的每一个保护等级的安全功能技术要求和安全保证技术要求做了详细描述和规定。该标准用以指导设计者如何设计和实现具有所要求的安全保护等级的数据库管理系统，主要说明为实现 GB17859 中每一个保护等级的安全要求，数据库管理系统应采取的安全技术措施，以及各安全技术要求在不同安全保护等级中具体实现上的差异。该标准适用于按等级化要求进行的安全数据库管理系统的设计和实现，对按等级化要求进行的数据库管理系统安全的测试和管理可参照使用。

GB/T 21028-2007《信息安全技术　服务器安全技术要求》标准为设计、生产、制造、选配和使用所需要的安全等级的服务器提出了通用安全技术要求，主要从服务器安全保护等级划分的角度来说明其技术要求。标准按照 GB17859 的 5 个安全保护等级的划分，规定了服务器所需要的安全技术要求，以及每一个安全保护等级不同安全技术要求。该标准适用于按等级化要求所进行的服务器的设计、实现、选购和使用，对按等级化要求对服务器安全进行的的测试和管理可参照使用。

GB/T 21052-2007《信息安全技术　信息系统物理安全技术要求》标准规定了信息系统物理安全的分等级技术要求。信息系统的物理安全涉及到整个系统的配套部件、设备和设施的安全性能、所处的环境安全以及整个系统可靠运行等方面，是信息系统安全运行的基本保障。该标准提出的技术要求包括 3 个方面，① 信息系统的配套部件、设备安全技术要求；② 信息系统所处物理环境的安全技术要求；③ 保障信息系统可靠运行的物理安全技术要求。设备物理安全、环境物理安全及系统物理安全的安全等级技术要求，确定了为保护信息系统安全运行所必须满足的基本的物理技术要求。该标准适用于按 GB17859 的安全保护等级要求所进行的等级化的信息系统物理安全的设计和实现，对按等级化要求对信息系统物理安全进行的测试和管理可参照使用。

GB/T 20275-2006《信息安全技术　入侵检测系统技术要求和测试评价方法》标准规定了入侵检测系统的技术要求和测试评价方法，技术要求包括产品功能要求、产品安全要求、产品保证要求，并提出了入侵检测系统的分级要求。该标准适用于入侵检测系统的设计、开发、测试和评价。

GB/T 20276-2006《信息安全技术　智能卡嵌入式软件安全技术要求》标准规定了对 EAL4 增强级的智能卡嵌入式软件进行安全保护所需要的安全技术要求。该标准适用于智能卡嵌入式软件的研制、开发、测试、评估和产品的选购。

GB/T 20277-2006《信息安全技术　网络和终端设备隔离部件测试评价方法》标准规定了网络端设备隔离部件测试评估方法。标准用以指导测试评价者如何测试与评价隔离部件是否达到了相应的等级，主要从对隔离部件的安全保护等级进行划分的角度来说明其评价准则，以及各评价准则在不同安全级中具体实现上的差异。该标准以 GB/T 20279-2006《信息安全技术 网络和端设备隔离部件技术要求》所划分的安全等级为基础，针对隔离部件的技术特点，对相应的测试评价方法做了详细描述。该标准适用于按照 GB/T 20279-2006 的安全等级保护要求所开发的隔离部件的测试和评价。

GB/T 20278-2006《信息安全技术 网络脆弱性扫描产品技术要求》标准规定了采用传输控制协议/网间协议（TCP/IP）的网络脆弱性扫描产品的技术要求，提出网络脆弱性扫描产品实现的安全目标及环境，给出产品基本功能、增强功能和安全保证要求。该标准适用于对计算机信息系统进行人工或自动的网络脆弱性扫描的安全产品的研发、评测和应用，不适用于对数据库系统进行脆弱性扫描的产品。

GB/T 20279-2006《信息安全技术 网络和端设备隔离部件技术要求》标准规定了对隔离部件进行安全保护等级划分所需要的详细技术要求，并给出了每一个安全保护等级的不同技术要求。该标准适用于隔离部件的设计和实现，对隔离部件进行的测试和管理可参照使用。

GB/T 20280-2006《信息安全技术 网络脆弱性扫描产品测试评价方法》标准规定了对采用传输控制协议/网间协议（TCP/IP）的网络脆弱性扫描产品的测试和评价方法。包括网络脆弱性扫描产品测评的内容，测评功能目标及测试环境，给出产品基本功能、增强功能和安全保证要求必须达到的具体目标。该标准适用于对计算机信息系统进行人工或自动的网络脆弱性扫描的安全产品的评测、研发和应用，不适用于对数据库系统进行脆弱性扫描的产品。

GB/T 20281-2006《信息安全技术 防火墙技术要求和测试评价方法》标准规定了采用传输控制协议/网间协议（TCP/IP）的防火墙类信息安全产品的技术要求和测试评价方法。该标准适用于采用传输控制协议/网间协议（TCP/IP）的防火墙类信息安全产品的研制、生产、测试和评估。

GB/T 20008-2005《信息安全技术 操作系统安全评估准则》标准从信息技术方面规定了按照 GB17859 的 5 个安全保护等级对操作系统安全保护等级划分所需要的评估内容。该标准适用于计算机通用操作系统的安全保护等级的评估，对于通用操作系统安全功能的研制、开发和测试亦可参照使用。

GB/T 20009-2005《信息安全技术 数据库管理系统安全评估准则》标准从信息技术方面规定了按照 GB17859 的 5 个安全保护等级对数据库管理系统安全保护等级划分所需要的评估内容。该标准适用于数据库管理系统的安全保护等级的评估，对于数据库管理系统安全功能的研制、开发和测试也可参照使用。

GB/T 20010-2005《信息安全技术 包过滤防火墙评估准则》标准从信息技术方面规定了按照 GB17859 的 5 个安全保护等级对采用"传输控制协议/网间协议（TCP/IP）"的包过滤防火墙产品安全保护等级划分所需要的评估内容。该标准适用于包过滤防火墙安全保护等级的评估，对于包过滤防火墙的研制、开发和测试也可参照使用。

GB/T 20011-2005《信息安全技术 路由器安全评估准则》标准从信息技术方面规定了按照 GB17859 的 5 个安全保护等级中的前 3 个等级，对路由器产品安全保护等级划分所需要的评估内容。该标准适用于路由器安全保护等级的评估，对路由器的研制、开发、测试和产品采购亦可参照使用。

GB/T 20984-2007《信息安全技术 信息安全风险评估规范》标准提出了风险评估的基本

概念、要素关系、分析原理、实施流程和评估方法，以及风险评估在信息系统生命周期不同阶段的实施要点和工作方式。信息安全风险评估就是从风险管理角度，运用科学的方法和手段，系统地分析信息系统所面临的威胁及其存在的脆弱性，评估安全事件一旦发生可能造成的危害程度，提出有针对性的抵御威胁的防护对策和整改措施，为防范和化解信息安全风险，将风险控制在可接受的水平，最大限度地保障信息安全提供科学依据。该标准适用于规范组织开展的风险评估工作。

GB/T 20985-2007《信息技术　安全技术　信息安全事件管理指南》标准为指导性技术文件，修改采用 ISO/IEC TR 18044《信息技术　安全技术　信息安全时间管理指南》。该指导性技术文件描述了信息安全事件的管理过程，提供了规划和制定信息安全事件管理策略和方案的指南，给出了管理信息安全事件和开展后续工作的相关过程和规程。该指导性技术文件可用于指导信息安全管理者，信息系统、服务和网络管理者对信息安全事件的管理。

GB/T 18336-2008《信息技术　安全技术　信息技术安全性评估准则》标准旨在作为评估信息技术产品和系统安全性的基础准则，通过建立这样的通用准则库，信息技术安全性评估的结果才能被更多的人理解。该标准将使各个独立的安全评估结果具有可比性，这通过在安全评估时提供一套针对信息技术产品和系统安全功能及其保证措施的通用要求来实现。评估过程建立一个信任级别，表明该产品或系统的安全功能及其保证措施都满足这些要求。该标准适用于在硬件、固件或软件中实现的信息技术安全措施。

GB/T 22080 2008《信息技术　安全技术　信息安全管理体系要求》标准从组织的整体业务风险的角度，为建立、实施、运行、监视、评审、保持和改进文件化的信息安全管理体系（ISMS）提供了模型并规定了要求，规定了为适应不同组织或其部门的需要而定制的安全控制措施的实施要求。该标准可被内部和外部相关方用于一致性评估。

GB/T 22081 2008《信息技术　安全技术　信息安全管理实用规则》标准给出了一个组织启动、实施、保持和改进信息安全管理的指南和一般原则，标准列出的目标为通常所接受的信息安全管理的目的提供了一般性指导。该标准可作为建立组织的安全准则和有效安全管理实践的实用指南，并有助于在组织间的活动中构建互信。

GB/T 20269-2006《信息安全技术　信息系统安全管理要求》标准依据 GB17859 的 5 个安全保护等级的划分，规定了信息系统安全所需要的各个安全等级的管理要求。阐述了安全管理要素及其强度，并将管理要求落实到信息安全等级保护所规定的 5 个等级上，有利于对安全管理的实施、评估和检查。标准附录 A 给出了有关信息系统安全管理要素及其强度与信息系统安全管理分等级要求的对应关系说明，附录 B 给出了信息安全管理概念说明。该标准适用于按等级化要求进行的信息系统安全的管理。

GB/T 20282-2006《信息安全技术　信息系统安全工程管理要求》标准规定了信息系统安全工程的管理要求，是对信息系统安全工程中所涉及到的需求方、实施方与第三方工程实施的指导，各方可以据此为依据建立安全工程管理体系。该标准按照 GB17859 划分的 5 个安全保护等级，规定了信息系统安全工程管理的不同要求。该标准适用于信息系统的需求方和实施方的安全工程管理，其他有关各方也可参照使用。

GB/T 17859-1999《计算机信息系统安全保护等级划分准则》标准规定了计算机信息系统安全保护能力的 5 个等级，第一级：用户自主保护级；第二级：系统审计保护级；第三级：安全标记保护级；第四级：结构化保护级；第五级：访问验证保护级。并给出了等级划分准则。该标准适用于计算机信息系统安全保护技术能力等级的划分,计算机信息系统安全保护能力随着安全保护等级的增高逐渐增强。

GB/T 22239-2008《信息安全技术 信息系统安全等级保护基本要求》标准规定了不同安全保护等级信息系统的基本保护要求,包括基本技术要求和基本管理要求,该标准在整体框架结构上以 3 种分类为支撑点,自上而下分别为类、控制点和项。其中,类表示标准在整体上大的分类,其中技术部分分为物理安全、网络安全、主机安全、应用安全和数据安全及备份恢复等 5 大类,管理部分分为安全管理制度、安全管理机构、人员安全管理、系统建设管理和系统运行维护管理等 5 大类,一共为 10 大类。控制点表示每个大类下的关键控制点,如物理安全大类中的“物理访问控制”作为一个控制点。而项则是控制点下的具体要求项,如“机房出入应安排专人负责,控制、鉴别和记录进入的人员”。该标准适用于指导不同安全保护等级的信息系统的安全建设和监督管理。

GB/T 22240-2008《信息安全技术 信息系统安全等级保护定级指南》标准规定了信息系统安全等级保护的定级方法,从信息系统所承载的业务在国家安全、经济建设、社会生活中的重要作用和业务对信息系统的依赖程度这两方面,提出了确定信息系统安全保护等级的方法。该标准适用于为信息系统安全等级保护的定级工作提供指导。

GB/T 20274-2006《信息安全技术 信息系统安全保障评估框架》标准分为 4 个部分,第 1 部分:简介和一般模型;第 2 部分:技术保障;第 3 部分:管理保障;第 4 部分:工程保障。该标准属于信息系统安全保障的基础性和框架性的标准,描述了信息系统安全保障的模型,建立了信息系统安全保障框架,从信息系统安全技术、管理和工程三方面制定了信息系统的通用安全保障要求。该标准不仅可以作为信息系统安全保障评估的基础标准,也可以为从事信息系统安全保障工作的所有相关方(包括设计开发者、工程实施者、评估者、认证认可者等)提供一种标准化、规范化的通用描述语言、结构和方法。该标准是 GB/T 18336 在信息系统领域的扩充和补充,它是以为基础,吸收其科学方法和结构,将从产品和产品系统扩展到信息技术系统,并进一步同其他国内外信息系统安全领域的标准和规范性结合、扩充和补充,以形成描述和评估信息系统安全保障内容和能力的通用框架。

3.2.4.4　各标准之间的关系

在信息系统定级阶段,应按照 GB/T 22240-2008 介绍的方法,确定信息系统安全保护等级。在信息系统总体安全规划,安全设计与实施,安全运行与维护和信息系统终止等阶段,应按照 GB17859-1999、GB/T22239-2008、GB/T20269-2006、GB/T20270-2006 和 GB/T20271-2006 等技术标准,设计、建设符合信息安全等级保护要求的信息系统,开展信息系统的运行维护管理工作。其中 GB17859-1999 是基础性标准,GB/T22239-2008、GB/T20269-2006、GB/T20270-2006、GB/T20271-2006 等是在 GB17859-1999 基础上的进一步细化和扩展。

对信息系统的安全等级保护应从 GB/T 22239-2008 出发,在保证信息系统满足基本安全要求的基础上,逐步提高对信息系统的保护水平,最终满足 GB17859-1999、GB/T20269-2006、GB/T20270-2006 和 GB/T20271-2006 等标准的要求。

3.2.4.5　其他拟制定的相关标准

《信息安全技术 信息系统安全等级保护实施指南》标准规定了信息系统安全等级保护实

施的过程，适用于指导信息系统安全等级保护的实施（信安字[2007]10 号）。

《信息安全技术　信息系统安全等级保护测评要求》标准规定了对信息系统安全等级保护状况进行安全测试评估的要求，适用于信息安全测评服务机构、信息系统的主管部门及运营使用单位对信息系统安全等级保护状况进行的安全测试评估。信息安全监管职能部门依法进行的信息安全等级保护监督检查可以参考使用。

《信息安全技术　信息系统安全等级保护测评过程指南》标准规定了信息系统安全等级保护测评工作的测评过程，适用于测评机构、信息系统的主管部门及运营使用单位对信息系统安全等级保护状况进行的安全测试评价，也适用于信息系统的运营使用单位在信息系统定级工作完成之后，对信息系统的安全保护现状进行的测试评价，获取信息系统的全面保护需求。

3.2.5　质量管理体系（GB/T 19000）

中国的质量管理体系标准是等同采用国际通行的 ISO9000 标准族，等同采用是指国家标准与国际标准在技术内容上完全相同，编写方法上完全对应，或者国家标准在技术内容上与国际标准相同，但可以包含小的编辑性修改，其缩写字母代号为 IDT。

1．GB/T 19000 族标准由全国质量管理和质量保证标准化技术委员会提出并归口，其标准编号及与 ISO 标准的对应关系分别为：

2．GB/T19000《质量管理体系基础和术语》（idt ISO9000）

3．GB/T19001《质量管理体系要求》（idt ISO9001）

4．GB/T19004《质量管理体系业绩改进指南》（idt ISO9004）

5．GB/T19011《质量和(或)环境管理体系审核指南》（idt ISO19011）

ISO9000：2005——GB/T 19000-2008 于 2008 年 10 月 29 日发布，2009 年 5 月 1 日实施。ISO9001：2008——GB/T 19001-2008 于 2008 年 12 月 30 日发布，2009 年 3 月 1 日实施。GB/T 19000 族标准可帮助各种类型和规模的组织建立并运行有效的质量管理体系。这些标准包括：

1．GB/T 19000，表述质量管理体系基础知识并规定质量管理体系术语。

2．GB/T 19001，规定质量管理体系要求，用于证实组织具有能力提供满足顾客要求和适用法规要求的产品，目的在于增进顾客满意。

3．GB/T 19004，提供考虑质量管理体系的有效性和效率两方面的指南。该标准的目的是改进组织业绩并达到顾客及其他相关方满意。

4．GB/T 19011，提供质量和环境管理体系审核指南。

上述标准共同构成了一组密切相关的质量管理体系标准，在国内和国际贸易中促进相互理解。

3.2.5.1　标准适用范围

同 ISO9000 族，详见 3.1.6。

3.2.5.2　标准主要内容

同 ISO9000 族，详见 3.1.6。

第4章　信息技术服务业务流程规范

本章从流程的定义及业务流程管理的基本概念和方法出发，让读者了解业务流程对信息技术（IT）服务企业的重要性，这些流程是建立在企业战略的基础上，以产出产品和服务为目标的一系列连贯的、有序的企业活动的组合，业务流程的输出结果是为企业内部或外部的客户所需要的、并为客户所接受的产品或服务。本章还介绍了信息技术服务中常规的 IT 服务业务流程，这些流程可能会因企业而异，仅供从事信息技术服务的人员参考，便于他们了解相关业务。

4.1　流程概述

生活中遇到的很多事情都与流程有关，比如去医院看病，先要去门诊排队挂号，然后去科室候诊，轮到号时才能看病就诊。就诊过程中需要缴费，仪器检查或生化检验，医生确认病情、开药，患者再缴费、取药等诸多环节，即病人到门诊→排队→挂号→候诊→就诊→缴费→候检→检查→再就诊→再缴费→取药（治疗）→离院。每个环节都可能需要消耗时间，有些环节可能存在低效情况，但试想，如果没有这样一个流程，医院就会处于无序、混乱的局面。

每个人在实际工作中也处处离不开流程，订单采购是一个流程，项目立项到项目交付是一个流程，客户服务中心的电话服务也是一个流程；人员招聘、办理入职手续都是一个个流程。流程是由一系列相互关联的活动组成，由最基本的数据输入，经过很多环节，最后的成果是给客户创造价值。任何组织，通过定义活动的内容，必需的输入及希望得到的输出，可以用更有效的方式工作。

4.1.1　流程定义

什么是流程？流程也叫过程，英文为"process"。不同学者对流程的定义有所不同，但这些定义中包含了以下特征：
- 一系列相互关联的活动。
- 创造/生产/转换。
- 具有特定的输入和输出。
- 满足达到特定的目标。

因此，流程是利用信息和资源将输入转换为输出，从而达到预定的业务成果的一系列按照一定的逻辑关系组织起来的活动。一个完整的流程应具备 6 个关键要素：输入资源、活动、活动的相互作用、输出结果、客户、价值，如图 4-1 所示。

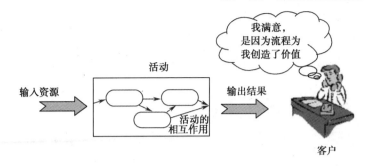

图 4-1　流程的 6 个要素

1. 输入资源

流程输入资源是指流程活动或其中某项活动过程中所需要或涉及到的信息（如人力、物力、财力、时间等），该输入资源是流程得到最终产出不可缺少的。

2. 输出结果

流程输出结果是该流程运行过程中所产生的物料或数据，它是流程的输入经过流程过程的各种活动后转化所得。流程的输出应该能满足客户各方面的需要，承载着流程的价值。

3. 活动

活动是为了满足流程客户的需要所必须完成的动作集合。每个活动应该是对组织整体价值有贡献、或核心的、关键的、有增值性的。活动之间有比较严密的逻辑关系。

4. 客户

流程的客户是指使用流程产出结果的个人或组织，他们是流程服务的对象。在界定流程客户时可以采用提问的方式，"谁是流程的受益者？""如果这个流程运作效果差，将对谁有影响？""谁是这个流程的直接客户？""谁是这个流程的间接客户？"，等等。

4.1.2　流程的特点

流程具有以下特点：

- 目标性：有明确的输出（目标或任务），这个目的可以是一次满意的客户服务，也可以是一次及时的产品送达，等等。
- 内在性：包含于任何事物或行为中。所有事物与行为都可以用这样的句式来描述："输入的是什么资源，输出了什么结果，中间的一系列活动是怎样的，流程为谁创造了怎样的价值。"
- 整体性：至少由两个活动组成。流程，顾名思义，有一个"流转"的意思隐含在里面。至少两个活动，才能建立结构或者关系，才能进行流转。
- 动态性：从一个活动到另一个活动。流程不是一个静态的概念，它按照一定的时序关系展开。
- 层次性：组成流程的活动本身也可以使用一个流程。流程可以嵌套流程，即流程中的若干活动也可以看做是子流程，可以继续分解成若干活动。

● 结构性：流程的结构可以有多种表现形式，如串联、并联、反馈等，这些表现形式的不同，往往给流程的输出效果带来很大的影响。

由此，我们不难理解为什么企业提高管理效率一定要在业务流程的基础之上。

4.1.3 信息技术服务主要流程

对于一个以 IT 服务为主营业务的企业，IT 服务流程通常包括服务管理流程、服务支持流程及服务业务流程等。

服务管理流程是企业内部服务管理体系所涉及相关部门和人员协同实施服务管理的流程，目前采用较多的是面向 IT 服务生命周期的服务管理，从 IT 服务战略、IT 服务设计、IT 服务执行、IT 服务运营和 IT 服务评价五个阶段思考，以达到提升 IT 服务管理水平、保障实施质量的目的。

服务支持流程是面向客户的，包括客户的服务需求，以及提供这些服务所需要具备的因素。着眼于确保 IT 运营服务实现预定的目标。服务支持流程的主要职能在于确保 IT 服务提供方所提供的服务质量符合服务水平协议的要求。

服务业务流程是企业服务业务各环节的流转过程，几乎每个企业都针对各类业务有一套流程和配套的规章制度。随着企业的不断成长，其流程越来越多，越来越复杂。好的流程是企业良性运转的润滑剂，不管企业大小，其现行流程必然沉淀着最佳实践和管理经验。本章 4.3 节提供了几类服务业务的典型流程。

4.2 业务流程管理

优秀的流程能够提升组织的核心竞争力。在日常工作中，对流程可以理解为"工作流转的过程"，这些工作需要多个部门、多个岗位的参与和配合，这些部门、岗位之间也会有工作的承接和流转。流程是对业务运作的规范，在流程执行过程中可以不断地总结和固化优秀的经验，从而改善流程的效率。

业务流程管理（Business Process Management）是一种以规范化的构造端到端的卓越业务流程为中心，以持续的提高组织业务绩效为目的的系统化方法。是一种以客户为导向，通过跨职能协作，不断提高企业所有流程增值能力的系统化管理方法与技术。业务流程管理是把流程作为管理对象，而不是把部门和个人作为管理对象，关键在于把流程的基本要素有效地串联起来：流程的输入资源、流程中的若干活动、活动的相互作用（例如，哪个活动先做，哪个活动后做）、输出结果、客户及最终流程创造的价值。业务流程管理就是使业务过程的活动合理设置，使活动使用的信息与资源优化配置，使业务过程高效率地完成从输入到输出的转换工作，使业务过程取得业务成果、达到业务目标。这种管理必须是系统化的，以满足企业利益相关者为目的，即以客户为中心，采取跨职能部门的团队和员工授权的形式，对企业的业务过程进行根本性的思考和分析，通过对业务流程的构成要素重新组合，使业务流程合理化，从而持续改进企业绩效。

业务流程管理是企业提高竞争力和创新能力的必要条件，因为业务流程管理可以对产品生产流程（关注点：快速投放市场、产品创新），产品和服务提供流程（关注点：以客户为导向、利润分配、质量）、支持流程（关注点：减少开支、提高员工满意度）、管理控制流程

（关注点：变革管理、战略管理）产生直接的效果。因此，业务流程管理有助于企业快速灵活地应对不断变化的客户需求和市场发展趋势。

业务流程管理的主要任务有4个：一是定义过程，二是度量过程，三是控制过程，四是改进过程。

定义过程是对一个系统的每一个流程进行定义，建立控制和改进这个流程所需要的管理规范和管理职责，定义过程中需要确定和定义与流程性能有关的问题、模型和度量指标。

度量过程是检测实际性能与可接受性能之间偏差的基础，同时它们也是获得过程改进机会的基础。它通过采集每个流程性能的度量数据，分析每个流程的性能，评定流程的稳定性和执行结果，提供基线和基准的改进建议。

控制过程是控制一个流程使其各项性能处在正常的界限之内。建立和维持一个过程的控制所需要的关键活动：一是确定过程是否处在控制之中；二是确定由过程异常（可确定的因素）造成的性能偏差；三是消除可确定因素的来源，从而使过程稳定。

改进过程是对流程进行持续改进。对大多数组织来说，流程必须是有技术竞争力的、可适应的、及时性的，有稳健的运作能力。此外，资源必须是可用的，能够满足运行和支持这些流程。可以通过对流程的改变来提高流程当前的能力。

此外，企业流程中蕴含与业务流程密切相关的流程知识，它对企业业务流程管理具有不可忽略的指导和辅助作用，如从流程中提取所需时间、人员和资源等流程知识，用于协助流程监控管理，为各级流程管理、执行人员提供所需流程知识信息，提高系统的监控响应速度，保证流程的顺利运行。

4.2.1　流程管理要素

流程管理的核心是流程，流程管理的本质就是构造卓越的业务流程。流程管理首先应保证流程是面向客户的流程，流程中的活动应该是增值的活动，从而确保流程中的每个活动都是深思熟虑的结果。同时，要让参与流程活动的员工们意识到个人的活动是大目标的一个组成部分，他们的工作都是为了实现为客户服务这个大目标。当一个流程被构造出来后，管理人员应保证流程的执行，并以一种规范的方式对它进行改进，而流程管理保证了一个组织的业务流程是经过精心设计，并且这种设计可以不断地持续下去。可以说构造卓越的业务流程是流程管理的本质，是流程管理的根本目的。

成功的业务流程管理包括以下内容：在流程战略的基础上，进行流程设计、流程实施和流程监控。流程管理取得成效是有条件的，比如需要将其贯彻到企业的组织结构中，需要将其贯彻到专业的管理制度中，需要相关业务部门的积极参与。然而，所有这些条件的大前提是，需要搭建出一套完整的流程管理体系。一套贯穿业务流程生命周期的管理体系，才能实现管理的持续改进，形成持久的企业竞争力。流程管理体系中最为重要的就是企业战略、组织结构、绩效考核体系和信息技术四个要素。

1. 建立与企业战略相一致的流程管理目标

流程管理是企业根据自身的战略重点，有选择地对支撑其战略实现的关键业务流程进行系统化的、持续改进的管理过程。实施流程管理前，首先必须明确企业实施流程管理的目标。

战略的定位直接决定企业执行层面流程的设计、设置及监控目标；企业流程管理的目标是达成企业战略目标的重要里程碑，因此不论是流程的改变还是技术的应用都必须在符合企业整体的战略下进行才能获得成效。

2. 构建基于业务流程的组织结构

组织作为业务流程的主体，推动着业务流程的运行。有学者对组织和流程有一个恰当的比喻，"企业的组织就像是一栋房子，流程就是房间里的一个货物搬向另一个房间的通道，当一个组织变大时，房子中的墙和门就越多，搬货物时就必须经过更多的墙和门，相同的距离浪费的力气和时间就越多，为了提高搬运的效率和降低搬运的成本，就必须把这些墙和门拆除"。上述比喻诠释了流程和组织之间的关系，即流程作为组织存在的根本，是组织的中心，流程创造价值，而组织为流程服务。为了使流程化管理的能量得以释放，应按照流程的需要重建企业的组织架构，但职能的知识和技术仍是组织能力的重要构成部分，所以流程不应该、也不可能成为组织的唯一构成要素。

基于业务流程的组织结构是一种多维的结构，多维指的就是流程维度和职能维度的组合。在基于流程的组织的组合维度中，流程维度是主导维度；职能维度是辅助维度，职能的存在是因为流程的需要，然而企业在构建流程组织时，一个很容易犯的错误是将流程视为一种附加维度，强加到现有的职能或产品维度之上。事实上明晰了流程与职能的主从关系后，流程附加维度的观点就难以立足了。

组织以流程为中心的一个主要目的是要解决流程责任问题，以流程为中心的组织就是要由业务流程体系来主导组织结构，并在职能服务中心的支持和服务下形成组织结构的基本架构。由于业务流程不能被割裂，而是作为一个整体来直接面向客户，业务流程中的团队拥有更大的自我管理权限，不再是对职能部门的高层管理者负责，而是对流程负责。组织变得更为扁平，从而使上下级之间的沟通、信息的传递及组织运行的效率得以大幅提升。

为了适应流程导向组织的需要，有些企业的组织架构和岗位设置中出现了专业的流程管理部门和岗位。流程的拥有者、管理者、执行者和审计者等角色已在企业中逐步清晰化、制度化。

3. 构建基于流程的关键绩效指标体系

流程管理重点是人和流程，尽管流程已经定义了什么人该怎么做，但如果没有机制保证，执行的严肃性会被破坏，流程成了摆设。

构建基于流程的绩效指标体系必须以企业战略为导向，寻找能够驱动战略成功的关键因素，选择与企业战略目标相一致的计量指标。由于企业绩效是部门绩效驱动的，而部门绩效是由员工个人绩效驱动，所以需要依据指标之间的逻辑关系将关键指标逐层分解，最终与员工个人的绩效指标对接，如图4-2所示。

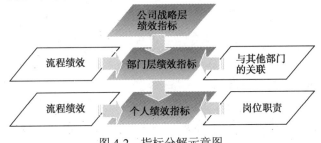

图 4-2 指标分解示意图

关键绩效指标的理论早期主要应用在人力资源的绩效评估上，在目前的管理理论上已经成为企业整体绩效管理中主要的绩效评估方法，并且国外许多的专业咨询公司也成功地将此方法应用在流程理论中。它的核心观念是：设定与企业流程相关的标准值，定出一系列的对企业发展、经营有提示、警告和监控作用的标准衡量指标，然后把实际经营过程中产生的相关指标实际值与预先设定的标准值进行比较和评估，并分析其原因，找出解决的方法和途径，从而再对企业的流程进行相应的调整和优化，使未来的实际绩效指标值可以达到令决策者满意的程度。

在南非 Peter Brooks 的《Metrics for IT Service Management》一书中指出，指标本身不是目的，指标是管理体系的一个重要部分，指标必须受到监测，以确保它们不超出预期的范围，一旦出现问题则要采取纠正行动；指标也是持续服务改进方案的对象，随着流程和服务持续得到改进，对它们进行测量的指标也要随之提高。在进行具体指标设计之前，必须理解进行指标设计所包含的流程，否则就不可能拥有一套可行的指标。

某些公司对服务过程的监管专门设定质量管理部负责，该质量管理部门审核服务业务所开展的各项活动是否符合和遵从管理体系文件的规定，其结果是否达到持续稳定向客户提供满意的服务。质量管理部门从始至终参与管理体系的建设和制度的制定，与技术服务团队共同设定活动的关键监控点，然后监督执行。技术人员操作规范和服务监控结果的绩效指标由质量管理部给出，绩效考核结果与服务团队的个人工薪挂钩。同时通过对监控中发现的问题进行分析汇总，形成服务管理体系建设持续优化和改进的建议。

4．信息技术的应用

有效的流程管理需要信息系统的支撑，在企业中创造性地利用信息技术，可以帮助企业实现业务流程简单化、自动化，降低成本，提高信息决策处理速度和准确性，保持企业在激烈的市场竞争中立于不败之地。同时通过信息化手段固化管理流程，可以确保流程的有效实施和管理控制。许多企业使用信息系统将工作流和规范化要求融为一体，在流程执行中对于规范化要求通过信息系统自动控制，比如，在某些公司的服务管理中，故障处理报告是工程师完成工作的基本要求，报告中对本次故障发生的时间、地点、性质、原因、影响范围、采取的措施、后续发生的可能性等进行总结。流程执行中如果不上传故障处理报告就会导致本次故障 CASE 无法关闭，进而影响服务指标的达成；也有些规范化要求是工作流转中由管理人员在信息系统中控制，比如提交的文档不符合要求，审核被驳回，驳回次数会计入工程师的绩效考核中。

目前信息技术为组织的管理基础、组织内的业务流程、员工操作技能的提高提供了有利的支持，已经成为企业进行成本控制、产品多样化、质量改进、与供应商一体化、稳定客户群体和创造新的商业机会等活动的必要手段。特别是，建立信息系统管理业务流程可以打破时空概念对企业活动的约束，使企业的业务满足全天候运作的客户要求。

4.2.2　流程成熟度框架

业务流程管理成熟度是指一个组织按照预定的目标和条件，成功、可靠、持续地实施业务流程管理的能力，其评价的对象不是流程本身，而是流程管理能力。流程成熟度框架（Process Maturity Framework，PMF）是评估服务管理流程成熟度最常用的方法，它既可以用来评估单个流程的成熟度，也可以用来评估整个流程的总体成熟度。

流程成熟度框架模型针对每一个流程和控制目标给出了控制的基础，将控制成熟度划分成 5 个不同的级别，是企业进行现状定位、差距分析及目标制定的重要工具。这 5 个级别分别是初始级、可重复级、可定义级、可管理级和优化级，如图 4-3 所示。

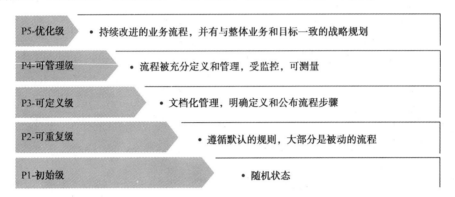

图 4-3 流程的成熟度框架

初始级：组织内没有定义什么业务流程，这一级别也被称为随机的或混乱的。

可重复级：组织内少量流程已经定义，子流程和活动没有定义，特殊流程和高阶流程之间的价值链没有定义。

可定义级：大多数流程、子流程和活动被定义，特殊流程和高阶流程之间的价值链很好地定义，公司拥有流程知识文件库。

可管理级：流程的测量数据被用于存储、分析和咨询参考，流程管理者具备负责管理流程的概念，对价值链负责的管理者形成一个团队。

优化级：流程被很好地测量和管理，存在流程改进小组，不断改进现有流程的绩效和连接坚固度。

有研究者从管理活动、组织岗位、企业文化和 IT 支撑 4 个维度对企业业务流程管理能力的标准进行了定义，如表 4-1 所示。

表 4-1 流程管理成熟度五级四维度表

层级	管理活动	组织岗位	企业文化	IT 支撑	
				流程管理	流程运作
初始级 P1	业务流程是随机发生，无流程明确设计定义	依靠能人	强调个人特长和单兵作战能力	流程无电子化存储	无成型的 IT 应用
可重复级 P2	有基础的项目运作管理流程，稳定的服务质量可以重复出现，企业业务流程标准不统一，流程设计各自为政	依靠多专业的项目式团队	强调在项目或部门内的团队合作，以制度维持管理	流程以电子文件存储，可以流通共享	IT 应用系统零碎，支撑单点功能

续表

层级	管理活动	组织岗位	企业文化	IT 支撑	
				流程管理	流程运作
可定义级 P3	企业的业务流程标准和总体框架统一,流程设计已经实现了文档化、标准化管理,统一管理组织岗位、指标、信息等设计要素	区分出现流程专业岗位,如流程的管理者、责任者、执行者、审计者等	强调效率和执行力,统一语言,沟通协调	流程以数据库或文件方式存储,出现流程设计和发布系统	IT 应用系统由专业模块构成,支持流程局部运作。核心流程部分环节有应用支撑
可管理级 P4	实现业务流程分区域、分层级、端到端的集成化管理,流程设计指导 IT 实施,流程培训认证成为上岗必备,可对流程执行绩效进行评测分析,解决问题,保持服务质量	出现流程管理专业部门,可协同跨流程区域的团队,流程高管出任跨区域端到端高阶流程的责任者	强调服务质量和高效管理,跨区域合作成为惯用方式	流程以数据库存储,形成企业级流程知识库,可实现单个端到端流程运作的监测分析	IT 应用系统集成化,支持流程端到端的集成运作
可优化级 P5	业务流程与战略目标、客户服务、绩效指标、成本预算、信息系统等要素的配置发生关联;流程的设计、执行、评估、优化和退出有序进行,流程持续改进,提升服务水平	出现企业级业务流程管理委员会或首席流程官。各业务领域部门全员参与,形成多领域优化小组	目标统一,全员参与,强调客户服务意识,变革的必要性广泛认同	战略管理系统与流程管理系统接口,实现跨领域的端到端流程监测分析	IT 应用系统遵循企业标准,快速支撑企业流程运作的调整

从流程成熟度框架可以得出以下流程管理成熟与否的关键点。

1. 定义业务流程

业务流程定义是业务流程管理中最为重要的一个环节,它直接影响到未来流程实施中的效率和效果。在流程的定义阶段需要强调系统化的设计;关注客户和业务需求,这里所指的客户包括企业的内部客户和外部客户;流程定义应以公司的业务目标为导向,而业务目标直接产生于公司的方针和政策,不同的流程要在不同的层级归属上支持和服务于公司方针和政策的实现;同时业务流程定义需要强化连续性和关联性。

2. 执行业务流程

好的业务流程一定需要通过切实的执行才能发挥作用,执行所关注的是执行的效率和效果。效率是指在达到目标或指标的过程中所耗费的资源(人力、物力、财力、时间等),效果是指目标或指标的完成情况。在业务流程的执行过程中管理的重点有如下几方面:

● 流程的执行得到管理层的批准,并形成制度化文件和指令。
● 流程的执行依照业务流程所制定的工作方法,通过制度保障进行落实。
● 执行的宽度和深度能充分保障相关联环节的有效运作。
● 执行的授权充分、有效,资源和相关信息的获取得到及时保证。
● 各级执行人获得必要的培训和指导,并确保培训效果在执行中得到印证。
● 执行的过程充分保护了资产的安全和资源使用的有效性和经济性。

- 执行的结果是系统流程的方法产生的，是可持续的。
- 每一个业务流程有指定的流程控制人，负责流程的维护、执行的监督和流程的改进。

3．评估业务流程

及时和有效地评估是企业自我学习，不断发现改进机会的重要方法之一。良好评估的基础是必须建立有效、公开、公认和公平的评估标准、评估指标和评估方法。评估标准和指标来源于公司的业务目标和流程要求。

4．改进业务流程

业务流程的改进同样需要遵从一定的管理方式，不能在无规则、无秩序的状况下进行改进。同时，业务流程的改进必须强调增值、创新和突破。

4.2.3 流程管理工具

在实施业务流程管理时可以借助一些方法和工具，如流程规划时的价值链分析法、平衡计分卡、ABC 管理法；流程分析时的鱼骨图分析法、头脑风暴法、德尔菲法等。本节介绍几个常用的流程管理方法和工具。

1．六西格玛流程能力分析法

六西格玛的流程能力分析主要依据统计学中正态分布原理，选择质量控制关键点，计算与分析每机会缺陷数、每百万机会缺陷数、流程能力指数、流程绩效指数等。进行流程能力分析主要是为了判断某一流程或作业的质量水平满足预期质量要求的程度，从核心竞争力的角度来选择关键业务流程，通过明确企业已有或要培育的核心竞争力，分解出核心竞争力的分散要素。

2．头脑风暴法

头脑风暴法是指员工在讨论时，鼓励与会者提出尽可能大胆的设想，同时不允许对别人提出的观点进行批评。有助于发现现有流程的弊端，提出根本性的改造设想。只有头脑风暴会议结束的时候，才对这些观点和想法进行整理和评估，通过大家智慧碰撞，寻找问题形成原因和解决办法。也可以通过软件工具来支持这种讨论，与会者可以同时和匿名对讨论的议题提出自己的建议和意见，根据关键字进行存储、检索、注释、分类和评价。

3．流程建模法

流程建模是进行业务流程重组的有效工具。流程建模和仿真是对企业现有业务流程的分析和研究，提出改造的方案，通过计算机软件的方法提供一个整合性的框架，这就是企业信息流程建模。此方法将企业流程的重要观念纳入模型中，可以在流程优化的过程中加以运用和实践。目前已经有许多企业信息流程建模方法和相应的软件系统问世。

4．偏差矩阵分析法

偏差矩阵分析法的目的是确定问题在工作过程的什么地方发生、什么因素必须得到控制，以适当地保证过程功能。矩阵左边按照它们发生的次序列出清单，并按照操作单元的顺序编成组。在矩阵表格的底部，偏差被量化，以显示它们对成功准则影响的大小，然后来确定关键偏差。根据偏差矩阵的统计结果生成偏差控制表。偏差控制表显示了偏差什么时候发生、在什么地方，它们如何被控制、控制它所需要的信息和技能，对改进的建议。

5. 价值链分析法

价值链分析法是由美国哈佛商学院著名战略学家迈克尔·波特提出的，波特认为，"每一个企业都是在设计、生产、销售、发送和辅助其产品的过程中进行种种活动的集合体，所有这些活动可以用一个价值链来表明。"企业的价值创造是通过一系列活动构成的，这些活动可分为基本活动和辅助活动两类，基本活动包括内部后勤、生产作业、外部后勤、市场和销售、服务等；而辅助活动则包括采购、技术开发、人力资源管理和企业基础设施等。这些互不相同但又相互关联的生产经营活动，构成了一个创造价值的动态过程，即价值链。

不同的企业参与的价值活动中，并不是每个环节都创造价值，实际上只有某些特定的价值活动才真正创造价值，这些真正创造价值的经营活动，就是价值链上的"战略环节"。企业要保持的竞争优势，实际上就是企业在价值链某些特定的战略环节上的优势。运用价值链的分析方法来确定核心竞争力，就是要求企业密切关注组织的资源状态，要求企业特别关注和培养在价值链的关键环节上获得重要的核心竞争力，以形成和巩固企业在行业内的竞争优势。企业的优势既可以来源于价值活动所涉及的市场范围的调整，也可来源于企业间协调或合用价值链所带来的最优化效益。

6. 5W2H 分析法

广泛用于企业管理和技术活动，对于决策和执行性的活动措施非常有帮助，也有助于弥补考虑问题的疏漏。分析原因、目的、何处发生、何时适宜、由谁负责、如何实施、做到何种程度的简单方便、易理解的有效方法。

7. ABC 管理法

ABC 管理法是根据事物的经济、技术等方面的主要特征，运用数理统计方法，进行统计、排列和分析，抓住主要矛盾，分清重点与一般，从而有区别地采取管理方式的一种定量管理方法。又称巴雷托分析法、主次因分析法、ABC 分析法、分类管理法、重点管理法。它以某一具体事项为对象，进行数量分析，以该对象各个组成部分与总体的比重为依据，按比重大小的顺序排列，并根据一定的比重或累计比重标准，将各组成部分分为 ABC 三类，A 类是管理的重点，B 类是次重点，C 类是一般。

8. 鱼骨图分析法

鱼骨图是企业进行全面质量管理、流程分析等过程中常见的工具之一。鱼骨图又叫因果图或石川图，是 1953 年由日本东京大学教授石川馨提出。通常，问题的特性总是受到一些因素的影响，通过头脑风暴找出这些因素后，将它们与特性值按照相互关联性整理而成的层次分明、条理清晰，并标示出重要因素的图形。因其形状如鱼骨，所以又叫鱼骨图，它是一种透过现象看本质的分析方法。

9. 德尔菲法

将初步的优化方案发给若干事先选定的信息系统专家，几轮征集，最终可获得比较一致的意见。

10. 平衡计分卡

平衡计分卡（Balanced Scorecard）方法是 1990 年开始，由哈佛商学院教授罗伯特·S.卡普兰（Robert S.Kaplan）和复兴全球战略集团总裁大卫·P.诺顿（David P.Norton）在总结十几家绩效管理处于领先地位公司经验的基础上，向全世界开始推广的。该方法改变了以往传统的运用单一财务指标进行绩效考核的思想，它把企业战略和绩效管理系统联系起来，从财务、客户、内部运营及学习和发展四个互为关联的维度来平衡定位和考核企业各层次的绩效水平。它能使企业对自身的关键能力和不足之处有清晰的认识，帮助企业及时发现问题，分析实际绩效表现达不到预期目标的原因。平衡记分卡各维度间不是孤立而是互相联系的，并且与企业整体目标保持一致。

平衡记分卡的设计和实现提供了一套有效贯彻和落实企业目标的方法，通过将企业战略与其流程规划对接，将流程绩效落实到各层级的平衡计分卡，有效地将流程管理与战略、组织、人力资源及企业文化等管理手段结合在一起，共同引导企业战略的执行。其实施推进有 4 个步骤：

（1）前期准备与调研。

（2）流程规划，运用战略地图描述战略。

（3）目标流程优化，推导流程绩效。

（4）分解战略地图与平衡计分卡，见图 4-4 所示。

4 个步骤没有严格的顺序关系，有些步骤操作上可以并行，需要根据企业的实际情况来调整操作步骤。

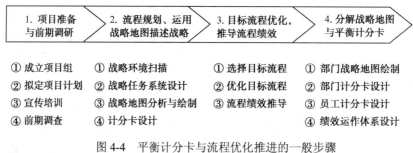

图 4-4　平衡计分卡与流程优化推进的一般步骤

平衡计分卡可以落实在企业的各个层面，它提供了一套绩效指标推导方法，而且不局限于财务、客户、内部运营与学习发展 4 个维度。有人也研究了用平衡计分卡监管 IT 服务。在 IT 服务考核指标体系中，基于平衡计分卡的思想，考虑信息化定位及发展方向，设计的 IT 服务绩效管理方案不仅有益于加强日常运行维护管理，提高 IT 服务质量，有效支持业务运作，同时还为后续发展和持续改进奠定了良好基础。

4.3　信息技术服务业务流程案例

4.3.1　系统集成业务流程

系统集成是计算机信息系统集成的简称，是指从事计算机应用系统工程和网络系统工程的总体策划、设计、开发、实施、服务及保障。系统集成的业务流程按照一般理解包括售前、售中和售后 3 个环节，主要针对 IT 系统建设的招投标、合同签订后的项目实施及项目验收后的系统维护。

4.3.1.1　售前阶段

售前阶段是依据客户的项目招投标进行方案设计、标书制作和应答等工作。在企业中此阶段的主要流程包括售前项目立项、投标方案设计、项目投标等。

1. 子流程一：售前项目立项

企业的销售人员在内部系统中需要进行项目立项申请，创建客户信息，按照企业业务要求填写项目基本信息，如项目类型、项目名称、项目预计签约日期、项目描述、预计签约额等。立项申请需得到相关主管部门的审批。

2. 子流程二：投标方案设计

1）确定项目负责人

投标方案设计过程需要技术人员参与，通常企业的销售人员与技术人员分别归属不同的部门，因此在此流程上销售部门需要向技术部门提交投标资源需求申请。技术部门根据项目需求信息进行分析评估，判断是否承接。如果承接，则根据项目情况协调售前资源，确定项目负责人。

2）成立项目组

技术部项目负责人与销售及技术人员结合项目需求开展项目讨论，确定大致的应标思路和所需要的资源，成立项目小组。根据标书要求，明确交付要求，制定分工界面，确定统一规范的文档模板，制定任务安排计划，并安排到人。

3）标书编制

根据项目的类型指派相应技术人员进行方案的设计，按照标书要求和分工计划编写技术应标书，在时间进度要求内完成相关文档的汇总和整体编辑。

方案设计过程中需听取销售人员意见，出现设计目标不明确或数据不清楚的情况及时联系甲方负责人，进行项目信息补充。

方案设计完成后，由技术部项目负责人发起，相关项目组人员和销售人员参加的项目设计方案讨论会，着重对方案的可行性、先进性、设备选型、造价等情况进行审核，最终确立技术方案，由技术部门主管签字批准。

3. 子流程三：项目投标

1）交付标书

按照标书时间要求和格式要求向客户交付最终结果。

2）呈现答辩

技术部项目负责人组织相关人员准备答辩材料，按照与客户约定的时间到达客户现场，对设计方案进行现场的技术讲解，解答用户提出的各种问题。

3）收到中标通知

收到项目中标通知书，销售人员需进行商务准备。按照企业投标管理规定和签约规范准备内部商务手续。

企业的商务部门根据内部制度规定就招投标文件商务内容进行审核，包括付款条件、违约责任、投标保证金、设备采购、到货可行性、保修期等所有商务、法务相关的内容。对于可能的项目风险提示销售部门采取应对或补救措施，必要的话需要相关部门领导确认审批。

销售人员完成内部审批手续后，将项目招标文件、投标应答文件、澄清函及中标通知书（如有）归档。

4．子流程四：签订合同

系统集成项目正式实施前，企业在内部需要对集成合同进行内部审核，按照企业的合同管理制度对合同条款等各项要求进行符合性检查，如甲乙双方职责、合同期、成本项、合同风险等内容；项目承接部门对项目实施费用进行预评估，并对实施成本进行审核；产品审核员对项目产品配置进行审核，核对产品配置清单是否合理，审核通过后进入售中环节。

4.3.1.2 售中阶段

售中阶段是系统集成项目的实施环节，也是项目交付的重要环节。售中阶段主要包括 6个流程：项目立项承接、项目准备、项目计划和实施控制、系统安装联调、系统初验试运行、项目验收交付，如图 4-5 所示。

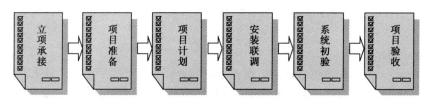

图 4-5　系统集成售中阶段流程

1．子流程一：立项承接

销售员完成合同签署后，凭各方签字盖章的合同原件，在内部系统中提交合同立项申请，填写正式合同信息；业务管理部门审核合同立项申请，与合同预审环节内容进行一致性核对。审核通过后，将合同相关文件和售前环节的所有文档正式提交到项目承接部。

项目承接部门收到正式交付的项目信息后，根据项目所属地区和承接规则转至企业的交付团队，由交付团队完成该项目的项目经理任命。

项目经理接到项目后，负责核对项目相关信息的完整性，如项目合同、设备清单、售前方案、工作说明书、成本细项等，理解合同内容，明确该项目的要求，完成正式的项目承接动作。

2．子流程二：系统集成项目准备

1）确定内部沟通形式

内部信息沟通形式通常有：工作例会、周报、月报及会议或电话、传真、电子邮件等方式，集成项目的成功实施离不开有效的沟通，特别是内部多部门共同协作时，项目经理需要确定和落实内部沟通形式和频次。

通常项目经理以"项目周报"、"工作周报"的形式，记录项目进程。部门主管通过查看"项目周报"、"工作周报"监控各项目进度。项目经理根据需要，以电话、电子邮件等形式向销售部门通报项目进展情况，并就相关事宜进行沟通。

2）与客户召开项目准备会

合同签约后项目经理组织客户及相关实施人员参加项目协调会，与客户共同探讨项目实施方案、客户配合要求；要求客户提供必要的资源和支持、联络方式等。技术人员与客户确认技术细节。

3）机房勘察协调

项目经理组织相关工程师在客户的配合下勘察机房，向客户提出具体的机房条件要求，项目经理负责与客户沟通并确认安装环境准备就绪。

3. 子流程三：系统集成项目计划及实施控制

1）项目计划的制订

项目计划由项目实施部门的项目经理负责制订，并由项目实施部门的项目管理负责人对项目计划进行评审和批准。

项目经理应完整理解合同内容，在项目计划中列出项目需要完成的主要任务及目标，并在相关人员协助下，列出完成任务的各类资源要求。项目经理根据项目的规模、合同的要求，确定项目的组织结构，每个岗位的任务与职责；确定项目组主要成员、任务、参与时间。项目经理根据任务的确认及资源分析，列出合理的项目进度计划。

2）项目计划的批准

项目实施部门的项目管理负责人审批项目计划，由项目经理负责备案。

3）项目实施计划、技术实施方案的制订与评审

根据项目级别需要，由项目经理组织项目组成员编写项目实施计划、技术实施方案，并将审批后的项目实施计划和技术实施方案作为项目计划的一部分。

4）项目计划的调整

在项目执行过程中，项目经理可根据实际情况对项目计划进行调整。要明确说明项目计划变更的原因、调整的内容等，并记录于"项目计划变更表"中，同时通知相关人员。

5）项目实施记录的备案

项目经理应将项目实施的过程、情况、发生的问题及处理的方法和结果根据需要记录于"项目周报"/"工作周报"中。在项目计划阶段，由项目经理在项目计划中确定采用何种方式记录项目的实施情况。

4. 子流程四：系统安装联调

系统集成项目中所有采购的产品设备应按期、保质保量为客户安装。安装过程的管理是项目实施过程中的一个重要环节，为此项目组需要做到：

- 保障熟练技术人员的配备。
- 对所需的安装环境作出书面报告，提交给客户，使安装时的条件具备。
- 对安装的结果进行必要的测试。
- 向客户提供完整的随机技术文件。
- 项目经理与用户一起对完成的安装进行确认并形成文件备查。

1）场地环境要求的提出和检查

项目组根据项目技术方案的特点、产品设备的具体要求并结合厂商的资料，编写用户场地要求表，以指导客户进行安装现场的场地环境准备。在设备安装前，项目经理应与客户沟通，确认场地环境的准备工作；项目组在到达现场后、安装设备之前进行机房或通信线路确认，并记录于现场环境记录表。

2）设备点验

项目经理协同项目实施工程师及项目组负责进行设备的点验，并将点验结果记录在验货报告中。

3）安装测试

系统集成项目中需要安装的计算机、网络和通信或专用设备等通常是由设备生产厂商负责安装和调试，项目经理应根据项目工期的要求，协调各厂商的技术人员安装设备；项目组工程师可以根据设备清单及配置参数协助客户测试和验收设备，记录安装过程和系统配置参数。如设备出现异常，项目经理必须协调厂商限时更换和重新安装，直至测试合格为止。设备安装后，客户、项目组应共同签署设备安装测试报告。

4）系统联调

单点设备安装测试完成后，进行系统联调，依项目需要和客户要求，提交设备联调测试报告。

5. 子流程五：系统初验、开通试运行

并不是所有的项目都要求初验，验收要依据合同或双方协商一致的有关规定进行。系统集成项目的系统验收可以有初步验收和最终验收两次，也可以只有一次验收，或在客户认可的情况下，安装测试通过视为验收合格。

1）系统初验申请

系统联调完成后，项目经理提出初验申请，与客户共同确定系统是否具备初验、开通条件，如不具备开通条件，项目组继续调试；如具备开通条件，则项目组按客户要求准备初验资料。

2）初验测试方案准备

初验的重点是判断系统是否具备开通的条件，主要考虑系统是否已经调通，客户方是否已经作好开通准备。项目实施组根据项目的技术特点及客户方的具体要求拟订初验测试方案。

3）初验及初验总结

初验的组织和形式应依据合同或双方协商确定。项目组与客户共同按照初验测试方案进行测试。初验后进行初验总结，并将测试结果、遗留问题及解决方案并入初验报告。

4）系统开通、试运行

根据项目计划，项目组负责指导客户对系统进行试运行，必要时，项目组应对客户进行现场培训，指导客户操作、运行系统。在试运行中项目组负责收集问题数据，调整硬件设备参数，使整个系统能够进入正常运行，并使系统性能达到合同约定的要求。

5）试运行过程中出现问题的跟踪和处理

在试运行过程中发现的系统故障问题，由项目经理组织相关人员对问题进行分析讨论，落实责任人，寻求解决方案，制定处理问题的计划。负责解决具体问题的责任人按照计划解决存在的问题，定期向项目经理汇报进展状态。项目经理对问题的处理情况进行监控，并记录处理结果。

6）试运行结束及终验准备

当甲乙双方协商的试运行期满后，标志着系统试运行结束并进入终验准备阶段。

6. 子流程六：系统集成项目验收交付

项目验收预示着项目完成，最终交付给客户，主要依据合同要求进行。对于集成项目多数情况只进行一次验收。

1）终验申请

系统试运行完成后，项目经理会同项目实施小组检查系统试运行情况及初验遗留问题的解决情况，汇总完成结果及项目相关的全部技术文档、验收文档。向客户提出终验申请，由客户确认是否可以进行终验。

2）项目验收

在客户确认可以进行终验后，项目经理组织项目组人员与客户共同进行项目验收工作。若在项目验收过程中，发现项目存在不符合合同要求的地方，项目经理应详细记录问题情况。若问题能在短时间内解决，项目经理应安排项目组进行修改和完善，最终通过项目验收，取得客户确认。若问题较严重，不能立即解决，项目经理应提出处理意见，在终验报告中写明遗留问题及处理意见，征得客户认可后实施补救措施。

3）终验总结

项目终验后，项目组需进行终验总结，并形成终验报告。终验报告应由甲乙双方项目负责人签字。项目经理应向甲方人员提供全套施工文档、技术文档（书面、电子），并且进行技术交底，必要的话应对甲方相关技术人员进行培训。

4.3.1.3 售后阶段

系统集成项目终验完成即进入合同约定的保修期内支持维护阶段，也称为售后阶段，负责在合同规定的响应时间内向客户提供合同限定的支持维护事项。

1. 项目基本信息建立

系统集成项目保修期启动时，项目经理应在服务台系统中建立项目基本信息，作为系统支持维护的依据。

2. 系统支持维护请求及响应

甲方客户通过服务台提供的热线电话、传真和电子邮件等方式报告系统及设备问题，服务台支持人员按照服务台支持流程受理客户请求，建立问题处理记录，跟踪问题处理过程。

3. 问题分析及解决

服务台工程师进行问题分析，确定问题的分类和影响程度，拟订问题的解决方案，并将其记录于内部系统中。工程师在解决问题的过程中，应把工作时间、工作过程和工作结果描述记录于内部系统的 CASE 表中。

问题解决分现场和非现场实施两种情况，现场实施由交付团队派工程师到客户现场进行服务，服务完成后填写技术服务单，并请客户签署意见。系统问题解决后，工程师应将服务内容录入内部系统的 CASE 表中，服务台 CASE 责任人负责确认问题的最终关闭。

4.3.2 软件开发业务流程

企业中一个软件项目的组成通常包括项目领导小组、软件配置控制委员会、项目经理、质量经理、技术经理、配置管理员、需求分析组、 设计组、开发组、测试组等。项目领导小组负责批准项目计划，进行项目的重大决策。

软件配置控制委员会（Software Configuration Control Board，SCCB）由项目领导小组、客户、项目经理、技术经理、测试组长、开发组长、配置管理员、质量经理等共同组成，对配置项的变更进行技术评审和成本评估，对变更的结果进行评审等。

项目经理组织项目的实施，按照工作说明书的规定，提交最终产品。

质量经理对项目组各管理过程进行跟踪和质量控制，保证项目组按照管理要求提交合格的技术文档和质量记录。

技术经理协助项目经理进行技术把关和技术管理。

需求分析组确定用户的业务需求，进行软件需求分析，编写软件需求规格说明书，并参与有关的评审。

设计组根据软件需求规格说明书和相关的法律法规，完成软件设计过程，编写概要设计说明书和详细设计说明书等技术文档。

开发组根据程序语言编码规范或相关的惯例，完成软件编码过程，编写用户手册等相关技术文档。

测试组负责制定测试计划，编写测试用例并建立测试环境，按照测试规范进行测试并保存相应的记录，编写测试报告。

配置管理员负责制定配置管理计划，执行配置管理过程，生成配置状态报告。

软件开发业务流程主要包括：项目前期准备、软件需求、软件设计、软件实现、软件测试、软件上线试运行、项目验收交付等环节，如图4-6所示。

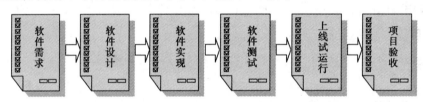

图4-6　软件开发业务流程

1. 子流程一：项目前期准备

1）项目经理的任命

为保持项目工作的连续性，项目经理应尽早介入项目。在售前阶段或投标过程中，需要项目经理及其他技术人员进行技术支持。项目经理应参与合同谈判过程，并负责编写工作说明书等合同附件。

项目经理的任命由业务部门进行。

2）其他核心角色的任命

业务部门应对项目组的其他核心角色进行任命，如质量经理、测试经理、技术经理等，由本部相关部门进行任命并颁发任命证书。

3）成立项目组

由项目经理组织人员成立项目组。

4）制定项目计划

项目经理应制定软件项目开发项目计划，内容应包括确定产品的质量目标和要求，确定适当的生命周期模型，并进行项目风险评估。质量经理编写项目的质量保证计划，配置经理制订项目软件配置管理计划，质量保证计划和配置管理计划基于该项目的生命周期活动。对于小型项目（如规模小于 6 个人月），可以将质量保证计划或者配置管理计划合并于项目计划之中。

项目计划由业务部门的相关责任人依据内部审核流程组织进行评审，评审通过后，项目计划将作为项目审计的基准文档。

2. 子流程二：软件需求

项目经理在进入需求阶段前，依据项目情况适时调整软件项目计划中需求阶段的活动。

1）需求分析

需求分析组长组织需求分析人员依据已批准的工作说明书进行需求分析和编写软件需求规格说明书。

项目经理组织有关评审专家对软件需求规格说明书进行评审，软件需求规格说明书应由项目领导小组组长批准。经过评审后的软件需求规格说明书提交配置管理员纳入配置管理。

2）需求跟踪

项目组应建立工作说明书中和软件需求规格说明书中的、需求规格和设计项、设计项和代码、需求规格和测试用例、需求和验证项的对应关系，并对对应关系进行维护。

3）需求变更

需求变更申请人填写需求/设计变更申请，提交给技术经理，技术经理负责组织评审会，对变更申请进行技术评审并对成本进行评估。审批通过后的变更申请才可以提交项目组执行。配置管理员应及时对配置项的状态变更进行跟踪并记录。

3. 子流程三：软件设计

软件设计根据项目类型及规模可分为概要设计和详细设计，也可合并称为软件设计。项目经理在进入设计阶段前，依据项目情况适时调整软件项目计划中设计阶段的活动。

1）概要设计

设计组长组织设计人员根据软件需求规格说明书进行概要设计和编写概要设计文档。设计组长组织有关评审专家进行概要设计的评审，项目经理依据评审组的意见审批软件项目的概要设计说明书。

2）详细设计

设计组长组织设计人员进行详细设计并撰写详细设计文档。设计组长组织有关评审专家进行概要设计的评审，项目经理依据评审组的意见审批软件项目的详细设计说明书。

3）设计文档纳入配置管理

评审后的概要设计说明书、详细设计说明书或软件设计说明书及时提交配置管理员纳入配置管理。

4）设计变更控制

变更申请人编写需求/设计变更申请，提交给技术经理，技术经理组织评审会，对变更申请进行评审。评审通过后提交项目经理审批。审批通过后的变更申请才可以提交项目组执行。配置管理员应及时对配置项的状态变更进行跟踪并记录。

4. 子流程四：软件实现

项目经理在进入实现阶段前，依据项目情况适时调整软件项目计划中实现阶段的活动。

1）源代码编写

开发组人员根据概要设计说明书、详细设计说明书或软件设计说明书，进行程序代码的编写。开发组长根据设计要求，组织开发组编写本项目使用的程序语言编码规范，或者按国家、行业、部门制定的有关规则、惯例和约定要求进行。程序语言编码规范由技术经理负责审核批准。

程序语言编码规范作为项目所属部门的规则、惯例和约定进行管理。

2）软件实现阶段审查、测试

开发组依据软件项目计划中实现阶段的安排，进行源代码审查或单元测试。

3）源代码审查

代码编写完成后，开发组长组织开发人员对程序源代码进行交叉审查并记录。

4）单元测试

开发组长组织开发人员编写单元测试计划和测试用例，技术经理审核并批准。单元测试采用开发人员交叉测试的形式，开发人员依据单元测试用例，将测试结果如实记录。

单元测试中发现的问题如属于源代码问题时，开发人员直接进行修改；如属于设计问题，则按照软件设计子流程中设计变更控制进行修改。当发现的问题已修改后，开发人员需要进行回归测试以保证这些修改没有带来新的问题。单元测试完成时，开发组长提交单元测试报告，技术经理对单元测试的过程及结果进行确认。

5）用户手册编写与审核

开发人员在源代码审核或单元测试结束后，编写用户手册，开发组长负责审核，技术经理批准。

6）源代码和用户手册纳入配置管理

源代码审核或单元测试结束后，开发组长填写源代码清单，并将程序源代码提交给配置管理员，将其纳入配置管理中。技术经理将审批通过的用户手册交配置管理员纳入配置管理。

5. 子流程五：软件测试

1）测试策略

对于重大项目，需编制测试策略。测试组长在需求评审通过后，测试工作开始前，依据测试策略模板编写测试策略，用来规划测试工作的范围和目标。

测试组长提交测试策略给项目经理或技术经理组织评审。技术经理对软件项目的测试策略进行审核，项目经理依据评审组的意见进行批准。评审通过后的测试策略提交配置管理员纳入配置管理。

2）测试计划

（1）测试计划和测试用例的编制

测试计划和测试用例分为集成测试计划和测试用例、系统测试计划和测试用例，是用来规划测试方案，安排测试阶段的时间、进程、测试人员等。

测试组长根据工作说明书、软件需求规格说明书和测试策略组织，编写系统测试计划和测试用例，根据概要设计说明书，测试策略和详细设计说明书编制集成测试计划和测试用例。

（2）测试计划评审

测试组长提交测试计划和测试用例给项目经理或技术经理组织评审。技术经理对软件项目的集成测试计划和测试用例、系统测试计划和测试用例进行审核,项目经理依据评审组的意见进行批准。评审通过后的测试计划和测试用例提交配置管理员纳入配置管理。

3)测试环境的建立、检验与确认

测试人员根据测试计划和测试用例建立测试环境,应检验测试环境各项参数,确保符合环境要求,测试组长对测试环境检验结果进行最终的确认。

4)测试过程

测试组长根据测试计划组织测试人员进行测试。

5)集成测试

集成测试是将模块按照设计要求组装起来同时进行测试,主要目的是发现与接口有关的问题。

测试组长组织测试人员依照集成测试计划和测试用例进行集成测试。测试人员将测试结果如实进行记录,当测试用例的测试结果与预期结果存在偏差时,测试人员记录所发现的问题,所有测试记录的问题由技术经理进行确认或评审。如属于程序问题时,开发人员遵从测试缺陷跟踪进行修改;如属于设计问题,则按软件设计子流程中的设计变更控制进行修改;如属于需求问题,则按软件需求子流程中的需求变更控制进行修改。

当修改软件已纠正发现的问题时,测试人员需要进行回归测试以保证这些修改没有带来新的问题。集成测试阶段完成时,测试组长提交集成测试分析报告。

6)系统测试

系统测试是对整个基于计算机的系统进行考验的一系列测试,主要对系统的准确性及完整性等方面进行测试。测试类型主要有恢复测试、安全测试、压力测试、性能测试等。

测试组长组织测试人员依照系统测试计划和测试用例进行系统测试。测试人员将测试结果如实记录,当测试用例的测试结果与预期结果存在偏差时,测试人员记录所有发现的问题。所有测试记录的问题由技术经理进行确认或评审。如属于程序问题时,开发人员遵从测试缺陷跟踪进行修改;如属于设计问题,则按软件设计子流程中的设计变更控制进行修改;如属于需求问题,则按软件需求子流程中的需求变更控制进行修改。

当修改软件已纠正发现的问题时,测试人员需要进行回归测试,以保证这些修改没有带来新的问题。系统测试阶段完成时,测试组长提交系统测试分析报告。

7)测试缺陷跟踪

(1)测试缺陷确认、执行、跟踪

测试人员将测试产生的缺陷记录进行记录,由技术经理进行确认和组织评审,然后向相关技术人员下达需求/设计变更通知,执行测试缺陷的修改;测试组长随时更新测试问题跟踪记录中记录缺陷的类别和状态。

(2)测试缺陷的关闭

对确认的测试缺陷,经过修改后由提出缺陷的人员对缺陷的更改进行验证,验证必须通过回归测试,对没有更改的测试缺陷和修改后仍有问题的缺陷重新执行测试缺陷跟踪过程。测试组长在获得缺陷更改效果的验证记录后,将测试问题跟踪记录中缺陷的状态标记为"完成"。

8)测试结果评审和测试结论

(1)测试结果评审

在集成测试和系统测试工作完成后,测试组长组织编写集成测试分析报告和系统测试分析报告。项目经理或技术经理组织有关评审专家进行集成测试分析报告和系统测试分析报告的评审。技术经理对软件项目的集成测试分析报告、系统测试分析报告进行审核,项目经理依据评审组的意见进行批准。评审通过后的测试分析报告提交配置管理员纳入配置管理。

(2)测试结论

集成测试:若测试评审结论为"通过/有条件通过",测试可转入系统测试阶段;若结论为"未通过",则修改软件重新进行集成测试,并将相应的测试结论填写在集成测试分析报告中的测试结论章节。

系统测试:若测试评审结论为"通过/有条件通过",可申请产品发布、系统上线或试运行;若结论为"未通过",则修改软件重新进行系统测试,并将相应的测试结论填写在系统测试分析报告中的测试结论章节。

6. 子流程六:软件项目上线试运行

项目上线一般指软件项目达到合同约定的条件后,经客户确认进入生产环境或试运行环境的项目阶段。

1)上线准备

项目集成测试(必要时包括系统测试)完成后,项目经理及主要项目成员应与客户协商确定上线入口准则,并达成一致意见,项目组根据入口准则的要求进行准备。

项目经理组织项目组人员与客户方一起进行安装前的准备工作,并完成用户操作手册、安装手册等上线必备文档的确认工作。

上线前,应明确规定项目组和客户的职责和义务。

上线准备工作完成后应取得客户允许上线通知,方能进入上线实施工作。

2)运行环境安装

项目经理组织项目组成员在指定的安装现场,实际检查安装环境。记录安装现场的初始状态,生成安装初始状态标识,安装人员根据安装手册进行实际的安装工作。

安装完成后生成安装报告,内容包括:安装环境、安装列表和系统配置参数、存在问题及解决方案、运行监控计划等。安装报告由项目经理或技术负责人编写,项目经理审核,业务部门主管批准。

3)上线验证

若在运行环境安装后进行系统测试,则按软件测试子流程中的系统测试要求进行。若安装后通过试运行验证,项目组负责通过客户培训、指导客户操作,与客户共同负责系统的试运行。在试运行过程中,无论是客户提出问题,还是项目成员发现问题,项目经理或项目技术负责人负责收集问题数据,组织协调解决这些问题,并保留质量记录,以便汇总生成纠正/预防措施记录。

由安装测试或试运行过程中的问题引起的任何变更需按相应程序文件变更要求执行。

试运行结束后,若提交验收申请时需要项目组提交试运行报告或业务部门对项目试运行结束有总结要求,则项目经理或项目技术负责人必须根据试运行的情况拟订试运行报告,并上报业务部门主管批准。

4)上线过程中出现问题的跟踪和处理

项目经理负责组织处理在上线过程中发现的问题，包括技术问题和业务问题。项目经理或项目技术负责人应将问题定性，分析问题原因，落实责任，寻求解决方案。负责解决问题的责任人按照计划和进度处理解决存在的问题，对问题的解决与否，应及时反映在测试问题记录中。

项目经理或项目技术负责人应对问题的处理进行实时监控。

项目经理及项目组全体成员应对问题及其解决方案等进行总结，提交业务部门主管，由业务部门主管汇总为纠正/预防措施记录，避免同类问题再次出现。

7. 子流程七：项目验收交付

项目的验收必须依据合同或双方协商一致的验收时机和验收标准进行。项目验收交付是按照合同约定或双方协商一致的要求，向客户交付项目成果的项目活动。有时在客户认可的情况下，安装测试通过视为验收合格。

1）项目验收申请与验收准备

项目经理按照项目合同的约定，在项目验收启动条件已达成时，与客户协商项目验收事宜或向客户提出验收申请。

项目正式验收前，项目组应对验收工作进行充分准备，拟订验收计划或验收测试方案，验收计划或验收测试方案应取得业务部门主管与客户一致认可。

2）项目验收与确认

验收的组织和形式应依据合同或双方协商确定，项目经理组织项目组人员与客户共同按照验收计划或验收测试方案开展项目的验收工作，验收是否合格的依据是合同以及在合同履行过程中与客户达成一致意见的验收标准。

在项目验收过程中，发现项目存在不符合验收标准的地方，项目经理或其指定人员应详细记录存在的问题，并采取对应的控制措施。对于与客户关联的不符合项或与客户存在识别异议的问题，在与客户充分沟通后，将问题分为需要解决的问题和可以遗留的问题两大类。对需要解决问题，项目经理应安排项目组进行修改和完善，然后交客户再确认，直至关闭；对于遗留问题，应与客户协调好处理的办法并在验收报告中详细记录。

对于项目验收过程中发现的问题及采取的解决办法和获得的经验，业务部门主管应记录在"纠正/预防措施处理表"中。

3）项目验收报告

原则上，项目验收报告应由用户方起草，双方有关人员签字；也可接受用户方委托，由项目经理或指定人员起草验收报告，经用户方签字确认。验收报告的内容应包括：项目概述、验收组织形式及验收范围、验收内容（含验收目标及测试结果）、遗留问题、验收结论。

对于要求初验和终验的项目，分别需要初验报告和终验报告；对于阶段验收，若合同中有明确约定，则需出具阶段完成证明文件；对于只有一次性验收的项目，必须出具项目验收报告。

项目阶段完成证明文件、初验报告和终验报告是项目完工的重要依据，项目经理在获得签字盖章的上述文件后，依据管理要求进行原件归档，启动项目结项工作。

4）项目交付与确认

按照合同约定或与客户协商一致的要求，项目经理应按照项目计划，组织项目组执行项目交付工作。交付时应列出交付清单并取得客户签字确认。

交付项应与项目配置管理相结合，所有交付项应保持同一基线，并以生产环境中运行的版本为准则。向客户交付的书面资料和光盘应予以包装，适合运输和保存。

项目结项时，应将客户签字确认的交付清单作为结项资料组成部分提交审核，业务管理部门应对交付项和归档项进行检验核实，以确认交付项和归档项的完整性。

8. 子流程八：软件支持维护

针对软件产品/项目的支持和维护活动大体可分为 3 类：咨询、培训和软件问题解决、版本升级。

1）成立支持维护组

软件产品/项目正式发布/验收后，企业应任命项目维护阶段的项目经理，组建项目维护组，维护组成员应包括项目开发阶段的人员。

2）支持维护活动

（1）咨询

产品正式发布/项目验收通过后，客户可以通过电话、传真、电子邮件等方式向企业的支持维护人员提出关于产品、使用和维护过程中所产生的问题，支持维护人员根据提问者的要求和问题严重情况及时进行回复。

（2）培训

支持维护人员负责对使用软件产品的直接或间接客户进行培训，包括产品介绍、产品安装、产品使用、产品维护。

（3）软件问题解决

➢ 维护计划编制及审批

对于软件维护项目，项目经理应组织维护人员编制维护计划，提交相关部门审批，所有维护活动按批准后的计划进行。计划的编制必须遵守合同中的维护条款，并应与用户代表共同商定。

➢ 标识产品的初始状态

维护开始前由项目经理和客户代表共同确认被维护产品的初始状态，即产品交付用户时的状态标识。对产品的标识配置按软件配置管理规定执行。如维护所使用的工具和维护环境由客户提供，则由项目经理组织对其进行评价、验收、使用和维护，并进行相应记录。对由客户提供的设备需进行妥善管理。

➢ 问题的记录、跟踪和处理

对于软件维护项目或软件项目支持维护阶段发现的软件问题，由发现人员填写问题报告，支持维护人员将其编号登记在软件问题汇总中。

支持维护人员根据问题报告记载内容，进行原因分析，确定修改的类型并做相应修改，解决办法填写在问题报告中。如在解决问题过程中发现问题非常严重，不能在要求时限内解决，项目经理应将详细情况及分析结果报告给相关产品专家商讨处理措施。支持维护人员应及时回复问题提出者，告知问题的处理状态以及处理结果。

➢ 软件问题统计、产品版本升级申请与审核

支持维护人员统计软件产品/项目问题，定期撰写软件问题汇总。若软件产品问题较为

严重且数目很多，支持维护员填写产品版本升级申请，交业务部门相关主管审批。

> 维护总结

支持维护人员按合同/维护计划完成任务后，项目经理应对维护工作进行总结，形成维护报告。客户和项目经理根据验收条款，共同对维护工作结果进行验收，并在维护报告中签字确认。

9. 子流程九：软件质量保证控制

1）软件质量保证计划

软件项目的软件质量保证计划由质量经理负责制订，制订的依据包括软件项目计划、工作说明书和项目的具体要求（包括客户要求）等。

质量经理将编写的软件质量保证计划提交业务部门审批。业务部门审批时如发现存在问题，应及时与质量经理沟通，质量经理负责修正软件质量保证计划，将存在的问题解决。经过批准的软件质量保证计划，提交配置管理员纳入配置管理。经过批准的软件质量保证计划需要修改时，应参照制定时的流程，由质量经理修改、业务部门审批，并纳入配置管理。

2）审计

质量经理审计项目生命周期中的过程活动与质量体系中相关的过程规范是否符合。质量经理在每完成一项审计活动后，应将审计结果写成报告，并提交给项目经理和项目领导小组。

项目各个阶段的评审、验证和确认活动按照项目制定的软件质量保证计划中的评审、验证和确认的时间点和确定的责任人执行，责任人负责组织评审、验证和确认活动。

4.3.3　信息技术运行维护业务流程

IT 运行维护服务是采用信息技术手段及方法，依据需方提出的服务级别要求，对其所使用的信息系统运行环境、业务系统等提供综合服务。IT 运行维护服务不像系统集成服务项目阶段性那么明显，计划性那么强，但对供需双方从服务级别协议签署到结束的运行维护服务内容有明确的要求，各项内容和时效性要求体现在服务级别协议中。

IT 运行维护服务项目的交付主流程包括合同预审/成本预估、内部立项、项目计划、项目实施、阶段性交付和项目结项 6 个子流程，其流程图如 4-7 所示。

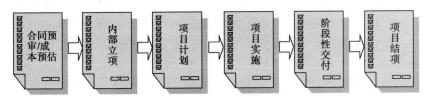

图 4-7　IT 运行维护服务业务流程

服务交付管理负责将产品化的服务和定制的服务按照服务级别协议（Service Level Agreement, SLA）的要求交付给客户，通过规范组织的内、外部关系与建立服务的质量水平，实现高质量的服务交付。

1. 子流程一：合同预审/成本预估

服务项目正式实施前，服务企业在内部需要对服务合同进行内部审核，按照服务组织的合同管理制度对合同条款等各项要求进行符合性检查，如甲乙双方职责、合同期、成本要求、合同风险等内容；服务产品部门审核项目的人工、备件及可能的分包成本等内容。审核通过后进入项目立项环节。

2. 子流程二：内部立项

合同签署后，组织内部需要完成必要的立项手续，如在内部管理系统中的立项动作，合同相关文件的移交和归集等。

产品部门根据服务产品定义和匹配原则，对照服务合同和项目相关信息，编写工作说明书（Statement of Work, SOW）；同时提供符合合同要求的服务级别协议，将相关内容正式提交到项目承接部。

项目承接部门收到正式交付的项目信息后，根据项目所属地区和承接规则转至企业的交付团队，由交付团队完成该项目的项目经理任命。

项目经理接到项目后，负责核对项目相关信息的完整性，如项目合同、设备清单、售前方案、工作说明书、成本细项、SLA等，理解合同内容，明确该项目的服务需求和流程，完成正式的项目承接动作。

3. 子流程三：项目计划

项目计划、项目实施和阶段性交付通常是由企业的交付团队负责，可以是技术中心，也可以是专门的交付部门，此处简称为交付部门。

项目计划是由交付部门的项目经理负责制定，并由交付部门项目部的部门主管对项目计划进行评审和批准。

项目经理应完整理解合同内容，并依据项目交付文件中关于SOW及SLA的定义，参照企业内部的项目管理规范，制订项目计划。项目计划一般包含：项目启动会计划、项目总结会计划、阶段交付计划、风险控制计划、人力计划、备件计划、巡检计划、沟通计划、培训计划、分包计划、收付款计划等。

项目计划制订后，由交付部门授权的项目部主管负责审批项目计划。

4. 子流程四：项目实施及控制

项目实施阶段是服务交付主体，包括定期巡检、突发事件处理、增值服务实施及其他维护服务等活动。项目实施由交付部门委派的项目经理负责。必要时可成立项目实施小组，在项目实施过程中依据制定的项目计划和针对具体服务需求的技术服务方案执行。

项目经理应定期向项目部主管和交付部门领导汇报项目服务状况，交付部门负责项目的总体监控。

在项目执行过程中，通过管理系统对项目计划的执行进行跟踪，项目经理将项目计划的执行过程及结果记录于系统中。必要时项目经理可根据实际情况在系统中对项目计划进行调整。需明确说明项目计划变更的原因、调整的内容等，调整后的项目计划应经项目部主管进行审批，审批通过后正式发布。

IT运行维护服务实施包括提供主动与被动服务两方面，与之对应的典型服务内容有定期巡检服务和故障解决服务，下面简要介绍这两项服务的常规流程。

1）定期巡检服务实施

定期巡检服务是通过对运行维护服务对象的定期健康检查，可以尽早地发现客户系统存在的问题或潜在隐患，通过提高系统的可用性，将故障排除在发生之前，以保证客户系统的安全稳定运行。健康检查将帮助客户从技术角度对正在运行的生产系统的技术特征、故障隐患有一个全面的了解，以便根据业务发展需求和目前系统资源状况，制订合理、可行的系统扩容、改造、维护计划，提高系统运行的安全性。定期巡检服务的主要过程如下所述。

（1）制订健康检查计划、方案和流程

服务项目实施小组或服务工程师根据项目经理的总体计划，制订健康检查的具体进度计划、资源计划，以及健康检查的技术方案及实施流程，并经项目经理组织，与客户进行交流并获得客户的确认。

（2）根据合同要求及客户需求进行巡检实施

依据与客户沟通并确认的健康检查实施方案，由服务工程师完成客户系统的健康检查实施。对于健康检查过程中发现的系统报警、错误或故障，由服务工程师通报到项目经理及客户方，并按照故障解决服务实施流程解决发现的问题。

（3）系统现状分析评估及健康检查报告提交

根据健康检查所获取的系统软硬件配置信息、系统资源信息、系统运行状况信息等，进行相应的系统现状分析评估，并根据设备系统运行情况向客户提供设备系统升级、改造、更换的建议，形成健康检查报告。

2）系统故障解决服务实施

系统故障解决服务是客户通过服务企业提供的服务热线提出的故障申告，或由工程师在客户端其他服务中发现的故障，由服务提供方的服务台协调处理，通过远程及现场服务，在客户可接受的时间范围内，对客户的信息系统进行故障诊断及排除，最大限度地保障客户信息系统的可用性，降低故障对业务运作的影响。系统故障解决服务的主要过程如下所述。

（1）远程问题诊断和支持

针对热线、邮件、网络自助服务、监控工具等各种渠道反馈的故障进行处理，在合同限定的服务时间（远程响应 SLA）内与客户合作，共同解决客户的问题。通常服务企业通过设立服务台建立与客户的联络点，专门受理客户的服务请求，及时跟踪服务请求的处理进展，确保实现服务级别协议要求。在提供必要的现场服务之前，首先会使用远程支持服务工具，对服务范围内的设备进行远程诊断，或通过其他远程方式为解决问题提供帮助。

（2）现场支持服务实施

如确定故障不能通过远程方式解决，则由服务台协调现场服务工程师到客户现场进行系统的维修及恢复运行。

工程师到达客户现场后，即根据故障设备所属产品方向的技术规范及交付中心的服务管理规范进行不间断的故障诊断、备件更换、故障解决及客户系统恢复等技术服务。各服务环节需达到合同约定的服务级别协议的要求，包括人工现场响应 SLA、备件响应 SLA、业务恢复 SLA、故障解决 SLA 等。

（3）备件支持服务实施

根据远程或现场工程师的故障诊断结果，由服务台或项目经理向备件支持部门提出备件需求，备件支持部门需在合同限定的时间（备件响应 SLA）范围内，为客户提供备件支持。

（4）疑难问题升级

对远程诊断及现场工程师现场诊断仍无法定位的疑难故障，由服务台升级到专家组协助解决；有些高等级故障，特别是系统的重要性和紧迫度高、系统威胁大的故障通常直接由专家组介入故障的定位及解决方案的实施。

（5）故障解决及故障处理报告提交

故障处理完毕后，故障处理人需将故障现象、故障原因分析、故障处理过程及结果、后续维护建议等纳入故障处理报告，需经过相关主管或内部专家的审核，审核通过后才能提交给客户方。

5. 子流程五：阶段性交付

根据合同要求和项目执行计划，项目经理应定期进行阶段总结（一般为季度），如项目有分包商，则需要分包商定期提供分包部分的阶段总结。阶段总结需要发给用户审核，如用户认可，则可按收款计划，向用户提出收款申请。当服务期即将结束时，项目进入结项阶段。

6. 子流程六：项目结项

服务期结束期间，项目经理组织资源完成项目遗留问题的解决及项目总结文档的编写，并组织客户及内部相关人员参加项目总结会，与客户确认服务完成情况及客户评价，完成内外部结项。

1）外部结项

外部结项主要包括：解决项目遗留问题、整理汇总服务资料、编写项目年度总结报告、安排年度总结会议、收取合同尾款、办理分包尾款支付、在内部系统中完成项目结项动作等。根据需要，为新一年服务合同续约提供必要的支持。

2）内部结项

项目外部结项后，交付部门内部也要对项目进行总结。根据项目需要，备件支持部门提供项目备件实际使用分析数据，经营人员提供实施、管理成本分析数据，项目经理负责编写内部项目总结，对技术实施成本、项目管理成本、备件成本、交付质量等方面进行分析及评估，对项目经验教训进行总结，同时积累服务项目的管理经验。所有项目文档归入项目知识库，便于后续追溯核查。

4.3.4 测试业务流程

测试服务业务通常是委托方提出评测需求，由专业测试机构或企业应用专业的测试工具、方法对软件的质量进行全面审核的过程，以验证软件的功能和性能及其他特性是否满足软件需求规格的要求。

在测试服务中测试文档的作用非常重要，是工作结果评估和能力认定的有效依据。测试文档贯穿于测试活动的始终，包括测试计划、测试用例说明、缺陷报告及分析、测试总结，以及测试工作全部完成后的测试报告等，测试文档由测试人员编写并维护。

测试业务流程主要包括：需求分析、测试计划、测试设计、测试环境搭建、测试执行、总结报告等环节，如图 4-8 所示。

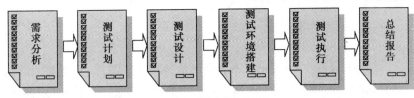

图 4-8　测试业务流程

1．子流程一：需求分析

需求分析阶段是软件测试的一个重要环节，主要工作是获得测试项目的测试需求。测试人员对这一环节的理解程度如何将直接影响到后续测试工作的开展。

一般而言，需求分析包括软件功能需求分析、测试环境需求分析、测试资源需求分析等。其中最基本的是软件功能需求分析，需了解被测软件实现哪些功能以及如何实现的；为了实现这些功能需要哪些测试工具，如何搭建相应的测试环境等。测试需求分析的依据主要来自软件需求文档、软件规格说明书及开发人员的设计文档等，通过全面的分析，形成软件测试需求说明书和测试规格说明。

2．子流程二：测试计划

测试计划阶段主要是以测试需求为基础，通过对被测试软件的调研，根据其设计文档的完善程度、规模大小、测试环境要求等因素，对测试所需要的资源（人员、工具、环境等）、时间进度等进行详细的计划。

3．子流程三：测试设计

测试设计阶段主要完成测试用例的设计和测试说明的编制，测试说明要详细规定测试所需要的准备工作，包括硬件环境、软件环境及详细的测试用例集。一份好的测试用例对测试有很好的指导作用，能够发现软件问题。

4．子流程四：测试环境搭建

不同软件产品对测试环境有着不同的要求，如体系架构、操作系统、网络要求等。测试环境很重要，符合要求的测试环境能够帮助准确测出软件问题，并且正确判断。

5．子流程五：测试执行

测试执行阶段主要是按照测试说明中规定的步骤执行测试用例，并进行详细的记录，提交缺陷报告。对缺陷进行分类和评估的主要目的是为客观而有效地评价被测软件提供依据，同时也为修复缺陷提供策略依据。一般从严重性和优先级两个方面对缺陷进行分类：

- 严重性表示软件缺陷的恶劣程度，反映其对产品和用户的影响。
- 优先级表示修复缺陷的重要程度和应该何时修复。

6．子流程六：总结报告

根据测试记录进行数据整理、分析和评估，并将结果形成测试报告，对整个测试过程和被测软件的质量给出评估结果。需要注意的是，每个版本有每个版本的测试总结，每个阶段有每个阶段的测试总结。

由于测试的不完全性，当软件正式发布后，使用过程中难免遇到一些问题，有的甚至是严重的问题，这就需要修改有关问题，修改后需要再次对软件进行测试、评估、发行。

4.3.5　培训业务流程

专业的培训服务业务可以分为两种：个人技能培训和企业培训。个人技能培训种类繁多，信息技术方面的培训课程有软件开发、网络技术、数据库管理等。针对个人技能培训大多以公开课形式为主，即培训机构通过了解市场需求和自身教学能力专门设计开发的专业培训课程，制订培训计划面向全社会开放报名培训。企业培训是企业开展的一种提高人员素质、能力、工作绩效和对组织的贡献而实施的有计划、有系统的培养和训练活动。通常是企业为了特定需求，邀请培训机构或培训讲师到企业进行针对性调研，最后进行分阶段实施的内部培训。

一般意义上的、有组织的、正规的培训通常要进行培训需求分析，在此基础上制订出周密可行的计划，然后依计划实施培训，最后要对培训效果进行评估。这类培训服务有严格的计划，有既定的培训内容、培训形式和培训的时间地点，因此，典型的培训业务流程主要包括：确定培训需求、制订培训计划、培训实施、培训效果评估、培训监控及辅助活动等环节，如图 4-9 所示。

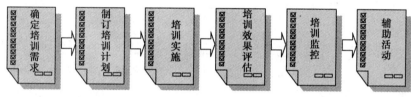

图 4-9　培训业务流程

1．子流程一：确定培训需求

培训需求来源于企业发展需要、个人职业发展需要、岗位任职资格要求等，专业培训机构需要对参与培训的组织或个人的培训目标、知识结构、技能状况等方面进行系统的鉴别与分析，形成培训需求，据此设计适时的、有针对性的培训计划。

2．子流程二：制订培训计划

培训计划应包括培训目的、培训对象、培训内容、培训时间、培训地点、培训方法、培训费用等。特别需要注意的是培训计划中，培训内容是否有针对性会直接影响到培训的效果。在培训计划的制订过程中，还必须充分考虑各级培训信息的传递与沟通，从而提高培训计划的科学性与培训资源的使用效率。

3．子流程三：培训实施

在培训实施过程中要做到准备充分、组织得力、后勤支持到位，对于培训实施的各个环节，必须引入规范、标准的控制程序与管理工具。如培训场地的安排要尽可能舒适、安静、独立，不受干扰且有足够大的空间，应根据培训的要求摆放座位成扇形、教室形、会议形、马蹄形。再如培训资料及器材的准备，应根据教学要求准备培训资料，如学员用培训教材、学员名录及签到表、讲师用课件资料等；准备培训所需的器材，如白板及板书用品、投影仪、计算机、多媒体教学设备等。

4．子流程四：培训效果评估

为了提高培训质量，培训服务机构需要对每一个培训项目的所有参训学员进行培训效果评估，通过评估可以反馈信息、诊断问题、改进工作。评估可作为控制培训的手段，贯穿于培训的始终，使培训达到预期的目的。培训机构可根据培训评估的结果调整或改变培训的内容、方法、时间及培训师等，以提高培训的效果。同时培训评估结果也可以作为培训机构各级员工绩效考核的一个指标，有助于提高员工培训服务的积极性，从而提高培训效率。

5. 子流程五：培训监控

培训组织的全过程、各环节都应得到有效的监控，培训服务机构或培训主管部门是主要的监控者。

6. 子流程六：辅助活动

1）培训师管理

根据实际情况，一般培训师分为外聘培训师和专业培训机构自己的培训师，所有培训师信息必须统一保存于培训师信息系统中，并对外聘培训师和内部培训师信息进行动态管理。

2）教材课件开发管理

对于培训服务机构来说，作为培训重要辅助活动之一的教材课件开发管理，必须由专人负责。而随着培训手段和技术的不断发展，培训教材课件开发显得越来越重要。好的教材课件开发，既可以减少培训师的劳动强度，又能在相同的时间内为培训学员提供更多的信息，更好地调动学员的各种感官，达到更好的培训效果。

4.3.6 咨询业务流程

IT 咨询服务是一种以脑力劳动为基础，对信息、知识进行再加工的过程。专业的 IT 咨询服务是由具有丰富信息技术相关知识和经验的专家深入客户现场，通过运用现代咨询技术、方法和工具，进行定量及定性分析，帮助客户确定问题，查明产生问题的原因，提出切实可行的改善方案并指导实施。IT 咨询业务流程主要包括：确定咨询课题、提供咨询建议书、签订咨询合同、正式咨询、辅助咨询方案实施及咨询总结等环节，如图 4-10 所示。

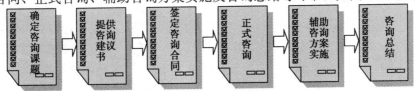

图 4-10　IT 咨询业务流程

1. 子流程一：确定咨询课题

确定咨询课题是咨询任务的启动阶段，在这一阶段，提供咨询服务的组织需要与客户进行初步的接触，通常是选择有经验的专业人员组成调研组，对客户业务现状、IT 架构、期望等进行初步调查和分析，形成对咨询内容的认识；然后根据紧迫性、可行性和实效性的原则，对客户存在的各种关键问题分类排队，与客户就关键问题及咨询课题进行沟通，最终确定正式咨询课题。确定咨询课题既可以是一个独立的项目，也可以是完整咨询项目的一个阶段。

2. 子流程二：提供咨询建议书

当双方确认咨询课题后，提供咨询服务的组织需要给客户提供一份书面文件——咨询建议书。建议书的主要内容包括：客户咨询背景和业务状况初步分析，客户在 IT 架构或 IT 管理上存在的主要问题，确定的咨询内容及期望达到的目标，咨询步骤、方法和时间安排，咨询项目组成人员的背景介绍及咨询课题中的角色，咨询费用初步估算等。咨询建议书是提交给客户进行审批和决定的第一个重要文件，建议书的技术质量会给客户留下深刻的印象，撰写有说服力的建议书是咨询成败的关键。

3. 子流程三：签定咨询合同

在客户确认咨询建议书后，双方通过进一步协商，签定正式咨询合同。签定合同的目的是使双方合作有明确的定位，并且对双方利益起保护作用，是双方相互理解和尊重的承诺。

4. 子流程四：正式咨询

正式咨询又分为深入调查阶段、原因分析阶段和方案设计阶段。

1）深入调查阶段

任何咨询工作都应以事实为依据，每个企业均有其独特的管理方式和企业文化，同样问题在不同企业有不同的处理方法，因此，必须调查清楚与课题有关的历史、现状、标准、管理模式、内部条件和外部环境等各方面的资料，才能为下一阶段分析提供足够有价值的资料。

2）原因分析阶段

分析是通过对所获得的各种资料进行整理、归纳、分类、判断与推理的过程。分析工作要遵循企业的管理现状，寻找产生问题的真正原因，判断问题的性质，通过定量和确有论据的定性相结合的分析，找到产生问题的因果关系及其内在联系，梳理出问题的根源。

3）方案设计阶段

解决方案的质量不仅影响咨询工作的实际效果，也关系到提供咨询服务组织的信誉，因此，解决方案必须适应客户企业的独特环境，在设计咨询解决方案时，一定要在原因分析的基础上，经过咨询项目组人员及客户的充分讨论和论证，集思广益，形成多个方案，然后根据先进性、可行性、效益性和可操作性进行比较，最终形成比较满意的建议。

5. 子流程五：辅助咨询方案实施

咨询解决方案的实施应以客户为主，咨询机构应派出参加过正式咨询并得到客户认可的咨询顾问参加，共同组成方案实施小组。咨询顾问的主要任务是协助客户拟订具体实施计划，按照方案内容进行培训，在实施过程中给予具体帮助和指导，直至客户能独立承担后续工作。

6. 子流程六：咨询总结

当解决方案基本落实后，咨询机构应组织有关人员进行方案实施情况的验收和总结。总结报告包括：对整个咨询过程进行总结，对实施效果予以评价，如何巩固成果及今后应采取的措施，此时整个咨询项目全部结束。

第 5 章　信息技术服务能力

5.1　信息技术服务能力定义

　　企业资源理论与能力理论是企业信息技术（IT）能力理论的基础。企业资源理论认为企业是由一系列资源所组成的集合体，每种资源有不同的用途，企业所拥有的资源种类、多少是企业竞争优势的来源。研究者发现在竞争充分的市场上，很多资源是可以通过市场手段获得的，这就反过来说明企业所拥有的资源并不能为企业带来更大的竞争优势。在此基础上提出了企业能力理论，即企业配置、开发、保护、使用、整合资源的能力是企业竞争优势的来源。同样的资源在不同能力的作用下，形成的绩效差异较大，这也是各个企业之间业务结果的区别所在。

　　什么决定了企业配置、开发、保护、整合资源的能力，即能力背后的动力是什么？研究表明，决定企业能力的是企业所拥有的知识资源，是知识资源决定了企业的竞争优势，建立在企业知识资源基础上的企业能力能够为企业带来持续的竞争优势。企业竞争优势的建立依赖于企业能力体系的构建，企业核心能力形成以后，要避免核心能力刚性的问题，即在快速变化的业务环境中，企业对核心能力高度依赖，无法随着业务环境的变化进行调整，使得以前形成的核心能力不仅没有给企业带来新环境下的竞争优势，反而成为企业发展的障碍。企业要建立动态能力即指企业整合、构建及重塑企业以适应快速变化的业务环境的能力，最终使得企业能够拥有持续的竞争优势。

　　理论把企业的 IT 能力定义为："控制与信息技术相关的成本以及通过使用信息技术来支持企业业务目标达成的能力"。信息技术的先进性并不能为企业带来业务方面的成功，企业的业务成功源自于 IT 能力，即企业在其信息化的过程中形成了一种运用信息技术支持企业业务发展战略的能力。IT 能力是指对下列 3 种资源的有效整合能力。

　　（1）人力资源：企业拥有一支训练有素的信息技术团队，能够迅速应对各种业务方面的挑战。

　　（2）技术资源：企业拥有成本合理、配置适当的信息技术设施，以满足企业各类信息化方面的需求。

　　（3）关系资源：企业与客户之间形成良性互动关系，信息技术的应用使得企业与客户之间的沟通、协调更为快捷、高效。

　　总之，企业的 IT 能力就是企业通过使用信息技术资源有效整合企业其他资源的能力，它是硬件、软件、共享服务、技术技能、管理技能的集合。企业的 IT 能力分为：

- IT 战略能力：是指根据企业的业务发展战略确定企业的 IT 战略，并在企业的 IT 战略指导下选择合适的信息技术、与产品构建满足业务发展战略要求的 IT 基础设施方面的能力。该能力是企业独有的，已经融入了企业本身的条件与行为习惯。虽然 IT 基础设施的组成元素是通用技术产品，具有可替代性、可转移性，这些元素不能给企业带来竞争优势，但把这些元素进行组合、集成构建出企业独有的 IT 基础设施，以支撑企业业务发展战略，就能够为企业带来竞争优势。

- IT 人岗交互能力：是指企业具备的使用信息技术的能力与使用信息技术过程中的管理能力。使用信息技术的能力是指编写程序、系统分析与设计、数据库维护、网络规划与设计等计算机及相关产品的使用能力；使用信息技术过程中的管理能力是指对项目、人员、流程、技术等关键要素的管理能力，以确保企业的 IT 能力水平、成本和效率可控。

- IT 无形资源使用能力：是指企业通过使用信息技术有效整合其他资源的能力，包括整合与管理客户资源、知识资源的能力，以及支持企业内部、外部协同工作与流程优化方面的能力。

其中，IT 人岗交互能力是 IT 能力的基础。企业应该树立岗位管理和能力管理相结合并以能力管理为核心的现代人力资源管理体系。

5.2 岗位管理

随着企业的发展，从基层成长起来一批业务的骨干，但由于这些人员是从基层成长起来的，因而在个人能力、工作方式、业务行为等方面表现出很大的差异性，工作效率也大相径庭，这就需要及时、系统地将相关经验进行总结并形成工作模板，以避免每个员工上岗后自己摸索经验，工作效率低下。

岗位管理正是通过对现有工作和流程的分析，明确企业的职族、职类、职层及岗位划分，并利用岗位评价评估模型和工具，对各个岗位的内部相对价值进行评估和分析，反映出岗位在企业战略发展中的责任。

职族是一组职位的集合，这些职位要求任职者需具备相似的职责、管理范围与工作模块，并且在组织中有相同或相似的分工汇报关系。

职类是对同职族的职位进行细分归并而成，这些职位在同一业务系统内承担相同的业务板块功能与责任，它们的业务活动性质与过程具有相似性，其产出结果（绩效标准）具有一致性。

职层是依据同一类的从业人员承担职责大小，所需知识的深度、广度，技能掌握的熟练程度，素质和行为标准的高低进行划分的，强调的是同一职类中从业人员胜任能力的差异性。职层根据企业人才成长的需要来划分，一般可以分为 5 级或 3 级。

表 5-1 为一 IT 服务企业的职位序列，其中职族分为 4 类，包括销售、技术管理、技术和职能；技术管理职族分为两大职类，技术职族分为 5 大职类；职层分 4 层，包括管理、高层、中层、基层。

表 5-1　职位序列

	集成销售	技术管理		技术					职能
		质量管理	项目管理	系统工程师	应用工程师	架构师	咨询	测试	
管理	子公司副总								
	事业部负责人								
	事业部副总	质量总监	项目总监			技术总监			总监
高层	高级销售经理/总监		高级项目经理			高级架构师	主咨询师/行业专家		高级经理
		高级质量经理	项目经理	技术专家	技术专家	架构师	高级咨询师	高级测试经理	经理
中层	销售经理	质量经理	助理项目经理	高级工程师	高级工程师		咨询师	高级测试工程师	主管
基层	销售专员	质量工程师		工程师	工程师			测试工程师	专员
				助理工程师	助理工程师			助理工程师	助理

其中，销售专员和销售经理的核心岗位职责见表 5-2。

表 5-2　岗位职责

典型岗位		销售专员	销售经理
		了解计划	制订个人计划
核心工作职责	计划和预测	了解销售预测的基本流程,在销售经理指派的客户群内,了解某个客户对具体的某种品牌、型号硬件产品的初步需求。 在销售经理指导下,填写销售任务预测表。 在销售经理指导下,撰写并提交个人初步销售行动计划	依据业务发展,逐渐形成并掌握自己的客户。 准确把握客户对各品牌、型号产品的需求,掌握客户原有硬件基础环境、未来建设方向及关注点。 依据团队销售预测,独立制订个人销售预测。 制订个人的销售行动计划
	客户关系管理	协助管理	独立管理小型客户
		在销售经理指导下,主要通过电话、短信的方式对指定客户进行回访,或跟随其他销售人员了解项目进展、客户满意度等信息,维护长期合作关系。 通过各种有效途径收集客户组织架构、项目计划、计划投入额度等相关信息,汇总并供其他同事参考,为公司销售计划提供依据	依据基层销售提供的客户/项目信息,通过各种方式,筛选个人客户群内的有效信息,针对中小型客户制定客户拜访计划。 通过电话介绍、主动拜访等方式,与目标客户建立联系,独立获得销售订单。 把握目标客户的决策流程、关键决策者、项目预算范围等关键信息,并及时反馈。 定期拜访已有客户,争取获得重复销售订单
	厂商关系维护	协助维护	独立维护产品线具体人员
		在销售经理指导下,主要通过电话、短信的方式或跟随其他销售人员与指定厂商渠道管理人员保持日常联络,保证厂商沟通的顺畅。 通过各种有效途径收集厂商的市场表现,指定产品的价格、特殊政策、促销安排等相关信息,汇总并供其他同事参考,保证公司内部厂商信息的及时更新	通过电话、定期拜访等方式与某几个品牌的厂商销售人员维持良好关系。熟悉厂商内部决策流程,掌握当年的产品销售重点、政策支持导向
		参与/协助销售	独立销售

信息技术服务教程

续表

典型岗位		销售专员	销售经理
		了解计划	制订个人计划
销售流程控制		遵循硬件销售的基本流程，与商务人员合作，保证销售流程中合同、订单、资金、物流等主要环节的落实。在销售经理指导下，按时填报公司各种销售报表，并能对所跟踪项目做出初步总结	在现有政策指导下，制订针对特定客户的价格、政策方案。监督销售流程中关键环节的落实。按时、准确填报销售报表，并能对现有项目做出全面总结。按时、准确填报销售报表，并能对现有项目做出全面总结。对个人销售业绩负责
财务管理		了解和执行财务预算	管理给定个人财务预算
		了解相关财务费用构成，严格遵循销售经理下达的销售费用预算	在给定的范围内，制订个人的销售费用预算
人员管理		被管理	被管理
		无	无

5.3 能 力 管 理

IT 服务能力的管理主要包括对知识与技能、工作标准及资格标准的管理。

知识与技能指应知应会的能力。知识是某一领域拥有的事实型与经验型信息，技能是结构化运用知识完成某项具体工作的能力。

工作标准指包括工作单元、工作要素、行为标准，是指完成某一业务范围工作活动的成功行为的总和。它强调的是员工应该如何做，要求做到什么程度。工作标准的开发过程实质是对企业成功经验或失败教训进行全面总结与提炼的过程。在这个过程中，企业把员工的个人隐性经验和方法显性化，把员工个人的经验变成公司的财富，从而在企业内部实现经验共享，提高工作效率，加速企业与个人经验和人才的复制。

资格标准指任职资格不同能力级别表现出来的特征，如知识、经验和技能等的总和，它是员工技能水平的标尺。

IT 服务能力管理通过提炼出同类业务人员的资格特征、素质特征和成功行为特征，形成该类业务人员的资格标准、素质标准和行为标准，并以此标准来规范与指导业务人员的工作，提高其技能，改进其业务行为，以提升员工个人工作业绩，最终实现企业目标。IT 服务能力管理一方面体现了组织需要，另一方面也体现了人员的职位胜任能力。

表 5-3 为某 IT 服务公司对其技术人员的知识与技能方面的要求概览。

表 5-3 知识与技能

行业咨询	信息技术	客户关系	领导与管理	业务运作
理解、熟悉行业客户的业务环境，深入了解客户的业务问题与困难，熟悉客户的业务流程并了解业界先进的行业解决方案	了解、熟悉、掌握业界流行的信息技术，能够将具体的信息技术进行整合并实施，以解决客户的IT问题	良好的人际界面，出色的事务处理方法与技巧，因时而变，变革创新，与内部客户与外部客户进行有效协同工作，客户增值、公司增值、自我增值	管理自己领导他人，有效利用与组织公司与客户或第三方的人力资源解决工作中的问题	了解公司业务运作，熟悉公司业务流程，利用公司的业务规范与流程与客户进行有效合作，在与客户合作中有效规避风险，实现公司高产出、低风险运作

行业咨询		信息技术			客户关系			领导与管理			业务运作		
把握客户业务问题及行业发展趋势	熟悉业界领先的业务解决方案	IT解决方案架构与设计	技术方案实施	系统测试、问题解决与质量保证	沟通谈判	变革管理	客户增值	知识管理	管理发展他人	团队领导与协作	公司管理及运作流程	管理方法论与实施方法论	财务分析及业务风险管理

其中行业咨询能力在其 3 个维度上对应各层级的要求细项在表 5-4 中表示。

表 5-4　层级知识与技能

层级	行业咨询		
	理解、熟悉行业客户的业务环境，深入了解客户的业务问题与困难，熟悉客户的业务流程并了解业界先进的行业解决方案		
	把握客户业务问题及行业发展趋势	熟悉业界领先的业务解决方案	为客户制定业务发展战略并进行 IT 规划
一级	从行业领域入手，学习并了解客户业务知识	学习并了解行业解决方案	学习并了解行业发展战略及 IT 规划的基本知识与方法
二级	熟悉某个行业的业务领域，参与客户业务流程的分析，在他人的指导下逐步熟悉本行业的主要解决方案	了解行业内的知名解决方案，参与解决方案的实施，并具有一定的解决方案客户化能力	参与业务发展战略与 IT 规划的工作，了解整个战略规划过程
三级	熟悉行业客户，了解行业内客户的业务问题及关键困难，分析客户的业务流程，针对不同客户的具体问题，提出建议的解决方案	了解行业内各种解决方案，丰富的解决方案实施经验，深入理解客户的真实需求，熟悉解决方案的局限，说服并影响客户，通过成功的项目实施使客户满意	根据客户当前的业务发展情况及发现的问题，与客户共同工作，帮助客户制定未来可行的业务发展战略，并根据业务发展战略，制定合理的 IT 发展规划
四级	资深的行业经验，熟悉整个行业的发展趋势，把握行业内客户的总体需求，影响并领导客户的业务需求	熟悉行业内各种解决方案，掌握各种解决方案的局限以及发展趋势，根据行业内不同客户的特点，选择解决方案。预见性地了解解决方案实施过程中的各种问题，说服并影响客户，并指导团队解决方案实施中的重大困难	熟悉行业内客户的主要业务发展问题及 IT 基础架构的现状，引导客户的想法，把握客户关键的担心问题，领导团队帮助完成重大的业务战略及 IT 规划的制定

表 5-5 为某 IT 服务公司技术族不同职类的工作标准概览。

表 5-5　工作标准

专业方向	项目管理	咨询顾问	IT 架构师	IT 应用工程师	IT 系统工程师	IT 测试工程师
专业能力总体描述	基于对项目的内容和成果的了解和分析，通过对与项目相关的人、财、物的有效计划和管理，确保项目在范围、时间周期、费用、风险控制以及	领导、说服、帮助客户总结业务需求并对业务需求进行详细分析，得出重要的业务需求优先级，和客户一起讨论、分析、	熟悉各种信息技术、工具、方法、架构及理论，充分理解业务需求，在 IT 应用及 IT 系统工程师的配合下，寻找合适的应用架构方	熟悉成熟的 IT 应用理论及方法，根据业务需求，寻找合适的应用解决方案，遵循当前流行技术标准与规范进行应用架构	熟悉成熟的 IT 软硬件系统技术理论及方法，根据 IT 应用架构的需要，寻找合适的系统硬件、系统软件技术方案，遵循当	熟悉软件测试理论，方法和工具，根据项目需求和设计，进行测试方案的设计，测试用例的开发和测试的执行，报告

续表

专业方向	项目管理	咨询顾问	IT架构师	IT应用工程师	IT系统工程师	IT测试工程师
	质量等方面达到要求；包括完善、保持和实施项目计划和时间安排，推动项目进程，确保及时提交项目成果，项目资源与成本的管理，定期报告项目进展状况，与项目组成员进行沟通和协调，确保项目团队的有效合作及项目目标达成	建立业务企划方案，在技术专家的帮助下，查找或开发多种备选的应用解决方案，向客户各种解决方案的优势与不足，分析方案实施中各种可能的风险，结合对业务的影响评估投入与产出比	案，遵循当前流行技术标准与规范进行IT架构设计，并充分满足客户的特定要求，对开发、实施、部署进行有效管理，确保IT应用架构实现，满足业务需求	设计，并充分满足客户的特定要求，开发、实施、部署解决方案	前流行IT系统技术标准与规范进行IT基础架构设计，并对IT系统进行实施、部署	软件缺陷，产生测试报告，保障项目达到预定的质量要求

| 专业能力维度 | 计划进度 | 经营项目 | 风险控制 | 团队领导 | 沟通影响 | 需求管理 | 业务分析 | 工程设计与实现 | 问题解决、故障管理 | 技术规划 | 应用软件设计 | 应用软件构建与测试 | 应用方案沟通与咨询 | 系统工程设计 | 技术问题解决与质量保障 | 系统沟通与咨询 | 测试方案设计 | 测试用例开发 | 测试执行 |

其中项目管理职类的各层级的工作标准细项在表5-6中列出。

表5-6　层级工作标准

	项目管理专业能力			
层级	基于对项目的内容和成果的了解和分析，通过对与项目相关的人、财、物的有效计划和管理，确保项目在范围、时间周期、费用、风险控制以及质量等方面达到要求；包括完善、保持和实施项目计划和时间安排，推动项目进程，确保及时提交项目成果，项目资源与成本的管理，定期报告项目进展状况，与项目组成员进行沟通和协调，确保项目团队的有效合作及项目目标达成			
	计划进度	经营项目	风险控制	团队领导
一级	学习设定项目计划，细化、落实项目计划的执行	了解企业经营的基本概念，能够做简单的项目成本分析	根据项目内容和不同的客户背景情况，制定项目执行策略	初步实现团队内部的人员激励管理
二级	推进项目计划的执行，随时把控项目关键点运行情况	熟练掌握经营管理知识和工具，关注和分析项目范围变化对项目投入与产出的影响	初步预测风险，把控关键环节，及时协调资源，解决项目中的问题	实施个性化管理，创立互相学习的团队氛围，使团队成员认可自己的团队和工作
三级	以项目的最终目标为依据制订整体项目计划	熟悉企业及项目财务完整体系，在实现项目利润的同时，获得客户满意度	有预见性地管理风险，制订应对计划，协调和争取关键资源，并解决突发问题	指导团队成员，建立高效团队
四级	同时协调多个项目，避免项目计划与进度冲突	全面规划和定位项目的价值	全面规划资源和风险管理，为项目管理人员提供风险管理指导	通过树立远景、建立创新与合作的氛围，激励项目成员的工作热情，有效协调与客户方团队的关系

其中项目管理职类的各层级的资格标准细项在表 5-7 中说明。

表 5-7　资格标准

职业层级	四级	三级	二级	一级
管理项目经验	8 年以上	5 年以上	2 年以上	0～2 年
技术或咨询经验	5 年以上	3 年以上	2 年以上	1～2 年
管理项目规模	软硬件共 5000 万或软件 1000 万以上	软硬件共 1000～5000 万或软件 200～1000 万	软硬件共 500～1000 万或软件 100～200 万	无
资格认证	PMP	PMP 或信息产业部高级项目经理	无	无
管理团队人数	50 人以上	30 人以上	10 人以上	10 人以下
管理项目类型	大项目或多项目	大项目或多项目	单项目或多个小项目	小项目
曾经带过徒弟的人数	4 人以上/年	2 人以上/年	N/A	N/A
培训他人的课时	40 课时/年	16 课时以上/年	N/A	N/A
注释	对风险和收益负责，成功交付大型且极复杂项目。管理多个大项目，跨部门，涉及多厂商	对风险和收益负责，成功交付大型复杂项目。管理大项目或多个中小项目，跨部门，涉及多厂商	对风险和收益负责，成功交付中型案项目。管理中大型项目或多个小项目	管理小项目或大项目中的小组长

能力管理强调对员工工作过程和工作行为的管理，将员工行为管理与员工的知识、技能与素质相提并论，更关注对员工行为的引导和对过程的评价，是对绩效考核偏重于结果而忽略过程的评价体系的补充。引导员工不但注重结果、也注重工作的过程。通过将员工的工作行为与任职资格进行对比，可以发现员工在工作过程中的不足之处，并针对性地建立并实施分层分类的人力资源开发培训系统。

多数 IT 服务企业虽然意识到建立多晋升通道对于企业和员工的重要性，但由于未建立有效的岗位划分体系，职族、职类、职层划分并不明确，因此企业对于建立有效的晋升通道也是力不从心。将企业的岗位按不同的职族、职类进行划分，并在纵向上根据企业的实际情况和每一职类的不同特点，合理划分不同的资格等级，从而使员工能够根据自身的能力、特点与工作的需要选择合适的晋升通道，通过对员工发展通道的有效规划，建立一套与工作密切相关的行为标准，从而提升个人的能力，明确其职业发展方向，帮助其提高职业技能，并以相应的机制认可并回报其工作成果。员工只要在专业方面发展提高了，同样可以得到认可，同样可以得到和管理职位相当的待遇。IT 服务企业可以通过提供多重职业发展通道与强化不同晋升渠道的激励机制，留住人才并充分挖掘员工潜力，使得每一个业务领域都有优秀人才，形成人才梯队，企业拥有持续竞争的优势。

第6章 信息技术服务常用资质与认证

通常所说的认证也叫认定，是一种通过评估对某标准符合性的认可。"ISO/IEC 指南 2：1986"中对认证的定义是："由可以充分信任的第三方证实某一经鉴定的产品或服务符合特定标准或规范性文件的活动。"

举例来说，对第一方（供方或卖方）提供的产品或服务，第二方（需方或买方）无法判定其品质是否合格，可由第三方来判定。第三方既要对第一方负责，又要对第二方负责，不偏不倚，出具的证明要能获得双方的信任，这样的活动就叫做认证。也就是说，第三方的认证活动必须公开、公正、公平才能有效。这就要求第三方必须有绝对的权力和威信，必须独立于第一方和第二方之外，必须与第一方和第二方没有经济上的利益关系，或者有同等的利害关系，或者有维护双方权益的义务和责任，才能获得双方的充分信任。

本章所提到的资质和认证在当前的信息技术（IT）服务中体现了这种权威性。

6.1　企业资质与认证

6.1.1　国家级资质与认证

6.1.1.1　计算机信息系统集成资质

计算机信息系统集成资质是 20 世纪 90 年代末，随着中国信息系统基础建设市场的兴起，越来越多的厂商涉足这一领域，从事系统集成与软件开发，承建信息系统而提出的。为了加强计算机信息系统集成市场的规范化管理，促进从事计算机信息系统集成业务的单位能力和水平的不断提高，确保各应用领域计算机信息系统工程质量，原国家信息产业部决定建立计算机信息系统集成资质管理制度，开展计算机信息系统集成资质认证工作。

1. 资质规定的内容

2000 年 1 月 1 日，信息产业部正式发布执行系统集成资质认定管理办法。计算机信息系统集成资质认证是计算机信息系统集成企业为了取得《计算机信息系统集成资质证书》，必须经过信息产业部授权的第三方认证机构进行的一种认证，以评定企业从事计算机信息系统集成的综合能力，包括技术水平、管理水平、服务水平、质量保证能力、技术装备、系统建设质量、人员构成与素质、经营业绩、资产状况等要素。企业只有通过认证机构的认证，才能向信息产业主管部门申报审批。

在《计算机信息系统集成资质管理办法》中明确指出，计算机信息系统集成是指从事计算机应用系统工程和网络系统工程的总体策划、设计、开发、实施、服务及保障。并将计算机信息系统集成资质等级分成 4 个级别，一级最高，四级最低。对应各等级所承担工程的能力为：

一级：具有独立承担国家级、省（部）级、行业级、地（市）级（及其以下）、大、中、小型企业级等各类计算机信息系统建设的能力。

二级：具有独立承担省（部）级、行业级、地（市）级（及其以下）、大、中、小型企业级或合作承担国家级的计算机信息系统建设的能力。

三级：具有独立承担中、小型企业级或合作承担大型企业级（或相当规模）的计算机信息系统建设的能力。

四级：具有独立承担小型企业级或合作承担中型企业级（或相当规模）的计算机信息系统建设的能力。

2. 资质等级评定条件

在随后信息产业部颁布的《计算机信息系统集成资质等级评定条件》中给出了计算机信息系统集成资质等级标准，从企业的综合条件、业绩、管理能力、技术实力和人才实力等方面综合评定计算机信息系统集成企业能力资格等级。其中考察的重点包括：

（1）企业注册资金规模。

（2）企业系统集成业务经营情况和在市场中所处的地位。

（3）已通过验收并投入实际应用的系统集成项目规模。

（4）项目是否具有较高的技术含量并使用了有企业自主知识产权的软件。

（5）系统集成项目中软件费用（含系统设计、软件开发、系统集成和技术服务费用，但不含外购或委托他人开发的软件费用、建筑工程费用等）占比。

（6）是否有自主开发的软件产品和工具。

（7）专门从事软件或系统集成技术开发的人员和资源投入。

（8）企业质量管理体系和客户服务体系建设情况。

（9）从事软件开发与系统集成相关工作的人员数量和大学本科以上学历人员占比。

（10）具有计算机信息系统集成项目经理人数和高级项目经理人数。表 6-1 汇总了计算机信息系统集成资质对人员的具体要求。

表 6-1　计算机信息系统集成资质对人员的要求

	一级	二级	三级
技术负责人	应获得电子信息类高级职称	应获得电子信息类高级职称	应具备电子信息类专业硕士以上学位或电子信息类中级以上职称
财务负责人	应具有财务系列中级以上职称	应具有财务系列中级以上职称	应具有财务系列初级以上职称
从事软件开发与系统集成相关工作的人员	不少于 150 人，本科以上学历人员所占比例不低于 80%	不少于 100 人，本科以上学历人员所占比例不低于 80%	不少于 50 人，本科以上学历人员所占比例不低于 80%
具有计算机信息系统集成项目经理人数	不少于 25 名，其中高级项目经理人数不少于 8 名	不少于 15 名，其中高级项目经理人数不少于 3 名	不少于 6 名，其中高级项目经理人数不少于 1 名

注：按照《中华人民共和国行政许可法》的要求，为进一步规范计算机信息系统集成项目管理人员的资质评定及相关管理工作，工业和信息化部于 2008 年 6 月 6 日颁发了《关于计算机信息系统集成项目经理资质申报的补充通知》（信计资〔2008〕7号），要求自 2008 年 5 月 30 日起，申报项目经理资质，原须提交项目经理/高级项目经理培训合格证，现改为须提交《中华人民共和国计算机技术与软件专业技术资格（水平）证书》（资格名称为系统集成项目管理工程师或信息系统项目管理师）。

3. 获得计算机信息系统集成资质的益处

（1）有利于系统集成企业展示自身实力，有利于信息系统项目主建单位对项目承建单位的选择，降低前期沟通成本。计算机信息系统集成企业要获得资质证书必须要经过第三方认证机构的认证，证实企业各方面的综合能力达到规定的等级水平，也就是说系统集成资质证书更具说服力，获得资质证书的系统集成企业更易于在市场上展示企业自身实力，改进自身的市场形象，提高社会知名度，增加客户的信任感，从而减少系统集成企业为了向社会和建设单位展示和证实自身能力而进行宣传、广告、现场参观、示范等环节，降低一些不必要的沟通成本。

（2）有利于提高系统集成企业参与市场竞争的能力。目前多数系统集成项目的招标中都会要求投标者要具备一定等级的资质证书，国家政府部门对涉及政府投资或涉及安全的项目，也会规定必须取得《资质证书》，因此系统集成企业获得《资质证书》，等于取得进入系统集成市场的钥匙，反过来对没有获得《资质证书》的竞争者形成了一道进入的门槛。使系统集成市场趋向规范。

（3）有利于系统集成企业按照等级标准，加强自身建设，不断提高企业的经营、技术和管理能力。系统集成资质等级评定条件所要求的是全方位的综合实力，包括技术水平、管理水平、服务水平、质量保证能力、技术装备、系统建设质量、人员构成与素质、经营业绩、资产状况等要素。系统集成企业要取得《资质证书》，必须不断改善自身的综合实力，以达到评定条件的要求。同时，系统集成资质认证要求企业的项目管理达到一定的水平，要求企业要有一定数量的信息系统集成项目经理，企业通过培养项目经理可以提高自身项目管理的能力。

（4）有利于系统集成企业享受国务院 18 号文件的优惠政策。政府部门在制订政策时，会考虑对系统集成资质的要求，如《软件企业认定标准及管理办法》（试行）中第十二条　软件企业的认定标准是：（三）或者提供通过资质等级认证的计算机信息系统集成等技术服务；第十三条　申请认定的企业应向软件企业认定机构提交下列材料：（五）系统集成企业须提交由信息产业部颁发的资质等级证明材料。《涉及国家秘密的计算机信息系统集成资质管理办法（试行）》第六条 ……涉密系统集成单位应当具备下列条件：（二）具有信息产业部颁发的《计算机信息系统集成资质证书》（一级或二级），并有网络安全集成的成功范例。

6.1.1.2　涉及国家秘密的计算机信息系统集成资质

涉及国家秘密的计算机信息系统集成资质与计算机信息系统集成资质类似，重点面向拟承建涉及国家秘密的计算机信息系统集成的企事业单位。为加强对涉及国家秘密的计算机信息系统的规范化管理，确保国家秘密信息的安全，国家保密局于 2001 年制定并发布了《涉及国家秘密的计算机信息系统集成资质管理办法》。管理办法规定，从事涉及国家秘密的计算机信息系统集成业务的单位，须经保密工作部门审批，并取得《涉及国家秘密的计算机信息系统集成资质证书》，方可从事涉密信息系统集成业务。未经保密工作部门资质认定的任何单位，不得承接涉密系统集成业务。管理办法中特别强调：外商独资、中外合资、中外合作企业不得从事涉密系统集成业务。

1. 资质规定内容

在《涉及国家秘密的计算机信息系统集成资质管理办法》中明确指出，涉密系统集成是指涉密系统工程的总体规划、设计、开发、实施、服务及保障。涉密系统集成资质，是指从事涉密系统集成工程所需要具备的综合能力，包括人员构成、技术水平、管理水平、技术装备、服务保障能力和安全保密保障设施等要素。涉密系统集成单位，是指从事涉密系统集成业务的企业或事业单位。涉密系统建设单位，是指主持建设涉密系统的单位。并将计算机信息系统集成资质种类分成甲、乙和单项3种，对应各类资质所承担工程能力与限定为：

甲级资质单位可在全国范围内承接涉密信息系统的规划、设计和实施业务，并仅可承担本单位承建的涉密信息系统的系统服务和系统咨询工作，不得从事其他单项资质业务。

乙级资质单位仅限在所批准的省、自治区、直辖市所辖行政区域内承接涉密信息系统的规划、设计和实施业务，并仅可承担本单位承建的涉密信息系统的系统服务和系统咨询工作，不得从事其他单项资质业务。

单项资质单位可在全国范围内开展业务，但仅限承接所批准的涉密系统集成单项业务，如：软件开发、综合布线、系统服务、系统咨询、屏蔽室建设、风险评估、工程监理、数据恢复等，不得承接综合集成业务。

单项资质包括：风险评估、工程监理、屏蔽室建设、软件开发、数据恢复、系统咨询、系统服务、综合布线、军工。自2007年1月1日起增加了"保密安防监控"的单项资质。

取得甲级或乙级资质的单位如需承接单项业务，必须申请并取得相应的单项资质。取得某一单项资质的单位如需从事其他单项业务，必须申请相应的单项资质。简单地说，若一个企业既想承接综合集成业务，又想从事单项业务，则至少需要获得两个认证。

2. 资质等级评定条件

涉密系统集成资质的评定条件整体与计算机信息系统集成资质的评定条件相近，分别从企业的综合条件、业绩、管理能力、技术能力等方面综合评定涉及国家秘密的计算机信息系统集成企业能力资格。其中考察的重点侧重在企业的保密管理能力、安全防范措施能力以及安全技术水平和实力，通过对安全涉密系统集成项目的实施评估，检查安全保密管理的符合度、合理性和有效性。表6-2汇总了涉及国家秘密的计算机信息系统集成资质对人员的具体要求。

表6-2　涉及国家秘密的计算机信息系统集成资质对人员的要求

	甲级	乙级	单项资质
技术负责人	应获得信息技术类高级职称	应获得信息技术类高级职称	应获得信息技术类高级职称
信息系统安全保密集成工作的专业技术人员	不少于30人，且其中大学本科(含)以上学历所占比例不低于90%	不少于10人，且其中大学本科(含)以上学历所占比例不低于80%	不少于10人，且其中大学本科(含)以上学历所占比例不低于80%
从事涉密计算机信息系统集成项目管理工作的经理人数	不少于5名	不少于3名	不少于5名

6.1.1.3　安防工程企业资质

安防工程企业资质是由中国安全防范产品行业协会（简称"中安协"）基于安全技术防范行业自律机制，规范从业行为，防范和抵御不法侵害，保护企业合法权益，营造公平、有序、诚信的安防市场环境，所建立的安防工程企业资质评定机制。安防行业协会负责组织资质评定机构，评价安防工程企业的综合能力，确认安防工程企业符合资质标准要求，并提供资质信用保证的活动。

中国安全防范产品行业协会（CHINA SECURITY & PROTECTION INDUSTRY ASSOCIATION，CSPIA）于 1992 年 12 月 8 日在北京成立，是经中华人民共和国民政部登记注册的国家一级社团法人。中国安全防范产品行业协会在业务上受中华人民共和国公安部指导，是跨部门、跨地区、跨所有制的全国性行业组织。协会内设中国安全技术防范认证中心，实施社会公共安全产品的认证工作；协会内设资质评定管理中心，负责行业内工程商企业资质评定管理；协会内设职业资格培训中心，负责对行业从业人员开展从业资格培训。

安防工程是安全防范工程的简称，安全防范行业是一个新兴的行业，安全防范技术、安全防范系统、安全防范工程也是近 20 年来开始面向社会、步入民用的一个新的技术领域。对于传统的安防而言，建筑物（构筑物）本身就是一种重要的物防设施，是安全防范的基础手段之一。各种电子信息产品或网络产品组成的安全技术防范系统（如入侵报警系统、视频安防监控系统、出入口控制系统等），通常是以建筑物为载体的，但它在本质上又属于电子系统工程的范畴。

在国家标准 GB50348—2004《安全防范工程技术规范》中对安全防范工程的定义是，以维护社会公共安全为目的，综合运用安全防范技术和其他科学技术，为建立具有防入侵、防盗窃、防抢劫、防破坏、防爆安全检查等功能（或其组合）的系统而实施的工程。通常也称为技防工程。安全防范技术是一门多学科交叉和融合的综合性应用科学技术，通常包括物理防护技术、电子防护技术和生物统计学防护技术三大技术领域。随着高新技术的发展，特别是信息技术的运用，基于安全防范技术的产品应用越来越广，具备设计和实施能力的安防工程企业越来越多。

1. 资质规定内容

在中安协资[2007] 1 号文件《安防工程企业资质管理办法》中明确指出，安防工程企业资质管理，是指中国安全防范产品行业协会（以下称中安协）依据国家法律、法规和相关政策，在安防行业主管部门的指导下，制定资质管理有关规定，组织实施并监督企业资质评定，推进企业资质有效运用的活动。安防工程企业资质评定，是指中安协从本行业实际出发，制定资质评定标准和管理办法，认定资质评定机构，培训资质评审人员，按照市场规律运作，运用科学评估方法，对要求确认其资质的安防工程企业进行客观、公正的评价，颁发资质证书，发布企业资质信息并予以监督管理的活动。

在中安协资[2007] 2 号文件《安防工程企业资质评定标准》中将安防工程企业资质分为 3 个级别：一级、二级、三级。三级为最低级别。并从资源状况、经营业绩、管理水平、诚信满意程度等方面综合评估安防工程企业的资格和能力。其中根据安防工程特点特别设定安防专业技术人员资格认证，重点考察安全技术防范基础知识和安全防范工程技术规范的掌握情况。

2. 资质等级评定条件

安防工程企业资质等级的评定主要针对以下内容：

（1）安防工程业绩规模。

（2）承担的安全防范工程设计施工项目规模，工程按合同要求通过验收。

（3）技术人员设计、施工和维护能力。

（4）成绩合格的专业技术人员数量，表 6-3 汇总了安防工程企业资质对人员的具体要求。

（5）经过国家造价员专业培训并取得相应资格证书的工程造价员数量。

（6）企业应依法为本企业的员工缴纳各项社会保险费用。

（7）建立保持适合安防工程特点的质量管理体系。

（8）建立并保持安全生产管理制度。

（9）承诺履行并签署《安防企业诚信公约》。安全防范行业诚信的基本原则是：遵纪守法，诚实守信，公平竞争，共同发展。自觉遵守诚信规则，接受中国安全防范产品行业协会监督检查。

表 6-3　安防工程企业资质对人员的要求

	一级	二级	三级
安防专业技术人员	不少于 20 名，并通过中安协组织的统一考试	不少于 10 名，并通过中安协组织的统一考试	不少于 5 名，并通过中安协组织的统一考试
工程造价员	不少于 2 名，须经过国家造价员专业培训并取得相应资格证书	不少于 2 名，须经过国家造价员专业培训并取得相应资格证书	不少于 1 名，须经过国家造价员专业培训并取得相应资格证书

6.1.1.4　安全生产许可证

安全生产许可证是依据《安全生产许可证条例》由国家各主管部门向企业颁发的安全生产许可证件，是一个资格的象征。

《安全生产许可证条例》是为了严格规范安全生产条件，进一步加强安全生产监督管理，防止和减少生产安全事故，国务院根据《中华人民共和国安全生产法》的有关规定，于 2004 年发布实行的。《安全生产许可证条例》是国家对矿山企业、建筑施工企业和危险化学品、烟花爆竹、民用爆破器材生产企业实行安全生产许可制度。条例中明确规定，企业未取得安全生产许可证的，不得从事生产活动。

IT 服务企业在实施信息技术服务中，会涉及到高新技术产品的施工安装，因此针对条例的覆盖对象属于建筑施工企业，在施工前应申请领取安全生产许可证。

1. 资质规定内容

2004 年 7 月，中华人民共和国建设部根据《安全生产许可证条例》、《建设工程安全生产管理条例》等有关行政法规，颁发了面向建筑施工企业的《建筑施工企业安全生产许可证管理规定》，明确建筑施工企业从事建筑施工活动前，应当依照本规定向省级以上建设主管部门申请领取安全生产许可证。按照管理规定中的定义，建筑施工企业，是指从事土木工程、建筑工程、线路管道和设备安装工程及装修工程的新建、扩建、改建和拆除等有关活动的企业。

建筑施工企业安全生产许可证的适用对象为：在中华人民共和国境内从事土木工程、建筑工程、线路管道和设备安装工程及装修工程的新建、扩建、改建和拆除等有关活动，依法取得工商行政管理部门颁发的《企业法人营业执照》，符合《规定》要求的安全生产条件的建筑施工企业。建筑施工企业从事建筑施工活动前，应当按照分级、属地管理的原则，向企业注册地省级以上人民政府建设主管部门申请领取安全生产许可证。建筑施工企业安全生产许可证证书由国家建设部统一印制。

2. 资质评定条件

审核建筑施工企业是否可以取得安全生产许可证，从以下应具备的安全生产条件进行评估：

（1）建立、健全安全生产责任制，制定完备的安全生产规章制度和操作规程。

（2）保证本单位安全生产条件所需资金的投入。

（3）设置安全生产管理机构，按照国家有关规定配备专职安全生产管理人员。

（4）主要负责人、项目负责人、专职安全生产管理人员经建设主管部门或者其他有关部门考核合格。

（5）特种作业人员经有关业务主管部门考核合格，取得特种作业操作资格证书。

（6）管理人员和作业人员每年至少进行一次安全生产教育培训并考核合格。

（7）依法参加工伤保险，依法为施工现场从事危险作业的人员办理意外伤害保险，为从业人员交纳保险费。

（8）施工现场的办公、生活区及作业场所和安全防护用具、机械设备、施工机具及配件符合有关安全生产法律、法规、标准和规程的要求。

（9）有职业危害防治措施，并为作业人员配备符合国家标准或者行业标准的安全防护用具和安全防护服装。

（10）有对危险性较大的分部分项工程及施工现场易发生重大事故的部位、环节的预防、监控措施和应急预案。

（11）有生产安全事故应急救援预案、应急救援组织或者应急救援人员，配备必要的应急救援器材、设备。

（12）法律、法规规定的其他条件。

其中为了使建筑施工企业主要负责人、项目负责人、专职安全生产管理人员（俗称建筑施工企业"三类人员"）具备安全生产知识水平和管理能力，保证建筑施工安全生产，建设部制定了《建筑施工企业主要负责人、项目负责人和专职安全生产管理人员安全生产考核管理暂行规定》，要求建筑施工企业管理人员必须经建设行政主管部门或者其他有关部门安全生产考核，考核合格取得安全生产考核合格证书后，方可担任相应职务。考核中的一个关键内容就是政策和安全规范知识的掌握情况，为此业界推出有针对性的培训和考试，主要内容包括有关安全生产法律法规、政策及建设工程标准、规范；安全生产形势、要求及对策；以及事故案例讨论分析等。

企业分管安全生产工作的不同角色人员考核合格证不同，分别是：

（1）企业主要负责人（A 证）：企业法定代表人或总经理，企业分管安全生产工作的副总经理等。

（2）项目负责人（B 证）：是指取得注册建造师执业资格，由企业法人授权，负责建设工程项目管理的负责人等。

（3）专职安全生产管理人员（C 证）：是指在企业专职从事安全生产管理工作的人员，包括企业安全生产管理机构的负责人及其专职工作人员和施工现场专职安全生产管理人员。

6.1.1.5 建筑智能化工程专业承包资质

智能建筑是一项高科技、高投入的工程，具有技术含量与复杂程度高、投资风险大的特点，稍有不慎会给国家造成巨大损失。为了保证设计质量、水平和效益，规范勘察设计市场行为，加强对建筑智能化工作的管理，中华人民共和国建设部于 20 世纪 90 年代末建立了建筑智能化专项资质管理制度，设立建筑智能化系统设计和系统集成专项工程设计资质认证工作。建筑智能化系统工程，是指新建或已建成的建筑群中，增加通信网络、办公自动化、建筑设备自动化等功能，以及这些系统的集成化管理。凡从事系统工程设计及系统集成的单位，必须持有建筑智能化系统工程设计和系统集成专项资质证书，方可在其资质证书范围内承担建筑智能化系统工程设计和系统集成业务。该资质管理从专业能力上将设计和施工的要求分开，分为如下 3 类：

（1）建筑智能化系统工程设计资质。获得建筑智能化系统工程设计资质的单位可以在资质范围内承担建筑智能化系统工程的可行性研究，设计和设备选型，指导、协调和监督系统集成商所做出的深化系统设计等业务。该资质为建筑智能化设计最高资质，获得该资质即同时获得系统集成资质和子系统集成资质的设计资格，不需再申请后两种资质。对于获得建筑智能化系统工程设计资质的建筑设计单位，鼓励其在充实技术力量的基础上积极开展系统集成或子系统集成的业务。

（2）建筑智能化系统集成资质。获得该资质的单位在工程设计单位总体负责和指导下作深化系统集成设计工作或承担系统集成的业务。获得系统集成专项资质即同时获得子系统集成专项资质的设计资格，不需再申请后一种资质。

（3）建筑智能化子系统集成资质。获得该资质的单位在工程设计单位的指导下作深化单项专业子系统集成设计工作或承担子系统集成的业务。

2006 年国家建设部颁布了《建筑智能化工程设计与施工资质标准》等 4 个设计与施工资质标准的实施办法，办法规定从事建设工程的设计、施工的企业可以申请建筑智能化、消防设施、建筑装饰装修、建筑幕墙工程的设计与施工资质，设计资质和施工资质同时并存，企业既可以申请设计资质，也可以申请施工资质或设计施工一体化资质，并制定了《建筑智能化工程设计与施工资质标准》。取得建筑智能化工程设计与施工资质的企业可以从事各类建设工程中的建筑智能化项目的咨询、设计、施工和设计与施工一体化工程，还可承担相应工程的总承包、项目管理等业务。

目前在 IT 服务中主要相关资质是《建筑智能化系统集成设计专项资质》和《建筑智能化工程专业承包资质》，下面重点介绍这两个资质。

1. 建筑智能化系统集成设计专项资质标准

1）资质规定内容

建筑智能化系统集成设计专项资质设甲、乙两个级别。持有建筑智能化系统集成专项设计资质的企业，可从事各类土木建筑工程及其配套设施的智能化项目的咨询、设计。其中包括：

- 综合布线及计算机网络系统工程。
- 设备监控系统工程。
- 安全防范系统工程。
- 通信系统工程。
- 音响广播会议系统工程。
- 智能卡系统工程。
- 车库管理系统工程。

- 物业综合信息管理系统工程。
- 卫星及共用电视系统工程。
- 信息显示发布系统工程。
- 智能化系统机房工程。
- 相关系统的建筑智能化工程。

不同资质级别的企业可承担资质范围内相应工程总承包、工程项目管理、工程咨询等业务。并可按有关规定承担相应的专项工程设计业务。

甲级：可承担各类建筑智能化系统集成设计项目，其规模和范围不受限制。

乙级：可承担中型及以下的建筑智能化系统集成设计项目。

2）资质等级评定条件

建筑智能化系统集成设计专项资质主要对企业的资历、信誉、技术条件、技术装备及管理水平进行能力评定。主要包括：

- 从事建筑智能化系统集成设计经历和信息系统安全服务的业务规模。
- 承担的建筑智能化系统集成设计项目的数量和规模。
- 完善的管理体系，具备技术、经营、人事、财务、档案等管理制度。
- 主要专业技术人员的专业和数量，应符合表6-4《建筑智能化系统集成设计专项资质主要专业技术人员配备表》中的规定。

表6-4　建筑智能化系统集成设计专项资质主要专业人员配备表

工程设计资质	设计类型与等级		专业设置 (1)自动化	(2)通信信息	(3)计算机	(4)机电一体化	(5)给水排水	(6)暖道空调	(7)机械	总计
			注册专业 电气	电子（电子信息、广播电影电视）						
专项资质	建筑智能化系统设计	甲级	2	3	3	4	2	2	2	2	20
		乙级	1	1	1	1	1	1	1	1	8

2. 建筑智能化工程专业承包资质

1）资质规定内容

建筑智能化工程专业承包企业资质分为一级、二级、三级。一级最高，三级最低。获得建筑智能化工程专业承包资质的企业，可以承接施工总承包企业分包的专业工程或者建设单位按照规定发包的专业工程。专业承包企业可以对所承接的工程全部自行施工，也可以将劳务作业分包给具有相应劳务分包资质的劳务分包企业。

针对不同资质等级的承包工程范围如下：

一级企业：可承担各类建筑智能化工程的施工，工程的规模不受限制。

二级企业：可承担工程造价1200万元及以下的建筑智能化工程的施工。

三级企业：可承担工程造价600万元及以下的建筑智能化工程的施工。

在《建筑智能化工程专业承包企业资质等级标准》中给出的建筑智能化工程包括18种：

- 计算机管理系统工程。
- 楼宇设备自控系统工程。

- 保安监控及防盗报警系统工程。
- 智能卡系统工程。
- 通信系统工程。
- 卫星及共用电视系统工程。
- 车库管理系统工程。
- 综合布线系统工程。
- 计算机网络系统工程。
- 广播系统工程。
- 会议系统工程。
- 视频点播系统工程。
- 智能化小区综合物业管理系统工程。
- 可视会议系统工程。
- 大屏幕显示系统工程。
- 智能灯光、音响控制系统工程。
- 火灾报警系统工程。
- 计算机机房工程。

2）资质等级评定条件

建筑智能化工程承包企业资质等级的评定主要针对以下内容：

- 建筑智能化工程业绩规模。
- 承担的建筑智能化工程施工项目规模，工程按合同要求通过验收。
- 技术人员设计、施工和维护能力。
- 成绩合格的专业技术人员数量，表 6-5 汇总了建筑智能化工程专业承包企业资质对人员的具体要求。
- 具有运行良好的质量管理体系，和有关技术、安全、经营、人事、财务、档案等管理制度。
- 具有与承包工程范围相适应的施工机械和质量检测设备。

表 6-5　建筑智能化工程专业承包企业资质对人员的要求

	一级	二级	三级
企业负责人	具有 10 年以上从事工程管理工作经历或具有高级职称	具有 5 年以上从事工程管理工作经历或具有中级以上职称	具有 5 年以上从事工程管理工作经历
总工程师	具有 10 年以上从事施工管理工作经历并具有相关专业高级职称	具有 5 年以上从事施工管理工作经历并具有相关专业中级职称	具有 5 年以上从事施工管理工作经历并具有相关专业中级职称
总会计师	具有中级以上会计职称	具有初级以上会计职称	具有初级以上会计职称
专业技术人员	有职称的工程技术和经济管理人员不少于 100 人，其中工程技术人员不少于 60 人，工程技术人员中，具有高级职称的人员不少于 5 人，具有中级职称的人员不少于 20 人	有职称的工程技术和经济管理人员不少于 50 人，其中工程技术人员不少于 30 人；工程技术人员中，具有高级职称的人员不少于 3 人，具有中级职称的人员不少于 10 人	有职称的工程技术和经济管理人员不少于 20 人，其中工程技术人员不少于 12 人；工程技术人员中，具有高级职称的人员不少于 1 人，具有中级职称的人员不少于 4 人
项目经理	一级项目经理不少于 5 人	二级以上项目经理不少于 8 人	三级以上项目经理不少于 3 人

6.1.1.6 通信信息网络系统集成企业资质

通信信息网络系统集成企业资质是原国家信息产业部为了适应通信信息网络建设的需要，保证通信信息网络系统集成工程的质量，于 2001 年制定并发布了《通信信息网络系统集成企业资质管理办法》。管理办法中指出，通信信息网络包括通信网和计算机网。通信信息网络系统集成是指从事通信信息网络建设总体方案策划、设计、设备配置与选型、软件开发、工程实施、工程后期的运行保障等活动的实施过程。通信信息网络系统集成业务范围包括通信业务网络、电信支撑网络和电信基础网络。

通信业务网络：包括各种网络业务节点和由业务节点组成的网络，如：电话交换网、智能网、数据网、多媒体网等；

电信基础网络：包括各种传输网络，如：光缆、微波通信、卫星通信、接入网等；

电信支撑网络：包括支撑电信网的各种网络或系统，如：网管系统、信令网、同步网、计费系统、呼叫系统、呼叫中心、数据中心等。

1. 资质规定内容

资质管理办法规定，从事通信信息网络系统集成业务的企业，必须按照本办法取得《通信信息网络系统集成企业资质证书》，方可进行通信信息网络系统集成建设活动。通信信息网络系统集成建设单位，应选择具有《通信信息网络系统集成资质证书》的企业承建通信信息网络系统工程。

通信信息网络系统集成资质按专业分类划分为：通信业务网络系统集成、电信支撑网络系统集成、电信基础网络系统集成等。

通信信息网络系统集成企业资质分为甲、乙、丙 3 个级别，不同级别的通信信息网络系统集成企业资质所承担的业务范围如下：

（1）甲级。可在全国范围内承担各种规模的通信业务网络系统集成、电信支撑网络系统集成、电信基础网络系统集成业务。

（2）乙级。在全国范围内承担下列规模业务：

● 通信业务网络系统集成专业：承担 2000 万元以下工程项目。

● 电信支撑网络系统集成专业：承担 2000 万元以下工程项目。

● 电信基础网络系统集成专业：承担 1000 万元以下工程项目。

（3）丙级。在全国范围内承担下列规模业务：

● 通信业务网络系统集成专业：承担 1000 万元以下工程项目。

● 电信支撑网络系统集成专业：承担 1000 万元以下工程项目。

● 电信基础网络系统集成专业：承担 500 万元以下工程项目。

2. 资质等级评定条件

通信信息网络系统集成企业资质的评定分别从企业人员素质、专业技能、管理水平、资金情况、承担过的工程业绩等方面进行综合能力评定，评定主要针对以下内容：

（1）从事通信信息网络系统集成业务规模。

（2）承担的通信信息网络系统集成工程项目规模。

（3）所完成的项目内容的覆盖面，包括从总体方案策划、设计、设备配置与选型、软件开发、工程实施及工程后期的运行保障等活动。

（4）技术人员在通信信息网络系统集成能力。

（5）具有通信工程概预算资格的专业人员数量。

（6）具有通信管理局核发的《安全生产考核合格证书》人员数量，表 6-6 汇总了通信信息网络系统集成企业资质对人员的具体要求。

（7）具有符合通信信息网络系统集成的技术装备等。

表 6-6　通信信息网络系统集成企业资质对人员的要求

	甲级	乙级	丙级
企业负责人	应当具有中级以上（含中级）职称或者同等专业水平	具有中级及以上职称	具有中级及以上职称
技术负责人	应获得高级技术职称	具有中级及以上技术职称	具有中级及以上技术职称
专职从事系统集成工作的人员	具有初级以上职称的工程技术和经济管理人员不少于 80 人；职称比例：高级（或硕士毕业 3 年以上）/中级/初级=15/35/25	具有初级以上职称的工程技术和经济管理人员不少于 60 人；职称比例：高级（或硕士毕业 3 年以上）/中级/初级=10/25/20	具有初级以上职称的工程技术和经济管理人员不少于 35 人；职称比例：高级（或硕士毕业 3 年以上）/中级/初级=3/15/15
	具有初级以上经济系列职称人员 5 人以上	具有初级以上经济系列职称人员 5 人以上	具有初级以上经济系列职称人员不少于 2 人
具有通信工程项目经理证书人员	不少于 15 名	不少于 10 名	不少于 5 名
具有通信工程概预算资格人员	20 人以上	15 人以上	8 人以上
安全生产管理人员	A 类人数不少于 4 人；B 类人数不少于 30 人；C 类人数不少于 8 人	A 类人数不少于 3 人；B 类人数不少于 15 人；C 类人数不少于 6 人	A 类人数不少于 2 人；B 类人数不少于 10 人；C 类人数不少于 4 人

6.1.1.7　质量管理体系认证

管理体系是组织建立方针和目标并实现这些目标的体系。质量管理体系是在质量方面指挥和控制组织的管理体系。任何组织当管理与质量有关时，则为质量管理。质量管理是在质量方面指挥和控制组织的协调活动，通常包括制定质量方针、目标以及质量策划、质量控制、质量保证和质量改进等活动。实现质量管理的方针目标，有效地开展各项质量管理活动，必须建立相应的管理体系，这个体系就叫质量管理体系。

在现代企业管理中，ISO9001 质量管理体系是企业普遍采用的质量管理体系。它指导企业按标准要求建立质量管理体系，形成文件，加以实施和保持，并持续改进其有效性。

质量管理体系认证大体分为两个阶段：一是认证的申请和评定阶段，其主要任务是受理并对接受申请的供方质量管理体系进行检查评价，决定能否批准认证和予以注册，并颁发合格证书。二是对获准认证的供方质量管理体系进行日常监督管理阶段，目的是使通过认证的企业在认证有效期内持续履行质量管理体系标准的要求。

1. 质量管理体系认证的基本特点

独立的第三方质量管理体系认证诞生于 20 世纪 70 年代后期，它是从产品质量认证中演变出来的。质量管理体系认证具有以下特点。

1）认证的对象是供方的质量管理体系

质量管理体系认证的对象不是该企业的某一产品或服务，而是质量管理体系本身。当然，质量管理体系认证必然会涉及到该体系覆盖的产品或服务，有的企业申请包括企业各类产品或服务在内的总的质量管理体系的认证，有的申请只包括某个或部分产品（或服务）的质量管理体系认证。尽管涉及产品的范围有大有少，而认证的对象都是供方的质量管理体系。

2）认证的依据是质量保证标准

进行质量管理体系认证，往往是供方为了对外提供质量保证的需要，因此认证依据是有关质量保证的要求。为了使质量管理体系认证能与国际做法达到互认接轨，供方通常选用 ISO9001、ISO9002、ISO9003 标准中的一项。

3）认证的机构是第三方质量管理体系评价机构

要使供方质量管理体系认证能有公正性和可信性，认证必须由与被认证单位（供方）在经济上没有利害关系，行政上没有隶属关系的第三方机构来承担。而这个机构除必须拥有经验丰富、训练有素的人员、符合要求的资源和程序外，还必须以其优良的认证实践来赢得政府的支持和社会的信任，具有权威性和公正性。

4）认证获准的标识是注册和发给证书

按规定程序申请认证的质量管理体系，当评定结果判为合格后，由认证机构对认证企业给予注册和发给证书，列入质量管理体系认证企业名录，并公开发布。获准认证的企业，可在宣传品、展销会和其他促销活动中使用注册标志，但不得将该标志直接用于产品或其包装上，以免与产品认证相混淆。注册标志受法律保护，不得冒用与伪造。

5）认证是企业自主行为

质量管理体系认证主要是为了提高企业的质量信誉和扩大销售量，一般是企业自愿，主动地提出申请，是属于企业自主行为。但是不申请认证的企业，往往会受到市场自然形成的不信任压力或贸易壁垒的压力，而迫使企业不得不争取进入认证企业的行列，但这不是认证制度或政府法令的强制作用。

2. 质量管理体系认证的基本条件

企业要取得质量管理体系认证，主要应做好两方面的工作：一是建立健全质量保证体系，二是做好与体系认证直接有关的各项工作。建立质量保证体系应从质量职能分配入手，编写质量保证手册和程序文件，贯彻手册和程序文件，做到质量记录齐全。与体系认证直接有关的各项工作包括：

- 全面策划，编制体系认证工作计划。
- 掌握信息，选择认证机构。
- 与选定认证机构洽谈，签订认证合同或协议。
- 送审质量保证手册。
- 做好现场检查迎检的准备工作。
- 接受现场检查，及时反馈信息。
- 对不符合项组织整改。
- 通过体系认证取得认证证书。
- 继续优化完善质量体系。

企业取得体系认证的 3 项关键是领导重视、正确的策划以及部门和全体员工积极的参与。在质量管理体系认证的准备中有几项工作非常关键，下面给出特别说明。

1）质量体系文件的编制

质量管理体系文件结构如图 6-1 所示。

（1）质量手册（QM）：主要功能是将管理层的质量方针及目标以文件形式告诉全体员工或顾客。是为了确保质量而说明"做了哪些工作以保证质量"。

（2）程序文件（QP）：是指导员工如何进行及完成质量手册内容所表达的方针及目标的文件。

（3）作业指导书（WI）：详细说明特定作业是如何运作的文件。

图 6-1　质量管理体系文件结构

（4）记录表格（F）：是用于证实产品或服务是如何依照所定要求运作的文件。

在质量体系文件的编制内容和要求上，应关注以下内容：

- 质量体系文件的编制应结合企业的质量职能分配进行。按所选择的质量体系要求，逐个展开为各项质量活动（包括直接质量活动和间接质量活动），将质量职能分配落实到各职能部门。质量活动项目和分配可采用矩阵图的形式表述，质量职能矩阵图也可作为附件附于质量手册之后。
- 为了使所编制的质量体系文件做到协调、统一，在编制前应制订"质量体系文件明细表"，将现行的质量手册（如果已编制）、企业标准、规章制度、管理办法以及记录表式收集在一起，与质量体系要素进行比较，从而确定新编、增编或修订质量体系文件项目。
- 为了提高质量体系文件的编制效率，减少返工，在文件编制过程中要加强文件的层次间、文件与文件间的协调。尽管如此，一套质量好的质量体系文件也要经过自上而下和自下而上的多次反复。
- 编制质量体系文件的关键是讲求实效，不走形式。既要从总体上和原则上满足ISO9000 族标准，又要在方法上和具体做法上符合本单位的实际。

2）质量管理体系的试运行

质量体系文件编制完成后，质量管理体系将进入试运行阶段。其目的是通过试运行，检查质量体系文件的有效性和协调性，并对暴露出的问题，采取改进和纠正措施，以达到进一步完善质量体系文件的目的。

在质量管理体系试运行过程中，要重点抓好以下工作：

- 有针对性地宣传质量管理体系文件，使全体员工切实贯彻质量体系要求。
- 实践是检验真理的唯一标准。应要求全体员工对实践中出现的问题和改进意见如实反映给有关部门，以便采取纠正措施。
- 加强信息管理，不仅是体系试运行本身的需要，也是保证试运行成功的关键。所有与质量活动有关的人员都应按体系文件要求，做好质量信息的收集、分析、传递、反馈、处理和归档等工作。

3）质量管理体系的审核与评审

质量管理体系审核在体系建立的初始阶段往往更加重要。在这一阶段，质量管理体系审核的重点，主要是验证和确认体系文件的适用性和有效性。

审核与评审的主要内容一般包括：

- 规定的质量方针和质量目标是否可行。
- 体系文件是否覆盖了所有主要质量活动，各文件之间的接口是否清楚。
- 组织结构能否满足质量管理体系运行的需要，各部门、各岗位的质量职责是否明确。
- 质量管理体系要素的选择是否合理。
- 规定的质量记录是否能起到见证作用。
- 所有员工是否养成了按体系文件操作或工作的习惯，执行情况如何。

体系正常运行时的体系审核重点在符合性，在试运行阶段，通常是将符合性与适用性结合起来进行。为了使问题尽可能地在试运行阶段暴露无遗，除组织审核组进行正式审核外，还应有广大员工的参与，鼓励他们通过试运行的实践，发现和提出问题。在试运行中要对所有要素审核覆盖一遍，在试运行的每一阶段结束后，一般应正式安排一次审核，以便及时对发现的问题进行纠正，对一些重大问题也可根据需要，适时地组织审核。在内部审核的基础上，由最高管理者组织一次体系评审。

应当强调，质量管理体系是在不断改进中行以完善的，质量管理体系进入正常运行后，仍然要采取内部审核，管理评审等各种手段以使质量管理体系能够保持和不断完善。

6.1.1.8　信息技术运行维护服务认证

按照 GB/T 22032-2008 的规定，信息技术运行维护是信息系统全生命周期中的重要阶段，主要提供维护、后勤和对系统的运行和使用的其他支持。本阶段包括对支持系统和服务的性能监视，以及识别、分类并报告支持系统和服务的反常、缺陷和故障。具体的运行维护服务内容如图 6-2 所示。

图 6-2　运行维护服务对象和内容

图中所示运行维护服务对象是运行维护服务的受体，是运行维护服务供方按服务需求所提供的运行维护服务相关的信息技术资产，运行维护服务可以以应用系统为对象，也可以以信息技术基础设施的组成要素为对象来组织。运行维护服务对象包括应用系统、基础环境、网络平台、硬件平台、软件平台、数据等。

运行维护服务内容根据其工作目标、工作内容、交付结果分为四大类，包括：

● 例行操作服务，是供方提供的预定的例行服务，以及时获得运行维护服务对象状态，发现并处理潜在的故障隐患。

● 响应支持服务，是供方接到需方服务请求或故障申告后，在 SLA 的承诺内尽快降低和消除对需方业务的影响。

● 优化改善服务，是供方为适应需方业务要求，通过提供调优改进服务，达到提高运行维护服务对象性能或管理能力的目的。

● 咨询评估服务，是供方结合需方业务需求，通过对运行维护服务对象的调研和分析，提出咨询建议或评估方案。

信息系统运行维护服务能力评估是 2009 年年初由中国软件评测中心（CSTC）推出并试运行，为支持国家信息化发展战略的落实，协助政府部门的行业管理，促进 IT 市场的有序竞争，中国软件评测中心经过广泛调查，深入研究，开发了一系列的信息技术服务能力评估标准。"信息系统运行维护服务能力评估标准"就是为顺应运行维护服务行业发展，切合运行维护服务市场需求而开发的评估标准之一。通过中国软件评测中心组织的评审，对符合评估标准的企业授予信息系统运行维护服务能力等级资质。

2009 年 4 月，工业和信息化部软件服务业司组织成立信息技术服务标准工作组（ITSS），由政府主导，龙头企业牵头，行业主要企业参与制定中国信息技术服务标准。其中运行维护标准专业组吸纳业界所长，制定的适应我国信息技术服务市场需求的运行维护标准体系，给出了作为运行维护服务供方的准入标准，从运行维护服务需求和质量要求角度，提出了运行维护组织提供运行维护服务的基本条件和能力要求，并考虑如何评判运行维护服务组织的能力。

该领域拟制定的标准如图 6-3 所示。

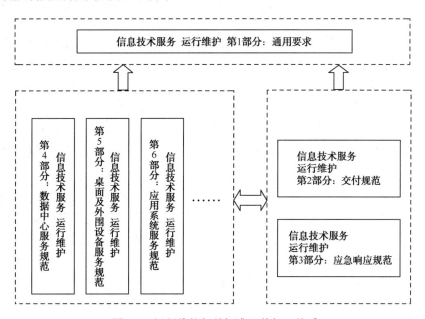

图 6-3 运行维护相关标准及其相互关系

其中《信息技术服务 运行维护 第1部分：通用要求》标准为综合评估是服务供方运行维护服务能力提供衡量的标准，也是IT运行维护服务能力评估的依据。

1. 资质规定内容

《信息技术服务运行维护通用要求》规定了服务组织应具备的条件和能力。在确认组织是否有能力实施运行维护服务方面，通用要求从人员、技术、资源和流程4个角度出发，给出了能够综合评判服务提供组织或机构运行维护服务能力的管理类技术标准。标准规定了运行维护服务供方应具备的条件和能力，并给出了评估的关键指标和可参考的评估要素。

信息技术服务能力包括两个维度的内容，一是由人员、资源、技术和过程组成的运行维护服务核心能力要素，每个要素通过关键指标反映运行维护服务的能力；二是供方运行维护服务能力持续改进与提升的过程，即在运行维护服务提供过程中，通过系统的策划、实施、检查、改进实现能力的持续提升。

2. 资质等级评定条件

目前资质的等级评定正在筹备过程中。

6.1.1.9 信息安全服务认证

信息系统安全服务资质由中国国家信息安全测评认证中心及其授权测评机构进行评估，由中国国家信息安全测评认证中心进行认证。中国国家信息安全测评认证中心（简称CNITSEC）是经中央批准成立、代表国家开展信息安全测评认证的职能机构，依据国家有关产品质量认证和信息安全管理的政策、法律、法规，管理和运行国家信息安全测评认证体系。其总体目标是确保信息安全产品与信息系统的安全。

信息系统安全服务资质评估对象是提供信息安全服务的组织，包括信息安全工程的设计、施工及其相关的咨询和培训组织。对信息系统服务提供者的资格状况、技术实力和实施安全工程过程质量保证能力等方面的具体衡量和评价。资质等级的评定，是依据《信息系统安全服务资质评估准则》，在基本资格和能力水平、安全工程项目的组织管理水平、安全工程基本过程的实施和控制能力等方面的单项评估结果基础上，针对不同的服务种类、对各方面能力进行综合考虑后确定，由中国信息安全产品测评认证中心给予相应的资质级别认证。该资质认证有助于信息安全提供商提高自身能力，规范管理与技术，扩大服务商的影响；服务资质认证是需方选择的依据，可以提高需方对服务商的信任度。

1. 资质规定内容

信息系统安全服务资质等级反映了组织的信息系统安全服务资格、水平和能力。资质等级划分为五级，由一级到五级依次递增，一级是最基本级别，五级为最高级别。

安全工程过程能力级别是评定信息系统安全服务组织资质的主要依据，标志着服务组织提供给客户的安全服务专业水平和质量保证程度。信息系统工程的过程能力级别按照成熟度排序，表示依次增加的组织能力。在《信息系统安全服务资质评估准则》中将信息系统安全服务组织的工程能力分为5个级别：

一级：基本执行级。

二级：计划跟踪级。

三级：充分定义级。

四级：量化控制级。

五级：连续改进级。

安全工程过程能力以及项目和组织过程能力级别的高低，标志着从事安全服务组织的能力成熟程度，即已完成过程的管理和制度化程度的高低。与按照规模大小评定资质能力的方式不同，按照成熟度评估能力有一个明确的能力台阶，比如二级为计划跟踪级，相比于一级的基本执行级，它更注重安全工程项目执行的规范化、标准化与文档化，以及在整个工程过程中对执行的持续跟踪与纠正。

申请信息系统安全服务资质等级认证的组织需要符合相应安全过程能力以及项目和组织过程能力级别。

（1）安全过程能力包括：

● 评估系统面临的安全威胁。

● 评估系统的脆弱性。

● 评估安全对系统的影响。

● 评估系统的安全风险。

● 确定系统的安全需求。

● 为系统提供必要的安全信息。

● 管理系统的安全控制。

● 监测系统的安全状况。

● 安全协调。

● 检验并证实安全性。

● 建立并提供安全性保证证据。

（2）项目和组织过程能力包括：

● 质量保证。

● 管理配置。

● 管理项目风险。

● 监控技术活动。

● 规划技术活动。

● 定义组织的系统工程过程。

● 改进组织的系统工程过程。

● 管理产品系列进化。

● 管理系统工程支持环境。

● 提供不短发展的技能和知识。

● 与供应商协调。

2. 资质等级评定条件

信息安全服务资质的申请者要在组织与管理、技术能力、人员构成与素质、设备、设施与环境、规模与资产、业绩几个方面符合相应的评估标准。评定主要针对以下内容：

（1）从事信息系统安全服务的业务规模。

（2）承担的信息系统安全服务项目规模。

（3）具备为持续的信息系统安全服务提供保证的组织机构和管理体系。

（4）具有专业从事信息系统安全服务的队伍和相应的质保体系。

（5）从事安全服务的所有成员要签订保密合同，并遵守有关法律法规。

（6）技术能力要求，包括：

- 了解信息系统技术的最新动向，有能力掌握信息系统的最新技术。
- 具有不断的技术更新能力。
- 具有对信息系统面临的安全威胁、存在的安全隐患进行信息收集、识别、分析和提供防范措施的能力。
- 能根据对用户信息系统风险的分析，向用户建议有效的安全保护策略及建立完善的安全管理制度。
- 具有对发生的突发性安全事件进行分析和解决的能力。
- 具有对市场上的信息系统产品进行功能分析，提出安全策略和安全解决方案及安全产品的系统集成能力。
- 具有根据服务业务的需求开发信息系统应用、产品或支持性工具的能力。
- 具有对集成的信息系统进行检测和验证的能力。
- 有能力对信息系统系统进行有效的维护。
- 有跟踪、了解、掌握、应用国际、国家和行业标准的能力。
- 具有注册信息安全专业人员（CISP）的人员数量。
- 具有符合实施相关服务必需的开发、生产和测试环境和技术装备。

6.1.1.10　国家认可的测试实验室

实验室国家认可是由中国合格评定国家认可委员会（英文简称 CNAS）对该实验室有能力进行规定类型的检测所给予的一种正式承认。中国合格评定国家认可委员会（China National Accreditation Service for Conformity Assessment，CNAS），是根据《中华人民共和国认证认可条例》的规定，由国家认证认可监督管理委员会批准设立并授权的唯一国家认可机构，统一负责实施对认证机构、实验室和检查机构等相关机构的认可工作。

实验室认可是确定实验室从事特定类型检测、测量和校准技术能力的一种方式，它为有能力的实验室提供正式承认，从而为客户识别、选择能够满足自身需要的、可靠的检测、测量、校准服务提供了简便的方式。

我国从 80 年代既开始了实验室认可工作，截止 2010 年 6 月底累计认可实验室 4081 家，其中检测实验室 3471 家、校准实验室 508 家、医学实验室 52 家、生物安全实验室 26 家、标准物质生产者 4 家、能力验证提供者 20 家。实验室得到国家认可后，对内可以提高实验室的管理水平与技术能力，增强实验室人员的信心，降低检测的风险；对外可以提高实验室的权威性与可信度。实验室所出具的检测报告可以加盖"CNAS"签章以及国际互认标志，这类检测报告目前被全球 50 个国家/地区 65 个机构所承认，从而真正达到了一次检测、全球通认的效果。随着社会各界对实验室认可益处的不断认识，一些大型企业已经对其供应商的质检部门提出实验室认可的要求。目前，实验室认可已经成为社会各类实验室对外证明其能力的最重要的途径。

2006 年国家质量监督检验检疫总局正式发布了《实验室和检查机构资质认定管理办法》，

从而规范实验室和检查机构资质管理工作。管理办法中明确指出，实验室和检查机构资质，是指向社会出具具有证明作用的数据和结果的实验室和检查机构应当具有的基本条件和能力。在中华人民共和国境内，从事向社会出具具有证明作用的数据和结果的实验室和检查机构以及对其实施的资质认定活动应当遵守本办法。同时明确由国家认证认可监督管理委员会（简称国家认监委）和各省、自治区、直辖市人民政府质量技术监督部门对实验室和检查机构的基本条件和能力是否符合法律、行政法规规定以及相关技术规范或者标准实施认证。

1. 资质规定内容

资质认定的形式包括计量认证和审查认可。

计量认证是指国家认监委和地方质检部门依据有关法律、行政法规的规定，对为社会提供公证数据的产品质量检验机构的计量检定、测试设备的工作性能、工作环境和人员的操作技能和保证量值统一、准确的措施及检测数据公正可靠的质量体系能力进行的考核。

审查认可是指国家认监委和地方质检部门依据有关法律、行政法规的规定，对承担产品是否符合标准的检验任务和承担其他标准实施监督检验任务的检验机构的检测能力以及质量体系进行的审查。

国家鼓励实验室、检查机构取得经国家认监委确定的认可机构的认可，以保证其检测、校准和检查能力符合相关国际基本准则和通用要求，促进检测、校准和检查结果的国际互认。

2. 资质评定条件

实验室认可能力要求分为两大部分：管理要求和技术要求，指导实验室建立质量管理和技术体系并控制其运作。

管理要求的 15 项要求由两大过程构成：管理职责、体系的分析。

技术要求的 10 项要求也分为两大过程：资源保证、检测/校准的实现。

技术要求与管理要求的共同目的是实现质量体系的持续改进。实验室必须按照要求建立和保持能够保证其公正性、独立性并与其检测和/或校准活动相适应的管理体系。管理体系必须形成文件，阐明与质量有关的政策，包括质量方针、目标和承诺，使所有相关人员理解并有效实施。实验室还必须建立并保持文件编制、审核、批准、标识、发放、保管、修订和废止等的控制程序，确保文件现行有效。

在 IT 服务中，通过 CNAS 认可的软件测试实验室，表明具备一定的软件测评能力，可以进行验收测试、功能测试、性能测试、可靠性测试、标准符合性测试等多方面的软件检测。

6.1.2 公司级资质与认证

6.1.2.1 CISCO

CISCO 的名字取自 San Francisco，那里有座闻名于世界的金门大桥。可以说，依靠自身的技术和对网络经济模式的深刻理解，思科成为了网络应用的成功实践者之一。与此同时思科正在致力于为无数的企业构筑网络间畅通无阻的"桥梁"，并用自己敏锐的洞察力、丰富的行业经验、先进的技术，帮助企业把网络应用转化为战略性的资产，充分挖掘网络的能量，获得竞争的优势。

思科公司是全球领先的网络解决方案供应商。今天，网络作为一个平台成为商业、教育、政府和家庭通信不可或缺的一部分，思科的互联网技术正是这些网络的基础。思科于 1994 年进入中国市场，目前在中国分别从事销售、客户支持和服务、研发、业务流程运营和 IT 服务外包、思科融资及制造等工作领域。

思科的经销渠道计划使合作伙伴能够通过增强自身的能力来满足客户需求，从而促进增长并实现竞争优势。思科通过该计划的专业化认证和认证考试认可合作伙伴的技术能力。

1. 思科对合作伙伴的分类

思科渠道合作伙伴认证计划是通过专业化认证、个人职业认证要求、客户满意度目标和售前、售后支持能力的实践，认可合作伙伴的技术能力。认证等级建立在专业化认证的基础之上，它明确地定义了各个等级及其合作伙伴能够为客户提供的价值。每个认证等级具有不同的专业化认证要求。

思科共提供 3 个合作伙伴认证等级：

- 金牌认证合作伙伴。
- 银牌认证合作伙伴。
- 高级认证代理商。

个人职业认证由专业化认证的角色要求决定，专业化认证的角色要求中规定了不同等级的合作伙伴在每项专业化认证中需要的专任职务角色和总人数。

思科对渠道合作伙伴的认证反映了合作伙伴在关键技术领域的技能广度，确保合作伙伴能够提供集成化的网络解决方案。3 个认证级别对应着不同数量和种类的技术专业化认证。每个认证级别在以下方面有具体的要求：

- 销售、技术和生命周期服务培训领域的专业化认证。
- 持有认证资格的个人的数量。
- 与每个认证级别相关的服务与支持能力。
- 认证级别所要求的客户满意度评分。

2. 思科专业化认证

思科专业化认证反映了合作伙伴在某个特定技术领域的技能深度。专业化认证有四个级别：Entry，Express，Advanced 和 Master，其中 Entry 最低，Master 最高。每个认证都比前一个认证要求更高的销售、技术和生命周期服务能力。专业化认证关注于具体的技术领域，通过获得专业化认证资格，合作伙伴可以据此证明他们在某个特定的技术领域拥有专业的销售、技术和生命周期服务经验，并且有能力帮助客户规划、设计、实施并运行业务解决方案。

针对 3 种不同级别合作伙伴的专业化认证要求如下。

1）高级认证代理商资格

需要具有 Express Foundation 专业化认证资格。Express Foundation 可以加强合作伙伴在路由、交换、无线局域网和安全技术集成方面的能力。

2）银牌认证合作伙伴资格

需要具有 Express Foundation 专业化认证资格，以及下面两个选项之一：

- 任意两个高新技术专业化认证资格。
- Express Unified Communications 专业化认证和一个高新技术专业化认证（不包括

Advanced Unified Communications 专业化认证）。

3）金牌认证合作伙伴资格

需要下列 4 项专业化认证资格：

● Advanced Routing and Switching。

● Advanced Security。

● Advanced Unified Communication。

● Advanced Wireless LAN Specialization。

认证级别每提高一级，思科会为合作伙伴提供更高一级的支持、品牌服务和经济激励，包括使用的产品和服务、技术支持、生产率工具、在线培训、营销资源和促销计划。

渠道合作伙伴销售思科产品是有限制的，基本渠道销售模式是：

（1）金牌合作伙伴和银牌合作伙伴只能向最终用户销售思科产品，不得向授权经销商或分销总代理销售产品。

（2）思科分销总代理只能销售思科产品给授权经销商，不得向最终用户销售产品；分销总代理可以销售思科高、中、低端产品，高端备货要求须根据思科相应渠道政策实施。

（3）二级代理商只可以向思科公司指定的 3 家总代理商购买思科产品。

6.1.2.2　IBM

IBM，即国际商业机器公司，1911 年创立于美国，是全球最大的信息技术和业务解决方案公司，其业务遍及 170 多个国家和地区。随着中国改革开放的不断深入，20 世纪 80 年代中后期，IBM 先后在北京、上海设立了办事处。1992 年，IBM 在北京正式宣布成立国际商业机器中国有限公司。IBM 公司的主要产品包括服务器、存储、软件、零售终端和打印机等，IBM 为计算机产业长期的领导者，在大型/小型机和便携机方面的成就最为瞩目。IBM 还在大型机，超级计算机（主要代表有深蓝和蓝色基因），UNIX，服务器方面领先业界，其创立的个人计算机（PC）标准，至今仍被不断的沿用和发展。

IBM 的服务器制造历史悠久，推出的服务器有 BladeCenter 刀片服务器、群集服务器、UNIX 服务器、Linux 服务器、OpenPower 服务器、POWER 处理器的服务器、基于英特尔架构的服务器、基于 AMD 架构的服务器、大型机服务器、Power System 服务器。IBM 的软件整合有五大软件品牌，包括 Lotus 协作办公软件、Rational 开发软件、Tivoli 服务管理软件、WebSphere 应用系统和整合软件、IOD 信息管理软件等，在各自方面都是软件界的领先者或强有力的竞争者。

1. IBM 对合作伙伴的分类

IBM 对合作伙伴的分类见表 6-7。

表 6-7　IBM 对合作伙伴的分类

IBM 代理商资格名称			允许向 IBM 下单的范围	允许销售的对象
按签约合作伙伴身份分类	DIZZ（总代理）	DIZZ（总代理）	根据与 IBM 签订的 BPA 合作伙伴代理协议中批准的产品线范围下单，各有不同。有的 DIZZ 也有 SP 身份	非最终用户
		SP（解决方案供应商）		最终用户
	SP（解决方案供应商）			

IBM 代理商资格名称		允许向 IBM 下单的范围	允许销售的对象
按 IBM Partner World 成员级别分类	Premier（顶级合作伙伴）	根据与 IBM 签订的 BPA 合作伙伴代理协议中批准的产品线范围下单，各有不同	—
	Advance（高级合作伙伴）		
	Member（成员级合作伙伴）		
按业务模型分类	SI（咨询公司和系统集成商）	根据与 IBM 签订的 BPA 合作伙伴代理协议中批准的产品线范围下单，各有不同	—
	ISV（独立软件开发商）		
	Reseller（经销商）		

2. IBM 业务合作伙伴技术认证

IBM 对业务合作伙伴的技术认证要求见表 6-8。

表 6-8　IBM 对业务合作伙伴的技术认证要求

品　牌	数　量	类　型	考　试　号	认　证　名　称
Power Systems with IBM i	1	Sales	973	IBM Certified Specialist - Power Systems Sales for IBM i Operating System
	1	Technical	974	IBM Certified Specialist - Power Systems Technical Support for i
Power Systems with IBM p	1	Sales	331	IBM Certified Specialist - Power Systems Sales for AIX and Linux
	1	Technical	330	IBM Certified Specialist - Power Systems Technical Support for AIX and Linux
Storage	1	Sales	743	IBM Certified Specialist - Storage Sales Version 7
			748	IBM Certified Specialist - Storage Sales Version 8
			960	IBM Certified Specialist - IBM Storage Sales Version 9
			200	IBM Certified Specialist - Storage Sales Combined V1
	1	Technical	741	IBM Certified Specialist - High End Disk Solutions Version 4
			746	IBM Certified Specialist - High End Disk Solutions Version 5
			205	IBM Certified Specialist - High-End Disk for Mainframe Version 6
			385	IBM Certified Specialist - High End Tape Solutions Version 3
			749	IBM Certified Specialist - High End Tape Solutions Version 4
			207	IBM Certified Specialist - High-End Tape Solutions Version 5
			742	IBM Certified Specialist - Open Systems Storage Solutions Version 4
			747	IBM Certified Specialist - Open Systems Storage Solutions Version 5
			208	IBM Certified Specialist - Open Systems Storage Solutions Version 6
			111	IBM Certified Specialist - Distributed Systems Storage Solutions Version 7
			389	IBM Certified Specialist - IBM TotalStorage Networking and Virtualization Architecture Version 2
			740	IBM Certified Specialist - Storage Networking Solutions V1
			745	IBM Certified Specialist - Storage Networking Solutions V2
			204	IBM Certified Specialist - Storage Networking Solutions Version 3
			210	IBM Certified Specialist - Storage Networking Solutions Version 4
			206	IBM Certified Specialist - High-End Disk for Open Systems Version 1
			201	IBM Certified Specialist- Midrange Storage Technical Support V1
			202	IBM Certified Specialist- Storage Enterprise Technical Support V1

6.1.2.3　HP

惠普公司 Hewlett-Packard 创建于 1939 年，总部位于加州硅谷 Palo Alto 市。两位年轻的发明家比尔·休利特（Bill Hewlett）和戴维·帕卡德（David Packard），以手边仅有的 538 美元，怀着对未来技术发展的美好憧憬和发明创造的激情创建了 HP 公司，开始了硅谷的创新之路。2002 年与康柏公司合并，是全球仅次于 IBM 的计算机及办公设备制造商。其主要产品涵盖信息技术基础设施、个人计算与接入设备、全球服务的图像与打印设备，包括台式计算机与工作站、笔记本电脑与平板电脑、打印与多功能一体机、掌上电脑、投影仪、扫描仪、数字影像、存储设备、服务器、网络设备、耗材与附件等。

中国惠普有限公司成立于 1985 年，是中国第一家中美合资的高科技企业（与原电子工业部合资）。中国惠普公司总部位于北京，目前已在国内设立了九大区域总部、37 个支持服务中心、超过 200 个金牌服务网点、惠普商学院、惠普 IT 管理学院和惠普软件工程学院。中国惠普业务范围涵盖 IT 基础设施、全球服务、商用和家用计算，以及打印和成像等领域，客户遍及电信、金融、政府、交通、运输、能源、航天、电子、制造和教育等各个行业。

1. HP 对代理商的分类

HP 在中国对代理商的定义及分类见表 6-9。

表 6-9　HP 对代理商的分类

HP 代理商资格名称	允许向 HP 下单的产品范围	允许销售的范围
HP 授权增值经销商（VAR）	高端企业级软硬件产品	最终用户
HP 授权增值分销商（高端 VAD）	高端企业级软硬件产品	二级代理商
二级代理商（T2）	无下单权，向 VAD 购买	最终用户
Corporate Reseller	低端企业级硬件产品中的 ISS 产品	最终用户
HP 授权低端分销商（低端 VAD）	中低端硬件产品	低端渠道代理商
HP 低端渠道代理商	无下单权	渠道代理商 最终用户

HP 对产品的定义及分类见表 6-10。

2. 合作伙伴分类

惠普将其经销商合作伙伴分为两类：

（1）认证经销商：

● 惠普钻石经销商（Premier Business Partner，简称 PBP）。

● 惠普金牌经销商（Business Partner，简称 BP），含两类：白金经销商和金牌经销商。

表 6-10　HP 对产品的定义及分类

产 品 类 别	产品细化项
高端企业级软硬件产品	高端企业级服务器（BCS） 高端企业级存储产品（Val SWD） HP 软件产品（SGBU） HP ProCurve 网络产品

续表

产　品　类　别	产品细化项
低端企业级硬件产品	工业标准服务器（ISS） EVA 以下存储产品
低端其他硬件产品	台式电脑 笔记本电脑 打印机 工作站 扫描仪 POS 系统 等等
服务	MA 顾问咨询等其他服务产品

（2）注册经销商：惠普注册经销商（Register）。

3. 合作伙伴资质管理

1）钻石经销商及金牌经销商资质管理

惠普每季度对经销商的业绩进行审核，如果经销商的业绩达到所在城市级别的业绩标准，并同时满足有关条件，则可获得相关认证经销商资质。对于惠普钻石经销商和惠普金牌经销商，其资格一旦授予，有效期为惠普当年整个财年，第二个财年重新开始认证。一年后若经销商业绩未能达到其所在城市级别经销商的标准，或没有按要求参加亚太合作伙伴大学有关培训，则会被降低其认证级别或撤销认证。惠普将每半年对注册经销商的资格进行复查，每年对认证经销商的资格进行复查。经销商认证后，惠普将向惠普钻石经销商颁发认证牌和认证书，将向惠普白金及金牌经销商颁发认证书。

2）注册经销商资质管理

由惠普区域销售经理或城市电话销售每月推荐到惠普的渠道管理部门，由认证部门进行经销商信息收集。对在规定的时间内提供了中国惠普公司合作伙伴认证注册表和营业执照复印件的经销商，惠普将授予为期 6 个月的认证证书，并提供该级别经销商拥有的各项支持。经销商则可以开始向惠普公司指定分销合作伙伴下单，并经销惠普产品。惠普每月对经销商的业绩进行审核，如果经销商的业绩达到所在城市级别的业绩标准，并同时满足有关条件，则可获得注册经销商资质。

4. 合作伙伴的考核

1）认证经销商的考核

获得惠普商用产品认证经销商资质的前提是同时达到以下几个条件：

● 3 个月的业绩承诺：不同级别的城市业绩标准不同，只要达到相应的业绩要求，即可获得相应的资质认证。

● 惠普钻石经销商需保持连续 6 个月的持续业绩，惠普白金经销商及金牌经销商需保持连续 3 个月的持续业绩。

2）注册经销商的考核

对于惠普注册经销商，其资格一旦授予，有效期为惠普当年半个财年，期满后，未升级则取消资质。如要重新申请注册经销商资质，需间隔一个季度。注册经销商资质由区域销售负责人进行业绩的考核。

6.1.2.4　MICROSOFT

微软公司（Microsoft）创建于 1975 年，总部设在华盛顿州的雷德蒙市（Redmond）。"Microsoft"一词由"microcomputer"和"software"两个词组合而成。微软公司的主要产品是 Windows 操作系统、Internet Explorer 网页浏览器及 Microsoft Office 办公软件套件。1999 年推出了 MSN Messenger 网络即时信息客户程序，2001 年推出 Xbox 游戏机，参与游戏终端机市场竞争。

微软公司于 1992 年在中国北京设立了首个代表处，此后，微软在中国相继成立了微软中国研究开发中心、微软全球技术支持中心和微软亚洲研究院等科研、产品开发与技术支持服务机构。

1. 微软对代理商的分类

微软对代理商的分类见表 6-11。

表 6-11　微软对代理商的分类

	微软代理商资格名称	允许向微软下单的许可证模式	允许销售的范围
按业务类型分	微软授权大客户转售商（DLAR）	EA、Select/Select Plus、GGWA、Academic、Campus and School（CASA）	不得销售给其他 DLAR
	微软授权增值业务提供商/微软核心合作伙伴（Top VAR）	不能下单	不限
	微软授权分销商（DISTI）	Open	不得销售给其他 DISTI
	广域合作伙伴（Breadth Partner）	不能下单	不限
	微软解决方案合作伙伴/微软独立软件开发商（ISV）	根据与微软签约的合作伙伴代理协议而定，部分合作伙伴有下单权	不限
	微软 OEM 合作伙伴	根据与微软签约的合作伙伴代理协议而定，部分合作伙伴有下单权	不限
	微软系统装机商合作伙伴（COEM Partner）	不能下单	不限
	微软硬件合作伙伴	微软硬件产品	不限
	微软彩包产品合作伙伴	零售彩盒包（FPP）	不限
按 MPN 会员级别分	微软金牌认证合作伙伴	根据与微软签约的合作伙伴代理协议而定，部分金牌合作伙伴有下单权	不限
	微软银牌认证合作伙伴		不限
	微软注册合作伙伴		不限
按战略级别分	微软战略合作伙伴	根据与微软签约的合作伙伴代理协议而定，部分战略合作伙伴有下单权	不限
	微软合作伙伴		不限

2. 微软对代理商的认证

微软对代理商的认证主要是金牌/银牌合作伙伴，这两个都是通过"能力"认证去认定。合作伙伴可以根据自己的实际情况（人数、业务、技术人员的能力等）决定考哪些"能力"，每个能力的具体要求如下。

1）Application Integration 能力

认证：两位微软认证专家（MCP），两者都必须通过 Application Integration 能力要求的考试。

2）Application Lifecycle Management 能力

认证：两位微软认证专家（MCP），两者都必须通过 Application Lifecycle Management 能力要求的考试。

3）Business Intelligence 能力

认证：两位微软认证专家（MCP），两者都必须通过 Business Intelligence 能力要求的考试。

4）Content Management 能力

认证：两位微软认证专家（MCP），两者都必须通过 Content Management 能力要求的考试。

5）Customer Relationship Management 能力

认证：一位或多位微软认证专家（MCP），都已通过 Customer Relationship Management 能力要求的考试。

6）Data Platform 能力

认证：两位微软认证专家（MCP），两者都必须通过 Data Platform 能力要求的考试。

7）Desktop 能力

认证：两位微软认证专家（MCP），两者都必须通过 Desktop 能力要求的考试。

8）Enterprise Resource Planning 能力（Enterprise Resource Planning 能力包括 6 个产品，如果合作伙伴符合任一产品的要求，就可以获得此能力）

（1）Microsoft Dynamics AX 产品。

认证：一位或多位微软认证专家（MCP），都已通过 Microsoft Dynamics AX 要求的考试。

（2）Microsoft Dynamics C5 产品。

认证：一位或多位微软认证专家（MCP），都已通过 Microsoft Dynamics C5 要求的考试。

（3）Microsoft Dynamics NAV 产品。

认证：一位或多位微软认证专家（MCP），都已通过 Microsoft Dynamics NAV 要求的考试。

（4）Microsoft Dynamics GP 产品。

认证：一位或多位微软认证专家（MCP），都已通过 Microsoft Dynamics GP 要求的考试。

（5）Microsoft Dynamics SL 产品。

认证：一位或多位微软认证专家（MCP），都已通过 Microsoft Dynamics SL 要求的考试。

（6）Microsoft Dynamics Point of Sale 产品。

认证：一位或多位微软认证专家（MCP），都已通过 Microsoft Dynamics Point of Sale 要求的考试。

9）Hosting 能力

10）Identity and Security 能力

认证：两位微软认证专家（MCP），两者都必须通过 Identity and Security 能力要求的考试。

11）ISV 能力

12）Learning 能力

13）Mobility 能力

14）Midmarket Solution Provider 能力

15）OEM Hardware 能力

16）Portals and Collaboration 能力

认证：两位微软认证专家（MCP），两者都必须通过 Portals and Collaboration 能力要求的考试。

17）Project and Portfolio Management 能力

认证：两位微软认证专家（MCP），两者都必须通过 Project and Portfolio Management 能力要求的考试。

18）Search 能力

19）Server Platform 能力

认证：两位微软认证专家（MCP），两者都必须通过 Server Platform 能力要求的考试。

20）Small Business Specialist Community 能力

21）Software Asset Management 能力

22）Software Development 能力

23）Systems Management 能力

认证：两位微软认证专家（MCP），两者都必须通过 Systems Management 能力要求的考试。

24）Unified Communications 能力（Unified Communications 能力包括两个产品，如果合作伙伴符合任一产品的要求，就可以获得此能力）

（1）Communications, E-mail, Mobile 产品。

认证：两个微软认证专家（MCP），两者都必须通过 Communications, E-mail, Mobile 产品所需的考试。

（2）Voice 产品。

认证：两个微软认证专家（MCP），两者都必须通过 Voice 产品所需的考试。

25）Virtualization 能力

认证：两位微软认证专家（MCP），两者都必须通过 Virtualization 能力要求的考试。

6.1.2.5　ORACLE

ORACLE 公司中文名为甲骨文股份有限公司，是全球最大的数据库软件公司，也是全球仅次于微软的第二大软件公司，总部位于美国加州的红木滩（Redwood shore）。自 1977 年在全球率先推出关系型数据库以来，ORACLE 公司在利用技术革命改变现代商业模式中发挥关键作用。

ORACLE 公司主要提供数据库、开发工具、全套企业资源规划（ERP）和客户关系管理（CRM）应用产品、决策支持（OLAP），电子商务应用产品（e-Business），并提供全球化的技术支持，培训和咨询顾问服务。ORACLE 公司的软件可运行在 PC、工作站、小型机、主机、大规模的并行计算机，以及 PDA 等各种计算设备上。1989 年 ORACLE 公司正式进入中国市场。

1. Oracle 对合作伙伴的分类

Oraclc 对合作伙伴的分类见表 6-12。

表 6-12　ORACLE 对合作伙伴的分类

Oracle 代理商资格名称		允许向 Oracle 下单的范围	允许销售的对象
按 OPN 会员级别分类	Platinum（白金级合作伙伴）	TECH 或 APPS 或 OSS，部分书面签订 FUDA 协议的合作伙伴有下单权	最终用户/合作伙伴
	GOLD（金牌级合作伙伴）		
	Silver（银牌级级合作伙伴）		
	Remarketer（增值分销商）		
或按签约合作伙伴类型分类	VAD(总代)	TECH 或 APPS 或 OSS	合作伙伴
	FUDA（签订 FUDA 协议的合作伙伴）	TECH 或 APPS 或 OSS，部分合作伙伴有下单权	最终用户
按业务模型分类	SI（系统集成商）	根据与 Oracle 签约的合作伙伴代理协议而定	最终用户
	ISV（软件开发商）		最终用户
	Reseller（经销商）		合作伙伴

2. 对合作伙伴认证要求

1）专业化认证要求

Oracle 对白金级合作伙伴要求通过 5 个产品线的专业化认证，对其余级别的合作伙伴没有认证要求。

2）针对白金级专业化认证能力的详细要求

（1）考试认证：Oracle 对产品线所要求的认证人数等都不同，但基本要有 Sales Specialist，Presales Specialist，Technology Support Specialist 这 3 种认证相关的考试数名，有的认证可能还需要 Implementation Specialist 的考试认证要求。

（2）业绩达成：考核合作伙伴 Customer Reference 和 Transaction Deal 个数的要求，不同产品线有不同的数量要求。

3）工程师身份认证

目前只有针对数据库的 OCP 专家认证。对合作伙伴专业化认证没有工程师的身份认证要求。

6.2　从业人员资质与认证

"十五"是我国信息技术服务业的成长期。进入"十一五"后，我国的信息技术服务业在政策和环境方面得到了不断优化，公共服务体系逐步建立和完善，在这种环境下，信息技术服务业规模也迅速发展，并成为经济发展的重点之一。随着与国际间的合作越来越紧密，中国已经成为全球信息技术服务产业发展最快的国家之一，国际信息技术职业技能标准正深刻影响着我国信息技术服务业的发展。由于信息技术服务业有着从业人员众多，知识密集，科技含量高，涉及的专业领域宽广等特点，因此成为众多知识青年希望涉足的领域之一。信息技术服务从业人员的职业中需要什么专业能力，有哪些业界普遍认可的职业资格认证是涉足 IT 服务人员关心的问题。另一方面，在信息技术服务企业在提供信息技术服务过程中，客户会要求企业按照相关能力标准提出人才的要求和开展人才的培养，为信息技术服务提供充足的人力资源能力保障，需要提供各种职业资格认证以示服务企业对人员能力培养和技术实力象征的依据。

本节将从 IT 服务管理和 IT 服务技术两个角度解释目前在 IT 服务领域普遍认可的资格和认证，对希望从事 IT 服务业的人员能在专业上有所选择和帮助。

6.2.1 管理类认证

6.2.1.1 国际级认证

1. PMP

1）什么是 PMP

PMP 是英文 Project Management Professional 的缩写，指项目管理专业人员。PMP 认证是由美国项目管理学会（Project Management Institute，PMI）在全球范围内推出的针对项目经理的资格认证体系，通过该认证的项目经理叫"PMP"。

PMP 是项目管理方面中国引进的含金量最高证书，是专业项目经理身份的象征，也是个人项目能力的体现。自从 1984 年以来，美国项目管理协会（PMI）就一直致力于全面发展，并保持一种严格的、以考试为依据的专家资质认证项目，以便推进项目管理行业和确认个人在项目管理方面所取得的成就。项目管理资格认证，其目的是为了给项目管理人员提供一个行业标准，使全球的项目管理人员都能够得到科学的项目管理知识。项目管理资格认证制度的责任是在全球范围内，根据项目立项、规划、实施、控制和完成等过程中被国际上项目管理从业人员普遍认可和使用的项目管理概念、技术和程序，对要求认证的人员进行评估。通过认证考试的人员，在项目管理知识和应用方面达到了专业的水准。

2）PMP 资格认证机构

国内自 1999 年开始推行 PMP 认证，由 PMI 授权国家外国专家局培训中心负责在国内进行 PMP 认证的报名和考试组织。该认证的通过两种方式对报名申请者进行考核，以决定是否颁发给 PMP 申请者 PMP 证书。

国家外国专家局于 1999 年与美国项目管理协会达成协议，由国家外国专家局培训中心作为唯一实施机构负责在中国引进和推广"现代项目管理知识体系"，并委托各地外国专家局作为在当地授权和开展该项认证考试的管理部门管理知识。

3）PMP 认证对于个人发展有什么好处

参加 PMP 认证与考试的过程，同时是一个系统学习和巩固项目管理知识的过程。这个过程将有助于 PMP 参加者将以往的项目管理经验与系统的项目管理知识结合起来，互为印证，达到理论是实践的结合，从而深化自己对项目管理的认识。对于个人职业发展来说，PMP 认证具有以下诸多好处：

- PMP 是对项目管理人员知识、能力及经验的认可与证明。
- 项目管理专业人员已成为企事业争夺人才资源的热点，项目经理已成为"黄金职业"。美国《财富》杂志曾断言：项目经理将成为 21 世纪最佳职业。随着国际国内对项目经理需求的日益旺盛，项目经理工资水平日渐升高，在职业排行榜上的排名不断挺进。

- 国内外 PMP 的含金量及受欢迎程度逐渐超过 MBA、MPA。MBA、MPA 是学历教育，只能证明你拥有相关和管理知识，而 PMP 则是对你拥有更全面的项目管理知识、管理能力和管理实践的认可和证明。
- 专家认为参加 PMP 认证的过程是掌握项目管理的思想方法、提高工作能力的一项非常有效的途径。通过 PMP 系统培训，证明你已经具备了一种全新的能力，懂得并知道如何把各种系统、方法和人员有效地结合在一起，在规定的时间、预算和质量目标范围内完成项目和各项工作。

4）参加 PMP 认证需要具备哪些条件

申请 PMP 认证的人员应从事项目管理工作，在通常的监督下执行职责，并在项目生命周期内负责项目的所有领域；领导和指导跨职能的团队来在进度、预算和范围的限制下交付项目；展现足够的知识和经验，在有着良好定义的合理项目需求和可交付成果的项目上适当地应用方法论。

要具备参加 PMP 认证的资格，申请人员必须满足特定的教育和专业经验要求。所有的项目管理经验必须是在自申请提交之日前 8 个连续年度内积累的。

申请者的基本资历要求依学历背景不同而不同：

- 申请者需具有学士学位或同等的大学学历，并且须至少具有 4500 小时的项目管理经历。PMI 要求申请者需至少 3 年以上，具有 4500 小时的项目管理经历。仅在申请日之前 6 年之内的经历有效。所需支持文件：一份详细描述工作经历和教育背景的最新简历（需提供所有雇主和学校的名称及详细地址）；一份学士学位或同等大学学历证书或副本的拷贝件；能说明至少 3 年以上，4500 小时的经历审查表。
- 申请者虽不具备学士学位或同等大学学历，但持有中学文凭或同等中学学历证书，并且至少具有 7500 小时的项目管理经历。PMI 要求申请者需至少 5 年以上，具有 7500 小时的项目管理经历。仅在申请日之前 8 年之内的经历有效。所需支持文件：一份详细描述工作经历和教育背景的最新简历（需提供所有雇主和学校的名称及详细地址）；能说明至少 5 年以上，7500 小时的经历审查表。

项目管理经历审查表是 PMP 认证考试资料的一部分，供申请者以书面资料全面报告其项目管理经历。申请者必须完成并签名一份合格的项目管理经历审查表，随 PMP 认证考试申请表一起提交。经历审查表不全的申请将被退回。在有效时间范围内，每个项目都要提交一份经历审查表。

资格审查中需要核实申请者至少接受过 35 个小时的体现项目管理学习目标的特殊培训。这些小时数可以包含项目质量、范围、时间、成本、人力资源、沟通、风险、采购以及综合管理。在课堂上的一小时等于一个培训小时。如果申请者完成了大学或学院的项目管理课程。每周 3 小时，共 15 周。则申请者可以记为 45 小时。如果只有课程的部分内容涉及项目管理，则只有在项目管理内容中的小时可以用于满足培训合格要求。

申请者可通过在以下一个或多个教育培训机构中完成相关课程、论坛、培训项目来满足项目管理教育背景要求：

- 由 PMI 的 R.E.P.*（注册教育机构）提供的课程。
- 由 PMI 社团组织提供的课程。

- 公司组织的课程。
- 由培训公司或顾问提供的课程。
- 远程教育公司提供的课程，包括结束时的课程评估。
- 大学或学院的学术教育及继续教育课程。

PMP 申请需参加 PMI 组织和出题的 PMP 考试，并且合格，合格的标准是申请者必须答对全部题目中的 140 个题目。PMP 考试目前在国内一年开展四次，由国家外国专家局培训中心负责组织实施。相对而言，PMP 考试的审查更为严格，而且是硬性的，没有变通的余地。

2．ITIL

1）ITIL 的基本概念

ITIL（IT Infrastructure Library）最初是由英国中央计算机和电信局 CCTA（现已并入英国商务部 OGC）于 20 世纪 80 年代开发的一套 IT 服务管理标准库，它是有关 IT 服务管理的一个最佳实践框架。它强调基于"以流程为中心、以客户为导向"的 IT 管理理念，将传统的 IT 管理活动按照流程的方式重新加以组织，并强调根据客户的业务需求提供质量可靠、成本合理的 IT 服务。基于 ITIL 运作 IT 服务，可以确保企业充分利用其技术和人力资源，并确保业务需求能够以最低的成本得到满足。

OGC 最初的目标是通过应用 IT 来提升政府业务的效率；目标是能够将不同 IT 职能之间缺乏沟通的状况降至最低。OCG 意识到有必要管理不同的 IT 组件，例如：硬件、软件，基于计算机的通信来提高政府的效能和效率，这将确保 IT 使用达到最优。OGC 获得了来自 IT 管理行业专家的帮助并开始将他们的经验文档化。ITIL 一开始作为政府 IT 部门的最佳实践指南，问世后不久便被推广到英国的私营企业，然后传遍欧洲，随后开始在美国兴起。

自从 1980 年至今，ITIL 经历了 3 个主要的版本：

- Version 1：1986—1999 年原始版，主要是基于职能型的实践，开发了 40 多本图书。
- Version 2：1999—2006 年 ITIL v2 版，主要是基于流程型的实践，共有 10 本图书，包含 7 个体系：服务支持、服务提供、实施服务管理规划、应用管理、安全管理、基础架构管理及 ITIL 的业务前景。它已经成为了 IT 服务管理领域全球广泛认可的最佳实践框架。
- Version 3：2004—2007 年基于服务生命周期的 ITIL v3 整合了 v1 和 v2 的精华，并与时俱进地融入了 IT 服务管理领域当前的最佳实践。5 本生命周期图书形成了 ITIL v3 的核心，它主要强调 ITIL 最佳实践的执行支持，以及在改善过程中需要注意的细节。

2）ITIL 资格认证机构

ITIL 资格认证目前已成为全球 IT 行业最抢手的资格认证之一，尤其在欧洲、澳洲和北美非常流行，在亚洲也正悄然兴起。英国商务部（OGC）是 ITIL 的拥有者，它授权两大机构在世界范围内推广 ITIL 认证，这两家机构是 EXIN（Examination Institute for Information Science）国际信息科学考试学会和 ISEB（Information Systems Examination Board）信息系统考试委员会。ISEB 主要负责英国及英联邦国家的 ITIL 认证考试，且只提供英语语种的考试；而 EXIN 负责除英国及英联邦国家以外的国家和地区的 ITIL 认证考试，可提供多语种的考试。这两大机构又通过其代理机构或授权考试中心（AEC）负责组织 ITIL 认证考试，并由这两大机构颁发 ITIL 认证证书。

3）ITIL 认证有哪些级别

ITIL 认证共分为 3 种级别：

（1）ITIL Foundation（Foundation Certificate in IT Service Management）：该认证针对从事 IT 服务管理的人员，要求了解 ITIL 的基本术语、概念和各 ITIL 流程之间的关系，并掌握 IT 服务管理的基本原理。通过该项认证是参加另外两项 ITIL 认证的先决条件之一。

（2）ITIL Practitioner（Practitioner's Certificate in IT Service Management）：该认证针对从事 IT 服务管理特定流程的人员，要求掌握运作某一个具体的 ITIL 流程的能力和经验。实际上这项认证是若干项认证的集合，就 EXIN 所提供的该级别认证来说，它包括 9 项认证，即事故管理/服务台、问题管理、变更管理、配置管理、服务级别管理、可用性管理、能力管理、IT 服务财务管理、安全管理。这些考试非常细致地评估了考试者对 ITIL 所涉及的所有流程的理解程度和应用能力。EXIN 针对每项认证单独颁发证书。

（3）ITIL Service Management（Manager's Certificate in IT Service Management）：该认证针对更高层的 IT 服务管理的人员，如 IT 经理和顾问等。这项认证从全局的高度评估一个高级 IT 服务管理者组织和实施 ITIL 的能力和经验。通过该级别的认证，表明实施和运作 IT 服务的能力已得到国际范围内的认可。该级别的 ITIL 认证分为 2 个认证：服务支持（Service Support）和服务提供（Service Delivery）。EXIN 针对这两项认证单独颁发证书。

4）ITIL 认证与 MCSE 和 CCIE 等 IT 认证有哪些区别

ITIL 强调按照流程的方式对 IT 管理活动进行组织，并且强调 IT 与业务的整合。ITIL 认证可以帮助 IT 管理人员突破技术的单一视角而从技术和业务相结合的角度考虑问题。MCSE 和 CCIE 等流行的 IT 认证培养的是技术工程师，而传统的商学院培养的 MBA 则基本上是侧重于战略管理、人力资源管理、营销管理等传统管理领域，这中间缺乏既懂 IT 又关注业务需求的 IT 管理人员。ITIL 认证的出现，正好填补了这一空白。通过 ITIL 认证的人才，能够从业务需求的角度出发，充分利用好组织的 IT 资源，因而能较好地实现 IT 和业务的整合。因而，ITIL 认证也被誉为"IT 界的 MBA"。

5）ITIL 认证对于个人以及整个企业的发展有什么好处

ITIL 是一个管理标准而非技术标准。因而 ITIL 能够帮助 IT 管理人员突破技术思维，运用流程管理的思想促进 IT 与业务的整合。正是这一点，使得 ITIL 认证能够风靡全球。对于个人以及整个企业的发展来说，ITIL 认证具有以下诸多好处：

● 帮助实现从技术工程师向 IT 服务管理专家的转变，提升个人职业发展平台。
● 突破单一的技术思维，学会用流程的方式处理 IT 服务运作中的诸多非技术问题。
● 证明自身的专业能力，胜任更多的 IT 管理工作。
● 降低企业自身培养 IT 管理人员的成本，更有利于促进技术、流程和人的标准化，从而最终实现 IT 服务支持和提供过程的标准化。
● 帮助企业提高 IT 服务质量和降低 IT 服务成本。

6）参加 ITIL 认证需要具备哪些条件

ISEB 和 EXIN 对 ITIL Foundation 级别认证考试的人员的职业背景和专业培训方面基本上没有特殊的要求。无论从事哪个 ITIL 流程的工作，都有必要参加这项认证。

对 ITIL Practitioner 认证而言，EXIN 和 ISEB 都要求申请者除获得 ITIL Foundation 认证之外，还要求申请者必须接受至少 16 小时或 18 小时以上的 ITIL 专业培训，并完成一定时间的课后作业。

ITIL Service Manager 认证考试的人员需要具备以下条件：

● 通过 ITIL Foundation 认证并获得资格证书。

● 参加由两大权威机构（EXIN 或 ISEB）授权的 ITIL 认证培训机构的培训。

● 通过授权培训机构的评估。

● 至少拥有5年以上从事 IT 工作的经历以及 2 年以上从事 IT 服务管理中高层工作的经验。

3. ISO20000

1）ISO20000 的基本概念

ISO 20000 由国际组织 ISO 与 IEC 联合发布，共两部分：第一部分，IT 服务管理规范；第二部分，IT 服务管理最佳实践。第一部分描述了组织创建、实施、检查和改进 IT 服务管理体系的具体要求，包括 5 大过程组，分别为服务提供过程、发布过程、解决过程、关系过程、控制过程及过程组所覆盖的 13 个服务管理流程，并与体系管理职责、文件要求及能力、意识和培训，一同作为体系认证的参考标准。审核组织即依据此标准审核 IT 服务管理体系的完整性和运营的有效性。第二部分即 IT 服务管理管理过程的最佳实践指南，为体系认证的实施过程提供参照说明。

ISO20000 是基于 ITIL 最佳实践与 BS15000 英标体系进行构建的，并于 2005 年 12 月由 ISO 组织发布的第一部具有国际权威性的 IT 服务管理体系标准。此套体系规范秉承"以客户为中心，以流程为导向"的服务理念，旨在帮助企业组织能够有效的识别与管理 IT 服务管理的关键过程，保证在满足客户与业务需求的同时，依照应用公认的 PDCA 方法论，充分发挥 IT 服务持续改进的能力，最终达到企业组织用最小成本获得最大收益价值的目的。

2）ISO20000 认证有哪些

ISO20000 资格认证可以大体上分为两大方面，一方面是针对于个人发放的，针对个人的认证又分别包括由 EXIN 提供的基于 ISO/IEC20000 的 IT 服务管理认证体系（分为基础认证、专业认证以及审核员方向和咨询师方向的认证）和由 RCB 及 IRCA 提供的 ISO20000 主任审核员与 ISO20000 内审员两个认证类别。

另一方面是针对于企业发放的，是对认证申请企业获得 IT 服务管理流程标准的资历证明。

3）ISO20000 的认可机构

EXIN 全称是国际信息科学考试学会，是全球非营利性的中立认证考试机构。20 世纪 90 年代初至今，作为全球最早、最权威的 IT 服务管理国际认证考试机构被全球 IT 人士所熟知。EXIN 致力于在 IT 领域制定教育标准、组织并开发考试以及认证体系。从而使 IT 从业人员能够证明自己在工作业绩方面具备国际资质和专业技能。

RCB（Registered Certification Body）是指由 ISO20000 证书发放单位 itSMF 授权的组织，参照认证申请组织的内审及管理审核活动，代理 itSMF 单位向其企业组织发放证书的机构。

IRCA（International Register of Certificated Auditors）国际注册审核员机构。国内一般称为国际注册审计师协会，为独立的国际组织，总部设在英国，管理着世界范围内 150 国家的超过 35000 名审计师，提供审核员注册。个人成为 IRCA 注册审核员需要参加 IRCA 认可的培训课程并积累审核经验，它代表了业内人士接受的制定、实施和保持质量体系所需的职业资格水准。

IRCA 批准的培训机构提供的培训课程涵盖了广泛的管理体系标准和行业。主要包括：

● 基础课程：设计对象针对需要了解特定管理体系标准要求基础知识的学员，适合于具备少量或没有相关标准知识的人员。

● 内审员课程：设计对象针对需要获得审核其所在组织管理体系所需的基本技能的学员。

● 主任审核员课程：设计对象针对需要获得在第二或第三方审核中应用相关管理体系标准所需的所有知识和技能的学员。

● 转换课程：设计对象针对适用于有经验的审核员。这些审核员希望通过增加其现有的审核技能和经历，能够依据其他标准在新的审核领域实施审核的学员。

4）ISO20000 认证机构

在 IT 服务管理认证领域内，比较有影响的 ISO20000 认证机构包括如下：

● DNV（挪威船级社）。

● BSI（英国标准协会）。

● BV（法国国际检验局）。

● SGS（通标标准技术服务有限公司，SGS 集团总部位于瑞士，是全球检验、鉴定、测试及认证服务机构，通标标准技术服务有限公司是 SGS 集团和隶属于原国家质量技术监督局的中国标准技术开发公司共同建成于 1991 年的合资公司）。

● TUV（德国技术监督协会）。

5）ISO20000 主任审核员培训内容。

（1）理解 IT 服务管理体系建设的目的。

（2）理解 ISO20000 中描述的 IT 服务管理体系建立、实施、检查和改进的具体要求，理解审核在 IT 服务管理体系建设中的意义和作用。

（3）理解 ISO20000、ISO19011 及 EA 7/03 的内容及同 IT 服务管理体系的具体关系。

（4）掌握审核 IT 服务管理体系的过程并能实施公司全面审核工作，包括制定审核计。

（5）审核控制、实施审核、报告审核结果及跟踪改进和预防措施的执行。

具体学习目标解释如下：

● IT 服务管理体系简介。

● IT 服务管理体系审核简介。

● 如何执行对 IT 服务管理体系的审核。

● 如何进行审核报告和后续追踪。

4. ISO27001

1）ISO27001 的基本概念

ISO/IEC 27000 系列标准是有关信息安全管理的国际标准，起源于英国标准局制定的 BS7799 系列标准，目前 BS7799 系列标准已经被国际标准化组织（ISO）27000 系列标准所替代。ISO 27001 源于英国标准 BS7799 的第二部分，即 BS7799—2《信息安全管理体系规范》，它规定信息安全管理体系要求与信息安全控制要求，它是一个组织的全面或部分信息安全管理体系评估的基础，它可以作为一个正式认证方案的根据。BS7799 的第一部分即 BS7799—1《信息安全管理实施细则》于 2000 年通过了国际标准化组织 ISO 的认可，正式成为国际标准 ISO/IEC 17799。

ISO27000 系列共包括 10 个标准，当前已经发布和正在研究的有 6 个，分别为：

- ISO/IEC 27000《信息安全管理体系　基础和词汇》。
- ISO/IEC 27001：2005《信息安全管理体系　要求》。
- ISO/IEC 17799：2005《信息安全管理实用规则》（2007 年 4 月后，编号改为 27002）。
- ISO/IEC 27003《信息安全管理体系实施指南》。
- ISO/IEC 27004《信息安全管理测量》。
- ISO/IEC 27005《信息安全风险管理》。

信息安全管理体系（Information Security Management System，ISMS）是目前国际信息安全管理标准研究的重点。其中 ISO/IEC27001《信息安全管理体系　要求》是 ISMS 认证所采用的标准。目前我国已经将其等同转化为中国国家标准 GB/T 22080—2008/ISO/IEC 27001:2005。该标准可用于组织的信息安全管理体系的建立和实施，保障组织的信息安全，采用 PDCA 过程方法，基于风险评估的风险管理理念，全面系统地持续改进组织的安全管理。

2）ISO27001 认证有哪些

ISO27001 资格认证可以大体上分为两大方面，一方面是针对于个人发放的，针对个人的认证又分别包括由 EXIN 提供的基于 ISO/IEC27001 的信息安全管理体系认证和由 BSI 及 IRCA 提供的 ISO27001 主任审核员与 ISO27001 内审员两个认证类别。另一方面是针对于企业发放的，是对认证申请企业获得信息安全管理体系标准的资历证明。

3）ISO27001 认可机构

- BSI（英国标准协会，标准的原创单位）。
- EXIN 全称是国际信息科学考试学会，是全球非营利性的中立认证考试机构。20 世纪 90 年代初至今，作为全球最早、最权威的 IT 服务管理国际认证考试机构被全球 IT 人士所熟知。EXIN 致力于在 IT 领域里制定教育标准、组织并开发考试以及认证体系。从而使 IT 从业人员能够证明自己在工作业绩方面具备国际资质和专业技能。
- IRCA（International Register of Certificated Auditors）国际注册审核员机构。国内一般称为国际注册审计师协会，为独立的国际组织，总部设在英国，管理着世界范围内 150 国家的超过 35000 名审计师，提供审核员注册。个人成为 IRCA 注册审核员需要参加 IRCA 认可的培训课程并积累审核经验，它代表了业内人士接受的制定、实施和保持质量体系所需的职业资格水准。IRCA 批准的培训机构提供的培训课程涵盖了广泛的管理体系标准和行业。

4）认监委批准的国内认证公司

现在国内的认监委对 ISO27001 认证管控非常严格，至今只允许 5 家国内认证机构进行认证，分别是：

- 中国信息安全认证中心。
- 华夏认证中心。
- 中国电子技术标准化研究所。
- 上海质量体系审核中心。
- 广州赛宝认证中心服务有限公司。

5）ISO27001 主任审核员培训内容

信息安全管理体系采用一种系统的措施，最大程度降低未经授权获得或丢失信息的风险，保证对保护措施进行有效管理。它们为组织提供了遵守法律，提高信息安全管理绩效的框架。

ISO 27001 是最普遍的，全球认可的信息安全管理体系标准，适用于任何行业的任何组织。该标准是保护信息安全的一种综合性措施，需要保护的信息包括电子信息，书面文件和物理资产（计算机和网络）到每位雇员的知识。要解决的课题包括员工的能力发展，针对计算机欺诈的技术保护，信息安全量度和事件管理，以及所有管理体系标准的共同要求，例如内部审核，管理评审和持续改进。

课程内容包括：

- ISO27001:2005 信息安全管理体系。
- 信息安全的重要性，审查信息安全的威胁及漏洞。
- 为什么需要信息安全管理。
- 对信息安全风险的管理。
- 信息安全管理方法的选择。
- 如何建立一个完整的信息安全管理体系。
- ISO27001 信息安全管理体系审核。
- ISO27001 信息安全管理体系审核技巧。
- 管理和领导 ISO27001 审核小组。
- 现场审核技巧。
- 审核报告的完成。

6.2.1.2 国家级认证

目前国内信息技术类认证体系较为完善的是 2003 年由国家人事部和原信息产业部根据国家信息化建设和信息产业市场需求，设置并确定计算机专业技术资格（水平）考试的专业类别和资格名称，并纳入全国专业技术人员职业资格证书制度统一规划（详见 8.2.2 IT 服务技术认证）。按照现有专业类别和专业资格，涉及到 IT 服务管理专业角色的有信息系统项目管理师、系统集成项目管理师和信息系统监理师 3 种。而这 3 种管理角色正是伴随着 2000 年原国家信息产业部推出的计算机信息系统集成资质发展起来的。

具有计算机信息系统集成项目经理人数和高级项目经理人数是《计算机信息系统集成资质等级评定条件》（信部规〔2003〕440 号）的基本要求。在与计算机信息系统集成资质配套的（高级）项目经理资质申报及审批有关事项中明确规定了计算机信息系统集成（高级）项目经理资质评审和备案工作，并强调，需取得《中华人民共和国计算机技术与软件专业技术资格（水平）证书》，高级项目经理对应的资格名称为信息系统项目管理师，项目经理对应的资格名称为信息系统项目管理师。

信息系统监理是借鉴建筑工程监理的管理模式，确保信息系统工程的安全和质量，规范信息系统工程监理行为，原信息产业部于 2002 制定公布的管理办法。管理办法明确信息系统工程监理是指依法设立且具备相应资质的信息系统工程监理单位，受业主单位委托，依据国家有关法律法规、技术标准和信息系统工程监理合同，对信息系统工程项目实施的监督管理。办法中对从事信息系统工程监理机构的监理工程师资格提出明确要求，信息系统工程监理工程师应当是经培训考试合格、并取得《信息系统工程监理工程师资格证书》的专业技术人员，此信息系统工程监理工程师即为全国计算机技术与软件专业技术资格（水平）考试中的信息系统监理师。

在后续各节中对认证角色的描述主要通过能力目标描述、能力要求和申报条件予以叙述。

1. 信息系统项目管理师

1）能力目标描述

本角色的合格人员能够掌握信息系统项目管理的知识体系，具备管理大型、复杂信息系统项目和多项目的经验和能力；能根据需求组织制订可行的项目管理计划；能够组织项目实施，对项目的人员、资金、设备、进度和质量等进行管理，并能根据实际情况及时做出调整，系统地监督项目实施过程的绩效，保证项目在一定的约束条件下达到既定的项目目标；能分析和评估项目管理计划和成果；能在项目进展的早期发现问题，并有预防问题的措施；能协调信息系统项目所涉及的相关人员；具有高级工程师的实际工作能力和业务水平。

2）能力要求

- 掌握信息系统知识。
- 掌握信息系统项目管理知识和方法。
- 掌握大型、复杂项目管理和多项目管理的知识和方法。
- 掌握项目整体绩效评估方法。
- 熟悉知识管理和战略管理。
- 掌握常用项目管理工具。
- 熟悉过程管理。
- 熟悉业务流程管理知识。
- 熟悉信息化知识和管理科学基础知识。
- 熟悉信息系统工程监理知识。
- 熟悉信息安全知识。
- 熟悉信息系统有关法律法规、技术标准与规范。
- 熟悉项目管理师职业道德要求。
- 熟练阅读并准确理解相关领域的英文文献。

3）申报条件

（1）申报高级项目经理资质，必须先取得项目经理资质。

（2）取得项目经理资质满 3 年，申报高级项目经理资质的，相关条件按照《计算机信息系统集成项目经理资质管理办法（试行）》（信部规[2002]382 号）规定执行。

① 取得《中华人民共和国计算机技术与软件专业技术资格（水平）证书》（资格名称为信息系统项目管理师）。须参加《中华人民共和国计算机技术与软件专业技术资格（水平）证书》（资格名称为信息系统项目管理师）。

② 具有本科以上（含本科）学历或中级以上（含中级）专业技术职称。

③ 作为项目负责人或主要管理人员近 3 年管理过的系统集成项目未发生过责任事故，其中验收完成的系统集成项目应符合下列条件之一：

- 至少有 1 项合同额在 1200 万元人民币以上、软件费用不低于 30%的系统集成项目。
- 系统集成项目总额 3000 万以上，其中至少 2 项合同额在 500 万以上、软件费用不低于 30% 的系统集成项目。

2. 系统集成项目管理工程师

1）能力目标描述

本角色的合格人员能够掌握系统集成项目管理的知识体系；具备管理系统集成项目的能力；能根据需求组织制订可行的项目管理计划；能够组织项目实施，对项目进行监控并能根据实际情况及时做出调整，系统地监督项目实施过程的绩效，保证项目在一定的约束条件下达到既定的项目目标；能分析和评估项目管理计划和成果；能够对项目进行风险管理，制定并适时执行风险应对措施；能协调系统集成项目所涉及的相关单位和人员；具有工程师的实际工作能力和业务水平。

2）能力要求

- 掌握计算机软件、网络和信息系统集成知识。
- 掌握系统集成项目管理知识、方法和工具。
- 熟悉信息化知识。
- 熟悉系统集成有关的法律法规、标准、规范。
- 熟悉系统集成项目管理工程师职业道德要求。
- 了解信息安全知识与安全管理体系。
- 了解信息系统工程监理知识。
- 了解信息系统服务管理、软件过程改进等相关体系。
- 熟练阅读和正确理解相关领域的英文资料。

3）申报条件

（1）取得系统集成项目管理工程师或信息系统项目管理师资格证书。

（2）具有 IT 相关专业学历且从事信息系统集成相关工作，如非 IT 相关专业则要加考 IT 专业知识。学历、职称及工作经历应符合下列条件之一：

- 具有专科学历且从事信息系统集成相关工作不少于 4 年。
- 具有本科以上学历且从事信息系统集成相关工作不少于 2 年。
- 具有中级专业技术职称且从事信息系统集成相关工作不少于 1 年。

（3）近两年管理过、或作为项目组主要成员参与管理过的系统集成项目未发生过责任事故，其中验收完成的系统集成项目应符合下列条件之一：

- 至少有 2 项合同额在 200 万元以上的系统集成项目。
- 完成系统集成项目总额 500 万以上，其中至少一项合同额在 100 万以上、软件费用不低于 30% 的系统集成项目。

3. 信息系统监理师

1）能力目标描述

本角色的合格人员能掌握信息系统工程监理的知识体系、完整的监理方法、手段和技能；能运用信息技术知识和监理技术方法编写监理大纲、监理规划和监理细则等文档；能有效组织和实施监理项目；具有工程师的实际工作能力和业务水平。

2）能力要求

- 理解信息系统、计算机技术、数据通信与计算机网络、软件与软件工程基础知识。

- 掌握信息系统项目管理与监理的基本知识。
- 掌握信息系统工程监理质量控制、进度控制、投资控制、变更控制、合同管理、信息管理、安全管理和组织协调的方法，以及在信息网络系统和信息应用系统监理中的应用。
- 掌握信息系统工程监理中的测试要求与方法。
- 熟悉信息系统主要应用领域的背景知识和应用发展趋势，包括电子政务、电子商务、企业信息化、行业信息化等。
- 掌握信息系统工程监理的有关政策、法律、法规、标准和规范。
- 熟悉信息系统工程监理师的职业道德要求。
- 正确阅读并理解相关领域的英文资料。

3）申报条件

（1）参加人力资源和社会保障部、工业和信息化部共同组织的全国计算机技术与软件专业技术资格（水平）考试中的信息系统监理师考试且成绩合格。

（2）符合以下学历及从业要求：

- 硕士、博士研究生毕业后从事信息系统工程相关工作不少于 3 年，且从事信息系统工程监理工作不少于 2 年。
- 本科毕业后从事信息系统工程相关工作不少于 4 年，且从事信息系统工程监理工作不少于 2 年。
- 专科毕业后从事信息系统工程相关工作不少于 6 年，且从事信息系统工程监理工作不少于 3 年。

（3）参加过的信息系统工程监理项目累计投资总值在 500 万元以上，其中至少承担并完成两个以上信息系统工程监理项目。

6.2.2　技术类认证

6.2.2.1　国家级认证

2003 年，为了适应国家信息化建设的需要，加强计算机技术与软件专业人才队伍建设，促进我国计算机应用技术和软件产业的发展，根据国务院《振兴软件产业行动纲要》以及国家职业资格证书制度的有关规定，国家人事部和原信息产业部在总结计算机软件专业资格和水平考试实施情况的基础上，重新修订了计算机软件专业资格和水平考试有关规定，将计算机技术与软件专业技术资格（水平）考试（简称计算机专业技术资格（水平）考试），纳入全国专业技术人员职业资格证书制度统一规划。

人事部、信息产业部根据国家信息化建设和信息产业市场需求，设置并确定计算机专业技术资格（水平）考试的专业类别和资格名称。并由信息产业部负责组织专家拟订考试科目、考试大纲和命题，研究建立考试试题库，组织实施考试工作和统筹规划培训等有关工作。由国家人事部负责组织专家审定考试科目、考试大纲和试题，会同信息产业部对考试进行指导、监督、检查，确定合格标准。因此计算机专业技术资格（水平）考试是国家人事部和信息产业部对全国计算机与软件专业技术人员进行的职业资格和专业技术资格认定，参加这种考试并取得相应级别的资格证书，是各用人单位聘用计算机技术与软件专业工程师系列职务的前提。

计算机专业技术资格（水平）考试划分为计算机软件、计算机网络、计算机应用技术、信息系统和信息服务 5 个专业类别，并在各专业类别中分设了高、中、初级 3 个层次的专业资格考试，详见表 6-13。

表 6-13　计算机技术与软件专业技术资格（水平）考试专业类别、资格名称和级别对应表

级别	计算机软件	计算机网络	计算机应用技术	信息系统	信息服务
高级资格	信息系统项目管理师				
	系统分析师				
	系统架构设计师				
中级资格	软件评测师	网络工程师	多媒体应用设计师	信息系统监理师	信息技术支持工程师
	软件设计师		嵌入式系统设计师	数据库系统工程师	
			计算机辅助设计师	信息系统管理工程师	
			电子商务设计师		
初级资格	程序员	网络管理员	多媒体应用制作技术员	信息系统运行管理员	信息处理技术员
			电子商务技术员		

（1）高级资格包括：信息系统项目管理师、系统分析师、系统架构设计师。

（2）中级资格包括：软件设计师、软件评测师、多媒体应用设计师、嵌入式系统设计师、计算机辅助设计师、电子商务设计师、信息系统监理师、数据库系统工程师、网络工程师、信息系统管理工程师、信息技术支持工程师。

（3）初级资格包括：程序员、网络管理员、多媒体应用制作技术员、电子商务技术员、信息系统运行管理员、信息处理技术员。

考试合格者表明其已具备从事相应专业岗位工作的水平和能力，颁发国家人事部统一印制的、人事部和信息产业部共同用印的《中华人民共和国计算机专业技术资格（水平）证书》。该证书在全国范围有效。与考试相对应的证书有：

● 01 计算机信息处理工程师技术水平证书。

● 02 计算机程序设计工程师技术水平证书（C 语言）。

● 03 计算机程序设计工程师技术水平证书（JAVA）。

● 10 数据库应用系统设计工程师技术水平证书（SQL）。

● 51 平面设计师技术水平证书。

● 53 计算机辅助设计工程师技术水平证书。

● 20 计算机网络管理工程师技术水平证书。

● 21 互联网应用工程师技术水平证书。

● 22 网络组建工程师技术水平证书。

● 23 计算机网络信息安全工程师技术水平证书。

● 32 软件测试工程师技术水平证书。

与计算机专业技术资格（水平）考试相关的培训工作由信息产业部统筹规划，推荐培训教材，应考人员可自愿选择是否参加培训。

全国计算机专业技术资格（水平）考试由人事部、信息产业部领导，全国计算机软件资

格考试办公室负责实施。该办公室设在信息产业部电子教育中心。各省（自治区、直辖市）计算机软件资格考试由当地人事主管部门和信息产业主管部门负责，并设立当地的考试实施机构负责当地的考务工作。

计算机专业技术资格（水平）实施全国统一考试，对考生不设学历与资历条件，也不论年龄和专业，考生可根据自己的技术水平选择合适的级别合适的资格，但一次考试只能报考一种资格。符合条件的人员，由本人提出申请，到当地考试管理机构报名，领取准考证。凭准考证、身份证明在指定的时间、地点参加考试。

高级资格设：综合知识、案例分析和论文 3 个科目。

中级、初级资格均设：基础知识和应用技术 2 个科目。

1. 计算机软件

1）软件设计师

（1）能力目标描述：本角色的合格人员能根据软件开发项目管理和软件工程的要求，按照系统总体设计规格说明书进行软件设计，编写程序设计规格说明书等相应的文档，组织和指导程序员编写、调试程序，并对软件进行优化和集成测试，开发出符合系统总体设计要求的高质量软件；具有工程师的实际工作能力和业务水平。

（2）能力要求：

- 掌握计算机内的数据表示、算术和逻辑运算。
- 掌握相关的应用数学及离散数学基础知识。
- 掌握计算机体系结构以及各主要部件的性能和基本工作原理。
- 掌握操作系统、程序设计语言的基础知识，了解编译程序的基本知识。
- 熟练掌握常用数据结构和常用算法。
- 熟悉数据库、网络和多媒体的基础知识。
- 掌握 C 程序设计语言，以及 C++、Java 中的一种程序设计语言。
- 熟悉软件工程、软件过程改进和软件开发项目管理的基础知识。
- 掌握软件设计的方法和技术。
- 了解信息化、常用信息技术标准、安全性，以及有关法律、法规的基础知识。
- 正确阅读和理解计算机领域的英文资料。

2）软件评测师

（1）能力目标描述：本角色的合格人员能在掌握软件工程与软件测试知识的基础上，运用软件测试管理方法、软件测试策略、软件测试技术，独立承担软件测试项目；具有工程师的实际工作能力和业务水平。

（2）能力要求：

- 熟悉计算机基础知识。
- 熟悉操作系统、数据库、中间件、程序设计语言基础知识。
- 熟悉计算机网络基础知识。
- 熟悉软件工程知识，理解软件开发方法及过程。
- 熟悉软件质量及软件质量管理基础知识。
- 熟悉软件测试标准。

- 掌握软件测试技术及方法。
- 掌握软件测试项目管理知识。
- 掌握 C 语言以及 C++或 Java 语言程序设计技术。
- 了解信息化及信息安全基础知识。
- 熟悉知识产权相关法律、法规。
- 正确阅读并理解相关领域的英文资料。

3）程序员

（1）能力目标描述：本角色的合格人员能根据软件开发项目管理和软件工程的要求，按照程序设计规格说明书编制并调试程序，写出相应的程序文档，具有助理工程师（或技术员）的实际工作能力和业务水平。

（2）能力要求：

- 掌握数制及其转换、数据的机内表示、算术和逻辑运算、应用数学的基础知识。
- 了解计算机的组成以及各主要部件性能指标。
- 掌握操作系统、程序设计语言的基础知识。
- 熟练掌握基本数据结构和常用算法。
- 熟练掌握 C 程序设计语言以及 C++、Java 中的一种程序设计语言。
- 熟悉数据库、网络和多媒体的基础知识。
- 了解软件工程的基础知识、软件过程基本知识、软件开发项目管理的常识。
- 了解常用信息技术标准、安全性以及有关法律、法规的基础知识。
- 了解信息化及计算机应用的基础知识。
- 正确阅读和理解计算机领域的简单英文资料。

2. 计算机网络

1）网络工程师

（1）能力目标描述：本角色的合格人员能根据应用部门的要求进行网络系统的规划、设计和网络设备的软硬件安装调试工作，能进行网络系统的运行、维护和管理，能高效、可靠、安全地管理网络资源，作为网络专业人员对系统开发进行技术支持和指导，具有工程师的实际工作能力和业务水平，能指导网络管理员从事网络系统的构建和管理工作。

（2）能力要求：

- 熟悉计算机系统的基础知识。
- 熟悉网络操作系统的基础知识。
- 理解计算机应用系统的设计和开发方法。
- 熟悉数据通信的基础知识。
- 熟悉系统安全和数据安全的基础知识。
- 掌握网络安全的基本技术和主要的安全协议。
- 掌握计算机网络体系结构和网络协议的基本原理。
- 掌握计算机网络有关的标准化知识。
- 掌握局域网组网技术，理解城域网和广域网基本技术。
- 掌握计算机网络互联技术。

- 掌握 TCP/IP 协议网络的联网方法和网络应用技术。
- 理解接入网与接入技术。
- 掌握网络管理的基本原理和操作方法。
- 熟悉网络系统的性能测试和优化技术，以及可靠性设计技术。
- 理解网络应用的基本原理和技术。
- 理解网络新技术及其发展趋势。
- 了解有关知识产权和互联网的法律法规。
- 正确阅读和理解本领域的英文资料。

2）网络管理员

（1）能力目标描述：本考试的合格人员能够进行小型网络系统的设计、构建、安装和调试，中小型局域网的运行维护和日常管理；根据应用部门的需求，构建和维护 Web 网站，进行网页制作；具有助理工程师（或技术员）的实际工作能力和业务水平。

（2）能力要求：

- 熟悉计算机系统基础知识。
- 熟悉数据通信的基本知识。
- 熟悉计算机网络的体系结构，了解 TCP/IP 协议的基本知识。
- 熟悉常用计算机网络互连设备和通信传输介质的性能、特点。
- 熟悉 Internet 的基本知识和应用。
- 掌握局域网技术基础。
- 掌握以太网的性能、特点、组网方法及简单管理。
- 掌握主流操作系统的安装、设置和管理方法。
- 熟悉 DNS、WWW、MAIL、FTP 和代理服务器的配置和管理。
- 掌握 Web 网站的建立、管理与维护方法，熟悉网页制作技术。
- 熟悉综合布线基础技术。
- 掌握交换机和路由器的基本配置。
- 熟悉计算机网络安全的相关问题和防范技术。
- 了解计算机网络有关的法律、法规，以及信息化的基础知识。
- 了解计算机网络的新技术、新发展。
- 正确阅读和理解本领域的简单英文资料。

3. 计算机应用技术

1）多媒体应用设计师

（1）能力目标描述：本角色的合格人员能根据多媒体应用工程项目的要求，参与多媒体应用系统的规划和分析设计工作；能按照系统总体设计规格说明书，进行多媒体应用系统的设计、制作、集成、调试与改进，并指导多媒体应用制作技术员实施多媒体应用制作；能从事多媒体电子出版物、多媒体课件、商业简报、平面广告制作及其他多媒体应用领域的媒体集成及系统设计等工作；具有工程师的实际工作能力和业务水平。

（2）能力要求：

- 掌握计算机系统组成及各主要部件的性能和基本工作原理。

- 掌握计算机软件基础知识及 C 语言程序设计。
- 掌握计算机网络与通信基本知识。
- 掌握多媒体的定义和关键技术。
- 熟悉多媒体数据（视频、音频）获取、传输、处理及输出技术。
- 熟悉多媒体数据压缩编码、常用格式及其适用的国际标准。
- 掌握多媒体应用系统的创作过程，包括数字音频编辑、图形绘制、动画和视频制作、多媒体制作工具使用等。
- 熟悉多媒体课件、电子出版物及其他多媒体应用系统的设计和实施过程。
- 了解信息化、标准化、安全知识以及与知识产权相关的法律、法规要点。
- 正确阅读并理解相关领域的英文资料。

2）嵌入式系统设计师

（1）能力目标描述：本角色的合格人员能根据项目管理和工程技术的实际要求，按照系统总体设计规格说明书进行软、硬件设计，编写系统开发的规格说明书等相应的文档；组织和指导嵌入式系统开发实施人员编写和调试程序，并对嵌入式系统硬件设备和程序进行优化和集成测试，开发出符合系统总体设计要求的高质量嵌入式系统；具有工程师的实际工作能力和业务水平。

（2）能力要求：

- 掌握计算机科学基础知识。
- 掌握嵌入式系统的硬件、软件知识。
- 掌握嵌入式系统分析的方法。
- 掌握嵌入式系统设计与开发的方法及步骤。
- 掌握嵌入式系统实施的方法。
- 掌握嵌入式系统运行维护知识。
- 了解信息化基础知识、计算机应用的基础知识。
- 了解信息技术标准、安全性，以及有关法律法规的基本知识。
- 了解嵌入式技术发展趋势。
- 正确阅读和理解计算机及嵌入式系统领域的英文资料。

3）电子商务设计师

（1）能力目标描述：通过本级别考试的人员熟悉信息系统和电子商务的基础知识；能参与企业电子商务系统的规划，并根据该规划进行电子商务系统的功能设计和内容设计；能指导电子商务技术员从事电子商务网站的建立、维护和管理工作；能对网上市场调研、网上促销和采购、物流配送流程设计、客户服务等提供技术支持；具有工程师的实际工作能力和业务水平。

（2）能力要求：

- 熟悉计算机系统基本原理、计算机主要部件与常用 I/O 设备的功能。
- 熟悉网络操作系统的基础知识以及安装和使用。
- 熟悉多媒体系统基础知识，掌握数据库系统基础知识和应用。
- 掌握计算机网络基本原理，熟悉 TCP/IP 的体系结构及 Internet 应用，掌握 Intranet 的组建和管理方法。

- 掌握 J2EE 和.NET 体系结构。
- 掌握 HTML、XHTML、XML 语言以及网络应用编程方法。
- 掌握信息系统的分析、设计、开发和测试方法，熟悉系统开发项目管理的思想和一般方法。
- 熟悉电子商务流程和网上交易过程。
- 熟悉电子商务网上支付概念、支付工具和支付系统。
- 熟悉和掌握电子商务安全策略与安全技术。
- 熟悉电子商务网站的运行、维护和管理。
- 熟悉电子商务有关的法律、法规以及电子商务从业人员的职业道德要求。
- 正确阅读和理解本领域的英文资料。

4）电子商务技术员

（1）能力目标描述：本角色的人员能理解计算机和电子商务基础知识；熟练使用常用办公软件；能按企业要求进行网站设计和网页制作；能对电子商务网站进行日常运行管理与维护；具有助理工程师（或技术员）的实际工作能力和业务水平。

（2）能力要求：

- 熟悉计算机系统和常用 I/O 设备的基础知识。
- 熟悉计算机主要部件及其功能的基础知识。
- 了解操作系统的基础知识及其安装与操作方法。
- 熟练掌握常用办公软件的操作方法。
- 熟悉多媒体、计算机网络和数据库系统的基础知识。
- 熟悉电子商务理念、发展阶段、特点以及基本运作方式。
- 熟悉网上交易过程，了解网上支付、支付工具和支付系统基础知识。
- 掌握 C 与 Java 语言的编程基础知识。
- 掌握 HTML 语言，了解 XML 语言，熟练掌握 Dreamweaver 和 FrontPage 网页制作工具。
- 掌握 VBScript 或 JavaScript 脚本语言，掌握 ASP 和 JSP 动态网页制作技术。
- 掌握电子商务网站建设和网页设计的基本方法。
- 掌握网站运营维护与管理的基础知识和基本操作方法。
- 熟悉信息安全的常识，熟悉电子商务安全技术的基础知识。
- 了解电子商务有关的法律、法规要点，熟悉电子商务从业人员职业道德要求。
- 能阅读和理解相关领域的简单英文资料。

4. 信息系统和信息服务

1）系统分析师

（1）能力目标描述：本角色的合格人员应熟悉应用领域的业务，能分析用户的需求和约束条件，写出信息系统需求规格说明书，制定项目开发计划，协调信息系统开发与运行所涉及的各类人员；能指导制定企业的战略数据规划、组织开发信息系统；能评估和选用适宜的开发方法和工具；能按照标准规范编写系统分析、设计文档；能对开发过程进行质量控制与进度控制；能具体指导项目开发；具有高级工程师的实际工作能力和业务水平。

（2）能力要求：

- 掌握系统工程的基础知识。
- 掌握开发信息系统所需的综合技术知识（硬件、软件、网络、数据库等）。
- 熟悉企业或政府信息化建设，并掌握组织信息化战略规划的知识。
- 熟练掌握信息系统开发过程和方法。
- 熟悉信息系统开发标准。
- 掌握信息安全的相关知识与技术。
- 熟悉信息系统项目管理的知识与方法。
- 掌握应用数学、经济与管理的相关基础知识，熟悉有关的法律法规。
- 熟练阅读和正确理解相关领域的英文文献。

2）系统架构师

（1）能力目标描述：本角色的合格人员应能根据系统需求规格说明书，结合应用领域和技术发展的实际情况，考虑有关约束条件，设计正确、合理的软件架构，确保系统架构具有良好的特性；能对项目的系统架构进行描述、分析、设计与评估；能按照相关标准编写相应的设计文档；能与系统分析师、项目管理师相互协作、配合工作；具有高级工程师实际工作能力和业务水平。

（2）能力要求：

- 掌握计算机硬软件与网络基础知识。
- 熟悉信息系统开发过程。
- 理解信息系统开发标准、常用信息技术标准。
- 熟悉主流的中间件和应用服务器平台。
- 掌握软件系统建模、系统架构设计技术。
- 熟练掌握信息安全技术、安全策略、安全管理知识。
- 了解信息化、信息技术有关法律、法规的基础知识。
- 了解用户的行业特点，并根据行业特点架构合适的系统设计。
- 掌握应用数学基础知识。
- 熟练阅读和正确理解相关领域的英文文献。

3）数据库系统工程师

（1）能力目标描述：本角色的合格人员能参与应用信息系统的规划、设计、构建、运行和管理，能按照用户需求，设计、建立、运行、维护高质量的数据库和数据仓库；作为数据管理员管理信息系统中的数据资源，作为数据库管理员建立和维护核心数据库，担任数据库系统有关的技术支持，同时具备一定的网络结构设计及组网能力；具有工程师的实际工作能力和业务水平，能指导计算机技术与软件专业助理工程师（或技术员）工作。

（2）能力要求：

- 掌握计算机体系结构以及各主要部件的性能和基本工作原理。
- 掌握操作系统、程序设计语言的基础知识，了解编译程序的基本知识。
- 熟练掌握常用数据结构和常用算法。
- 熟悉软件工程和软件开发项目管理的基础知识。
- 熟悉计算机网络的原理和技术。

- 掌握数据库原理及基本理论。
- 掌握常用的大型数据库管理系统的应用技术。
- 掌握数据库应用系统的设计方法和开发过程。
- 熟悉数据库系统的管理和维护方法，了解相关的安全技术。
- 了解数据库发展趋势与新技术。
- 掌握常用信息技术标准、安全性，以及有关法律、法规的基本知识。
- 了解信息化、计算机应用的基础知识。
- 正确阅读和理解计算机领域的英文资料。

4）信息系统管理工程师

（1）能力目标描述：本角色的合格人员能对信息系统的功能与性能、日常应用、相关资源、运营成本、安全等进行监控、管理与评估，并为用户提供技术支持；能对信息系统运行过程中出现的问题采取必要的措施或对系统提出改进建议；能建立服务质量标准，并对服务的结果进行评估；能参与信息系统的开发，代表用户和系统管理者对系统的分析设计提出评价意见，对运行测试和新旧系统的转换进行规划和实施；具有工程师的实际工作能力和业务水平，能指导信息系统运行管理员安全、高效地管理信息系统的运行。

（2）能力要求：

- 熟悉计算机系统以及各主要设备的性能，并理解其基本工作原理。
- 掌握操作系统基础知识以及常用操作系统的安装、配置与维护。
- 理解数据库基本原理，熟悉常用数据库管理系统的安装、配置与维护。
- 理解计算机网络的基本原理，并熟悉相关设备的安装、配置与维护。
- 熟悉信息化和信息系统基础知识。
- 了解信息系统开发的基本过程与方法。
- 掌握信息系统的管理与维护知识、工具与方法。
- 掌握常用信息技术标准、信息安全以及有关法律、法规的基础知识。
- 正确阅读和理解信息技术相关领域的英文资料。

5）信息系统运行管理员

（1）能力目标描述：本角色的合格人员能在信息系统管理工程师的指导下，熟练地、安全地进行信息系统的运行管理，安装和配置相关设备，熟练地进行信息处理操作，记录信息系统运行文档；能正确描述信息系统运行中出现的异常情况，具备一定的问题受理和故障排除能力，能处理信息系统运行中出现的常见问题；具有助理工程师（或技术员）的实际工作能力和业务水平。

（2）能力要求：

- 熟悉计算机系统的组成及各主要设备的基本性能指标，掌握安装与配置方法。
- 掌握操作系统、数据库系统、计算机网络的基础知识，及其常用系统的安装、配置和使用。
- 熟悉多媒体设备、电子办公设备的安装、配置及使用。
- 熟悉常用办公软件的安装、配置及使用。
- 了解信息化及信息系统开发的基本知识。
- 熟练掌握信息处理基本操作。

● 掌握信息系统运行管理的基本方法与技术。

● 了解常用信息技术标准、信息安全以及有关法律、法规的基本知识。

6）信息处理技术员

（1）能力目标描述：本角色的合格人员具有计算机与信息处理的基础知识，能根据应用部门的要求，熟练使用计算机有效地、安全地进行信息处理操作，能对个人计算机系统进行日常维护，具有助理工程师（或技术员）的实际工作能力和业务水平。

（2）能力要求：

● 了解信息技术的基本概念。

● 熟悉计算机的组成、各主要部件的功能和性能指标。

● 了解计算机网络与多媒体基础知识。

● 熟悉信息处理常用设备。

● 熟悉计算机系统安装和维护的基本知识。

● 熟悉计算机信息处理的基础知识。

● 熟练掌握操作系统和文件管理的基本概念和基本操作。

● 熟练掌握文字处理的基本知识和基本操作。

● 熟练掌握电子表格的基本知识和基本操作。

● 熟练掌握演示文稿的基本知识和基本操作。

● 熟练掌握数据库应用的基本概念和基本操作。

● 熟练掌握 Internet 及其常用软件的基本操作。

● 了解计算机与信息安全基本知识。

● 了解有关的法律、法规要点。

● 正确阅读和理解计算机使用中常见的简单英文。

6.2.2.2　公司级认证

1.　CISCO

1）认证种类

思科提供了 3 个一般性认证等级，它们所代表的专业水平逐级上升：工程师、资深工程师和专家（CCIE）。在这些等级中，不同的发展途径对应不同的职业需求。思科还提供了多种专门的思科合格专家认证，以考察在特定的技术、解决方案或者职业角色方面的知识。

思科职业认证体系网址：

http://www.cisco.com/web/CN/learnings/career/index.html

一般性认证有 3 个认证等级：

● 工程师：思科网络认证计划的第一步首先从工程师级别开始。可以将其视为网络认证的初学或者入门等级。

● 资深工程师：这是认证的高级或者熟练等级。

● 专家：这就是 CCIE，即网络人士所能达到的最高等级，为网络领域的专家。

一般性认证有 6 条不同的途径：

● 路由和交换：适用于那些在采用了 LAN 和 WAN 路由器和交换机的环境中，安装和支持基于思科技术的网络专业人士。

- 设计：适用于那些在采用了 LAN 和 WAN 路由器和交换机的环境中，设计基于思科技术的网络的专业人士。
- 网络安全：针对负责设计和实施思科安全网络的网络人士。
- 电信运营商：针对的是在一个思科端到端环境中，使用基础设施或者接入解决方案的专业人士，他们主要分布在电信行业。
- 存储网络：适用于那些利用多种传输方式在扩展的网络基础设施上部署存储解决方案的专业人士。
- 语音：针对的是在 IP 网络上安装和维护语音解决方案的网络人士。

思科一般性认证等级和认证途径的汇总见表 6-14。

表 6-14　思科一般性认证等级和认证途径汇总表

认证途径	工程师	资深工程师	专家 (CCIE)
路由和交换	CCNA	CCNP	CCIE 路由和交换
设计	CCNA & CCDA	CCDP (2006 年 11 月)	无
网络安全	CCNA	CCSP	CCIE 安全
电信运营商	CCNA	CCIP	CCIE 电信运营商
存储网络	CCNA	无	CCIE 存储网络
语音	CCNA	CCVP	CCIE 语音

（1）工程师

思科网络认证计划的第一步首先从工程师级别开始，例如 CCDA 和 CCNA。它可以证明网络人士具备基本的网络知识。可以将其视为网络认证的初学或者入门等级。

➤ CCNA 认证（思科认证网络工程师）

表示具备基本的和初步的网络知识。拥有 CCNA 认证的人士可以为小型网络（不超过100 个节点）安装、配置和操作 LAN、WAN 和拨号接入服务，其中包括但不仅限于下列协议：IP、IGRP、串行、帧中继、IP RIP、VLAN、RIP、以太网和访问列表。

➤ CCDA 认证（思科认证设计工程师）

表示在设计思科网络基础设施方面具备基本的或者初步的知识。拥有 CCDA 认证的人士可以为企业和机构设计包含 LAN、WAN 和拨号接入服务的路由和交换网络基础设施。

（2）资深工程师

思科职业认证计划的第二级是资深工程师级认证，例如 CCNP、CCSP、CCDP 和 CCIP。每个认证资格都属于不同的认证途径，旨在满足不同的职业需求。可以将这个等级视为网络认证的高级或者熟练等级，表明网络人士具备网络基本知识和技能。

➤ CCDP 认证

表示精通或者熟知网络设计知识。获得 CCDP 认证资格的网络人士能够设计包含局域网、广域网和拨号接入服务的路由和交换网络，采用模块化设计方法，以及确保整个解决方案出色地满足业务和技术需求且具有高可用性。

➤ CCIP（思科认证资深互联网专家）

证明就职于电信运营商机构的网络人士在基础设施 IP 网络解决方案方面具备的能力。具有 CCIP 资格的人士非常了解电信运营商领域涉及的网络技术，包括 IP 路由、IP QoS、BGP

和 MPLS。

➤ CCNP 认证

表示网络人士具有对从 100 个节点到超过 500 个节点的融合式局域网和广域网进行安装、配置和排障的能力。获得 CCNP 认证资格的网络人士拥有丰富的知识和技能，能够管理构成网络核心的路由器和交换机，以及将语音、无线和安全集成到网络之中的边缘应用。

➤ CCSP 认证（思科认证资深安全工程师）

表示精通或熟知思科网络的安全知识。获得 CCSP 认证资格的网络人士能够保护和管理网络基础设施，以提高生产率和降低成本。认证内容侧重于安全 VPN 管理、思科自适应安全设备管理器（ASDM）、PIX 防火墙、自适应安全设备（ASA）、入侵防御系统（IPS）、思科安全代理（CSA）和怎样将这些技术集成到一个统一的集成化网络安全解决方案中等主题。

➤ CCVP 认证

体现了目前负责将语音技术集成到底层网络架构中的 IT 人士正日益重要。获得 CCVP 认证资格的人士能够帮助创建一个透明、易于扩展和管理的语音解决方案。CCVP 认证表示非常精通融合式 IP 网络的实施、运行、配置和排障。认证内容侧重于 Cisco Systems CallManager、服务质量（QoS）、网关、关守、IP 电话、语音应用和思科路由器及 Cisco Catalyst 交换机上的应用等主题。

（3）专家（CCIE）

思科认证网络专家项目（CCIE Program）为网络技术设立了一个专业标准，被业界广泛认可。拥有 CCIE 认证被认为是具有专业网络技术知识和丰富工作经验的最好证明。

成为一名 CCIE 需要通过一系列考试！CCIE 认证不需要具备任何正式的前提条件。申请者不需要具有其他的专业认证和/或参加特定的培训课程。但申请者应当对端到端网络的细节、难点和挑战具有深入的认识。思科强烈建议申请者在获得 3～5 年的工作经验之后，再申请这项认证。要获得 CCIE，申请人必须先通过一场资格笔试，再参加相应的实验室实践考试。

CCIE 认证有 5 个专业领域。

➤ CCIE 路由和交换

路由和交换领域的 CCIE 认证资格表示网络人士在不同的 LAN、WAN 接口和各种路由器、交换机的联网方面拥有专家级知识。R&S 领域的专家可以解决复杂的连接问题，利用技术解决方案提高带宽、缩短响应时间、最大限度地提高性能、加强安全性和支持全球性应用。考生应当能够安装、配置和维护 LAN、WAN 和拨号接入服务。

➤ CCIE 安全

安全领域的 CCIE 认证表示网络人士在 IP 和 IP 路由，以及特定的安全协议和组件方面拥有专家级知识。

➤ CCIE 电信运营商

电信运营商 CCIE 认证（以前被称为通信和服务）表示网络人士在 IP 原理和核心 IP 技术（例如单播 IP 路由、QoS、组播、MPLS、MPLS VPN、流量工程和多协议 BGP）方面拥有专家级知识，并且在至少一项与电信运营商有关的网络领域具有专业知识。这些领域包括拨号、DSL、有线网络、光网、WAN 交换、IP 电话、内容网络和城域以太网。

➢ CCIE 存储网络

存储网络领域的 CCIE 认证表示网络人士在利用多种传输方式（例如光纤通道、iSCSI、FCIP 和 FICON）在扩展网络基础设施上采用智能存储解决方案方面拥有专家级知识。 存储网络扩展让企业可以加强灾难恢复能力、优化性能和充分利用各种网络服务，例如卷管理、数据复制，以及与刀片式服务器和存储设备的紧密集成。

➢ CCIE 语音

语音领域的 CCIE 认证表示网络人士在用于企业的 VoIP 解决方案方面拥有专家级知识。考生应当能够在 IP 网络上安装、配置和维护语音解决方案。但是，语音 CCIE 认证并不能证明网络人士对 VoIP 解决方案所在的基础设施也非常了解。相比之下，CCIE 电信运营商－IP 电话认证不仅可以证明网络人士是一名核心 IP 专家，而且证明他对 VoIP 也非常了解。

（4）专业认证：思科合格专家

思科还提供了多种专门的思科合格专家认证，以显示专业人士在特定的技术、解决方案或者职务角色方面的知识。思科还会经常添加一些新的认证。思科合格专家认证详见表 6-15。

表 6-15　思科合格专家认证领域和名称表

专业领域	认证专家名称
高级路由和交换认证 （Advanced Routing and Switching）	思科路由和交换售后专家
	思科路由和交换销售专家
	思科路由和交换解决方案专家
渠道合作伙伴基础认证 （Foundation for Channel Partners）	思科 Foundation Express 设计专家
	思科 Foundation Express 售后专家
	思科 Foundation Express 销售专家
IP 通信认证 （IP Communications Certifications）	思科 IP Contact Center Express 专家
	思科 IP 电话设计专家
	思科 IP 电话支持专家
	Cisco Unity 设计专家
	Cisco Unity 支持专家
	思科高级 IP 通信销售专家
	思科 IP Communications Express 专家
	思科 IP Communications Express 销售专家
	思科多媒体通信专家
网络管理认证 （Network Management）	思科网络管理专家
	思科网络管理销售专家
存储网络认证 （Storage Networking Certifications）	思科存储网络解决方案设计专家
	思科存储网络解决方案支持专家
	思科存储网络销售专家
VPN 和安全认证 （VPN and Security Certifications）	思科防火墙专家
	思科 IPS 专家
	思科 VPN 专家
	思科 VPN/安全销售专家
	思科高级安全售后专家

续表

专业领域	认证专家名称
VPN 和安全认证 （VPN and Security Certifications）	思科安全销售专家
	思科安全解决方案和设计专家
无线局域网认证 （Wireless LAN Certifications）	思科高级无线局域网设计专家
	思科高级无线局域网销售专家
	思科高级无线局域网售后专家

各专业认证的内涵如下。

➢ 接入路由和 LAN 交换认证

思科接入路由和 LAN 交换专业认证旨在证明考生能够为中小型企业销售、设计、安装和支持思科解决方案的核心基础设施。要通过这项认证，考生必须证明自己具有在高速以太网和接入 LAN、WAN 的思科路由器上，利用 Cisco Catalyst 多层交换技术建设、配置和诊断园区网络和远程接入网络的知识。

➢ 渠道合作伙伴基础认证

面向思科渠道合作伙伴的基础认证旨在证明 IT 人士对于路由和交换，以及在 IP 网络中部署无线和安全技术的步骤有基本了解。

➢ IP 电话认证

IP 通信认证旨在证明网络工程师能够熟练地设计、安装和支持一个多服务网络解决方案。

➢ 网络管理认证

思科网络管理专业认证旨在证明网络工程师在网络管理的原理、系统和应用方面具有深入的知识，可以有效地为各种网络要素的管理而销售或者提供全面的技术服务。这些服务包括组件和基础设施管理，IP 电话和关键流量管理，以及针对大型企业网络和中小型网络的安全管理。

➢ 存储网络认证

思科存储网络支持专家认证旨在证明网络工程师在存储网络产品方面具有丰富的技术知识。这些产品主要包括 Cisco MDS 9000 系列多层导向器和交换机，Cisco MDS 9509 导向器交换机，Cisco 9216 矩阵交换机，以及 Cisco MDS 9120 产品。这些技能有助于部署一个高度可扩展、可靠、分布式的多服务解决方案。它们建立在单个办公室、远程地点或者整个企业中的一个融合架构的基础上。

➢ VPN 和安全认证

思科安全认证旨在满足企业对于知识渊博的、能够部署完整的安全解决方案的网络工程师的需求。思科提供的多种安全认证让网络工程师可以证明他们在特定领域的技术能力，例如利用 Cisco IOS 软件和 Cisco PIX 防火墙技术保护网络接入，或者利用 Cisco IOS 软件和 Cisco VPN 3000 系列集中器技术配置跨越共享公共网络的虚拟专用网（VPN）。

➢ 无线局域网认证

思科无线局域网认证旨在证明 IT 人士精通在建筑物之内或之间设计、部署和维护端到端思科无线局域网解决方案的相关事宜，思科无线局域网解决方案不受线路或布线的限制。

2）如何取得思科认证

每个人都可以选择适合自己的方式达到个人的职业认证目标。当选定途径后，就可以根据需要参加相应的培训课程，准备相应的知识，然后参加相应的考试，考试通过后就可以获取相应的认证了。思科授权的培训合作伙伴是负责推广职业认证培训的机构。

3）思科培训合作伙伴

（1）思科学习解决方案合作伙伴（CLSP）

思科学习解决方案合作伙伴（CLSP）是经思科授权的最高级别学习合作伙伴，可以提供正式的技术、产品和/或解决方案培训。CLSP 与思科产品团队和业务部门有着密切的合作关系，可以使用思科的知识产权，而且拥有通过思科 CCSI 认证教师，创建、定制和提供市场领先的培训课程的独特授权。CLSP 需要承担的责任包括：

- 严格遵守所有计划要求、责任规定和限制。
- 只借助思科 CCSI 认证教师和授权材料教授思科授权课程。
- 就所有衍生培训正确提交报告和支付版权费用。
- 遵守思科针对思科学习解决方案合作伙伴制定的市场宣传方针。
- 战略性地招募思科协助机构（SO）。
- 为 SO 提供业务开发指导。
- 为 SO 提供运营支持（设备、教师认证、LPMS 等）。
- 确保 SO 遵守所有计划要求，包括人员、指标、CCSI、学员人数（不包含协助机构的内部员工）和课程数量。
- 实现 SO 和 CLP 提出的课程套件订购和衍生培训审批请求。

（2）思科学习合作伙伴（CLP）

思科学习合作伙伴（CLP）经过了思科的中级授权，可以借助思科认证教师提供正式的技术、产品和解决方案培训。CLP 对培训的投入高于协助机构，包括对认证人员、设备和市场宣传的投资等。这些投资可以帮助 CLP 提供范围更加广泛的思科培训。CLP 需要承担的责任包括：

- 严格遵守所有计划要求、责任规定和限制。
- 只借助思科 CCSI 认证教师和授权材料教授思科授权课程。
- 就所有衍生培训正确提交报告和支付版权费用。
- 遵守思科针对思科学习合作伙伴制定的市场宣传方针。
- 在 CLSP 的协助下，购买课程套件和提交衍生培训申请，供思科审批。

（3）思科协助机构 SO

SO（协助机构）是学习合作伙伴计划中的入门级别。SO 需要与一个思科学习解决方案合作伙伴（CLSP）共同提供思科培训。SO 直接与 CLSP 签署协议，而不是思科。通过与思科学习解决方案合作伙伴建立直接联系，SO 可以借助思科认证教师提供思科培训。SO 需要承担的责任包括：

- 严格遵守所有计划要求、责任规定和限制，包括人员、指标、CCSI、学员人数（不包含 SO 的内部员工）和课程数量等。
- 只借助思科 CCSI 认证教师和授权材料教授思科授权课程。
- 就所有衍生培训正确提交报告和支付版权费用。
- 遵守思科针对协助机构制定的市场宣传方针。
- 在 CLSP 的协助下，购买课程套件和提交衍生培训申请，供思科审批。

4）思科网络技术学院

思科网络技术学院项目（Cisco Networking Academy Program）是由思科公司与教育机构等组织一起推广的以网络技术为主要内容的教育项目。其目的就是为了让更多的人学习最先进的网络技术知识，帮助教育机构克服资金和技术两大瓶颈，为互联网时代做准备。

思科网络技术学院采用 E-Learning 的教学方式，以 Web 技术为基础，辅以诸如 Flash、音频、视频等技术工具制作教材内容，学生可以在教室、宿舍、家里登录访问教材，根据自己的进度学习课程、观看视频或其他可视化技术讲解，使用在线考试系统来检查理解掌握知识的情况，实现个性化的学习。

2. IBM

1）认证种类

IBM 对个人的认证主要是基于 IBM 产品的，包括 IBM 软件、IBM 硬件等方向。每一类产品的认证信息很多，每一个认证从该认证的工作角色描述、认证前所需要具备的技能，以及必备条件等方面都提供了详细的说明，由于内容会随时更新，此处不一一列出，只提供概要性的介绍，关注者可以访问 IBM 认证信息的相关网站 http://www.ibm.com/certify 查询。

（1）IBM 软件技术认证分类包括：

- IBM Business Analytics, Cognos and SPSS
- IBM Cloud Computing
- IBM Information Management
- IBM Lotus
- IBM Rational
- IBM Service Oriented Architecture (SOA)
- IBM Tivoli Software
- IBM WebSphere
- XML

（2）IBM 硬件技术认证分类包括：

- Dynamic Infrastructure
- IBM Power Systems
- IBM Storage
- IBM System x
- IBM System z

IBM 软件技术认证主要针对 IBM 五大软件产品系列，包括 IBM Tivoli 软件、IBM Lotus 软件、IBM Rational 软件、IBM WebSphere 软件、IBM 信息管理软件等，每类软件认证都对应某一特定角色。

（1）DB2 软件：

- IBM Certified Solution Developer
- IBM Certified Database Associate
- IBM Certified Database Administrator
- IBM Certified Application Developer

- IBM Certified Advanced Database Administrator
- IBM Certified System Administrator

（2）企业内容管理软件：

- IBM Certified Solutions Expert - Content Manager OnDemand i5/OS
- IBM Certified Solutions Designer – CommonStore Email Archiving and Discovery Certification
- IBM Certified Solution Designer - DB2 Content Manager V8.3
- IBM Certified Solutions Expert - IBM Content Management - OnDemand
- IBM Certified System Administrator - Document Manager

（3）Informix 软件：

- IBM Certified Application Developer
- IBM Certified Database Associate
- IBM Certified Solutions Expert
- IBM Certified System Administrator

（4）Lotus 软件：

- IBM Lotus Notes Domino 8.5 Application Development
- IBM Lotus Notes Domino 8.5 System Administration
- IBM Lotus Notes Domino 8 Application Development
- IBM Lotus Notes Domino 8 System Administration
- IBM Lotus Live
- IBM Lotus Social Software
- IBM Lotus Sametime
- IBM Lotus Security Professional
- IBM Workplace
- IBM WebSphere Portal

（5）Rational 软件：

- Architecture Management Certifications
- Change and Release Management Certifications
- Enterprise Architecture
- Enterprise Modernization Certifications
- Process and Portfolio Management Certifications
- Quality Management Certifications
- Software Delivery Automation

（6）Tivoli 软件：

- IBM Certified Administrator
- IBM Certified Advisor
- IBM Certified Associate
- IBM Certified Deployment Professional
- IBM Certified Solution Advisor
- IBM Certified Solution Designer

- IBM Certified Operator

（7）WebSphere 软件：

- Application Servers: Distributed Application and Web Servers
- Business Integration: Application Integration and Connectivity
- Business Integration: Dynamic Business Process Management
- Commerce: Web Commerce
- Software Development: Web Services

2）IBM Power Systems 的认证

IBM 硬件技术认证主要针对 IBM 制造的硬件设备，包括大型主机的 z 系列、基于 IBM Power 技术的 Unix 服务器 p 系列、从应用软件角度定义的计算机系统 i 系列、基于英特尔的服务器系列 x 系列以及 IBM 存储设备等。

（1）Certifications for Sellers

- Certifications for Sellers
- Certifications for Technical Sellers

（2）Certifications for Implementers and Advanced Users

- IBM Certified Systems Expert - Enterprise Technical Support for AIX and Linux
- IBM Certified Systems Expert - Virtualization Technical Support for AIX and Linux
- IBM Certified Systems Expert - High Availability for AIX Technical Support and Administration

（3）Certifications for Users

- IBM Certified Operator
- IBM Certified System Administrator

3）IBM System z 的认证

（1）IBM Certified Specialist - System z Solution Sales V4

（2）IBM Certified Specialist - System z Technical Support V3

4）IBM System x 的认证

（1）System x Sales

- IBM Certified Specialist - System x Sales V5
- IBM Certified Specialist - System x Sales V6
- IBM Certified Systems Expert - System x and BladeCenter Sales Expert V3

（2）System x Technical

- IBM Certified Specialist - System x Technical Fundamentals V10
- IBM Certified Systems Expert - System x V6

5）IBM 存储的认证

（1）IBM Certified Specialist

- IBM Certified Specialist - Storage Sales V2
- IBM Certified Specialist - High Volume Storage Fundamentals V1
- IBM Certified Specialist - Midrange Storage Technical Support V2
- IBM Certified Specialist - Enterprise Storage Technical Support V2
- IBM Certified Specialist - XIV Storage System Technical Solutions Version 2

● IBM Certified Specialist - High-End Disk for Open Systems V2

● IBM Certified Specialist - High-End Tape V6

（2）IBM Certified Systems Expert

● IBM Certified Systems Expert - XIV Replication and Migration Services V1

6）如何取得 IBM 认证

考取 IBM 认证证书需要先报考学习课程，然后参加考试，这需要选择 IBM 指定的授权培训中心和国际认证考试机构。

3. HP

1）认证种类

惠普在多个重要领域推出认证。学员可以根据自己的工作角色和雇主需求，选择最合适的认证和认证级别。但要注意某些认证并非适用于每个国家或地区。惠普主要认证领域和这些领域包括的认证如下所述。

（1）销售认证

惠普销售认证旨在确保销售专业人士能有效预测客户的业务需求，为他们提供惠普最佳解决方案。销售认证主要包括：

➢ Accredited Sales Professional (ASP)

此认证要求个人收集客户的业务需求，确定商机，推荐惠普解决方案组合满足他们的业务需求。

理想对象：负责客户工作、销售基于惠普技术的解决方案的销售专家。

必备条件：无。

➢ Accredited Sales Consultant (ASC)

此认证要求个人收集客户的业务需求，成功定位，在与客户商洽中销售惠普企业产品、解决方案和服务。

理想对象：负责技术和市场工作、向客户销售基于惠普技术的解决方案的销售专家

必备条件：HP Accredited Sales Professional 认证（视认证而定）

（2）售前技术认证

惠普售前技术认证使信息技术人员具备必要的技能广度，为客户有效规划和设计基于惠普的解决方案。售前技术认证主要包括：

➢ Accredited Presales Professional (APP)

此认证要求个人分析客户的业务需求，推荐惠普解决方案满足他们的业务需求。

理想对象：负责客户工作、为客户规划和设计基于惠普技术的解决方案的技术通才。

必备条件：无。

➢ Accredited Presales Consultant (APC)

此认证要求个人收集并分析客户的业务需求，并规划和设计惠普企业解决方案。

理想对象：负责技术工作、为客户规划和设计基于惠普技术的解决方案的专家。

必备条件：HP Accredited Presales Professional 认证。

（3）技术集成认证

惠普技术集成认证使信息技术人员具备惠普解决方案设计、实现和支持所需的技能深

度。技术集成认证主要包括：

➤ Accredited Integration Specialist (AIS)

此认证要求个人根据一组给定的客户业务需求，设计、支持和集成可满足这些业务需求的企业级解决方案（可能包括平台、操作系统、软件、存储系统、网络和选件）。

理想对象：部署基于惠普技术的企业级解决方案的任何人。

必备条件：可能要求 HP Certified Systems Administrator 认证或第三方操作系统考试和/或认证。

➤ Accredited Systems Engineer (ASE)

此认证要求个人根据一组给定的客户业务需求，设计、支持和集成可满足这些业务需求的企业解决方案（可能包括惠普和第三方平台、操作系统、软件、存储系统、网络和选件）。

理想对象：部署基于惠普技术的复杂企业级解决方案的任何人。

必备条件：HP Accredited Integration Specialist 认证，还可能要求 HP Certified Systems Engineer 认证或第三方操作系统认证。

➤ Master Accredited Systems Engineer (Master ASE)

MASE 认证是惠普最重要的认证，此认证要求个人收集并分析客户的业务需求，设计、集成和支持包括应用程序、中间件、平台、操作系统、存储系统、网络和选件在内的全面解决方案。

理想对象：部署基于惠普技术的复杂解决方案的任何人。

必备条件：HP Accredited Systems Engineer 认证，可能还要求第三方操作系统认证。

（4）管理认证

惠普管理认证使 IT 专业人员具备安装和管理技能，有效维护和管理惠普操作系统和其他解决方案。管理认证主要包括：

➤ Certified Systems Administrator (CSA)

此认证要求个人在联网环境下亲自安装、配置、管理和支持惠普解决方案和/或惠普操作系统。

理想对象：部署或管理惠普解决方案或惠普操作系统的任何人。

必备条件：无。

➤ Certified Systems Engineer (CSE)

此认证要求个人在复杂的企业环境下亲自安装、优化性能、管理和支持惠普解决方案和/或惠普操作系统。

理想对象：在企业级环境下部署或管理惠普解决方案和/或惠普操作系统的任何人

必备条件：HP Certified Systems Administration 认证

（5）硬件支持认证

惠普硬件支持认证使个人能为商业级/企业级惠普产品提供基本硬件支持。硬件支持认证主要包括：Accredited Platform Specialist (APS)。

此认证要求个人提供基本硬件支持，以便将消费者级和企业级硬件恢复到出厂前的工作状态。

理想对象：提供惠普产品硬件维护和支持和任何人。

必备条件：可能要求第三方行业标准认证。

2）如何取得惠普认证

如果学员计划成为惠普认证专家，需要按以下 8 个步骤操作：

（1）注册学员的惠普个人资料。注意惠普的客户和惠普的渠道合作伙伴注册网址是不同的。惠普的客户点击链接注册：www.hp.com/go/getstarted-customers；惠普的渠道合作伙伴点击链接注册：www.hp.com/go/getstarted-partners。

（2）申请"培训和认证"页面和学习中心访问权。

（3）决定要获得哪种认证，即前面认证种类提到的各种认证，注意惠普的认证种类会有更新，在"培训和认证"页面的"查找学习"下面有最新的"系列课程体系、认证和学科课程"。

（4）阅读认证要求。在选择特定认证并单击认证名称时，学习中心将显示获得此项认证所需的要求。

（5）满足认证必备条件。许多惠普认证都有必备条件，为了获得认证，学员必须满足所有必备条件，必须参加并通过要求的所有考试。对于第三方必备条件，学员必须向您本地惠普认证专家计划部门提交证书副本或考试成绩单副本。

（6）完成建议的培训。每一项认证要求都有建议的培训，培训是可选的，但培训有助学员了解主题，更好地准备认证考试。

（7）通过必修考试。当学员确信自己充分掌握考试内容并具备实践经验时，可以登记参加要求的考试，以获得所选的认证。只有达到考试及格分数线才能通过考试。某些惠普认证考试（考试名称 HP2 或 HP3 前缀）可以在网上进行。其他考试（考试名称带 HP0 前缀）必须在有人监考的环境下进行。某些 HP0 考试是上机考试，使用 Prometric Internet 考试（IBT）格式，在有人监考的虚拟实验室考点进行。

（8）接收本地惠普认证专家计划部门发出的有关您获得新认证的通知。在完成认证要求后的两至四周内，学员将收到一封欢迎电子邮件，指导您如何访问自己的证书。

3）惠普培训

（1）惠普信息技术学院

惠普信息技术学院作为技术培训服务体系的重要一环，为惠普客户及合作伙伴提供产品、技术及应用的培训服务，课程包括了 HP 主机、操作系统、存储、HP 软件等多种类别近百门课程。授课形式以讲师讲授和学员实验并重，使学员在了解专业知识的同时，通过大量的实际操作练习，真正掌握所学内容，具备直接上岗的能力。

为使学员有更好的实验环境，惠普公司建立了惠普虚拟实验室 HPVL，内有各类 HP 主机与存储等设备，并根据课程组建成各种实验环境，供学员上机操作。不管在哪里开课，不论课程内容涉及到何种高端设备，只要有 PC 和 Internet 访问环境，即可接入 HPVL，直接访问相关设备进行课程实验，确保学员有足够的实际操作机会。

（2）惠普 e-Learning 远程教育系统

伴随高科技的迅猛发展，信息技术和互联网不断地从根本上改变着我们的生活。中国惠普培训服务部为客户提供基于 Internet 或 Intranet 的远程教育培训系统及服务，适时地满足企业和教育系统对跨地域、跨岗位、跨等级及个性化的特殊培训需求。除教学管理、课程开发、培训实施等组件外，HP e-Learning 同时结合网上教学，从成本、时效、监控等方面确保课程的适时提供，最大限度满足学员的需求。

（3）惠普授权培训中心

惠普在中国有授权的培训合作伙伴，对有能力和认证资格的培训机构进行部分惠普课程授权，开展惠普课程培训。

4. ORACLE

1）认证种类

Oracle 认证是由 Oracle 公司颁布并实施的一项权威的专业技术标准，是专门为认证那些能够满足对 Oracle 核心产品的服务与支持，并具有娴熟的操作能力和理论知识的专业人士。由于数据库在 IT 中的关键地位和作用，使全球最大的数据库厂商 Oracle 的产品更具特殊性，获得 Oracle 认证如同获得大企业的职位绿卡。

Oracle 数据库认证包括 3 个等级：Oracle OCA 认证专员，Oracle OCP 认证专家和 Oracle OCM 认证大师。

（1）Oracle OCA 认证（即 Oracle Certified Associate）

OCA 认证是 Oracle 公司专为那些仅通过 OCP 两项考试的人员设计的初级技能水平考试，是使用 Oracle 产品的基础。要获得 OCA 证书，必须通过自己选择的认证途径上的两次考试。第一次可以通过 Internet 进行，第二次考试则必须在授权的 Pearson VUE 考试中心进行。要想获得 OCP 证书首先要取得 OCA 认证。

（2）Oracle OCP 认证（即 Oracle Certified Professional）

OCP 认证是 Oracle 公司证实考生在 Oracle 数据库管理领域内熟练程度行的资格认证，考生按考试标准要求参加几门课程的考试（一般为 3~5 门），在通过全部考试后，便可获得 OCP 的专家认证。要成为 OCP，必须先获得 OCA 证书，然后才能参加 OCP 要求的其他考试。

其中 OCP 包括了数据库管理方向的 DBA、数据库开发方向的 DEV 及 Oracle 应用产品方向的 Applications 专家。

目前 OCP 认证考试分为：

- Database Administrator：数据库管理员考试认证，简称 DBA。数据库管理员负责对数据库进行日常的管理、备份及数据库崩溃后的恢复问题。
- Database Operator：数据库操作员认证考试，简称 DBO。数据库操作员主要是基于 Windows NT 的 Oracle 8 数据库管理，能够熟练应用 OEM 等工具完成对数据库的操作及日常的管理工作。
- Database Developer：数据库开发员认证考试，简称 DEV。数据库开发员应能熟练掌握用 Developer/2000 的工具建立各种 Forms 应用程序，建立各种标准的以及自定义的报表。
- Java Developer：Java 开发人员考试。
- Application Consultant: Oracle 产品应用咨询顾问。

（3）Oracle 专家级认证 OCM（即 Oracle Certified Master）

OCM 认证是 Oracle 专家认证的一个分支，OCM 要求参试人员必须获得 OCP 认证，再参加 Oracle 大学的两门高级课程，通过 Oracle 试验室的实践测试；然后在 Oracle 实验环境内成功地通过资深专家级技能考试。技能考试的目的是培养动手能力，OCM 不但有能力处理关键业务数据库系统和应用，还能帮助客户利用 Oracle 技术获得成功。

2）如何取得 ORACLE 认证

获取 Oracle 认证的途径一是通过 Oracle 大学的培训，然后通过 Prometric 考试中心参加考试；另一种方式就是 Oracle WDP 项目，即 Oracle 全球职业教育项目。

Oracle 大学是全球性的培训机构，面向三个不同维度的对象实施 Oracle 产品和技术培训，包括面向员工、面向客户、面向合作伙伴。其课程由 Oracle 厂商的专业技术人员开发，认证课程内容包括数据库、应用服务器、开发工具、数据建仓/商务智能、电子商务套件等。Oracle 大学提供多种可选择的培训方式，如面授、在线、自学、客户包班等；此外，还大力拓展与其他合作伙伴在培训教育方面的合作领域与范围，以推进集理论与实践相结合的专业培训计划。

Oracle WDP 的全称为 Oracle Workforce Development Program，又称"Oracle 职业发展力计划"，这是 Oracle 公司针对职业教育发展在全球推广的项目之一，在对信息技术人员需求量大的国家与地区获得了巨大成功，比如印度。WDP 在中国旨在为帮助中国在校大学生及非企业付费的个人提升就业及职场竞争力，从而推出的认证培训项目，以解决中国大学毕业生就业时遇到的与企业实际技术应用脱节的问题。通过 Oracle WDP 为期 3 个月左右的认证技术培养与学习，让这部分人群能够迅速掌握企业所需要的最流行的 Oracle 数据库技术，在毕业之时除了能够具备大学毕业证书之外，还能具备全球公认的 Oracle 认证，进而提升就业竞争力，为企业创造价值。

5. MICROSOFT

1）认证种类

（1）MCTS 认证

MCTS 认证是微软认证技术专家的简称，是微软全新认证体系中最实用的证书，其证书的等级相当于以前的 MCP 认证（即至少精通一种微软产品的技术），但 MCTS 认证更有针对性的在每个证书中多了其技术方向的说明，并为获得其他的微软认证建立基础。通过任何一个微软认证的考试（Networking Essentials 例外），您都可获得此认证。

报考 MCTS 的基础条件：

- 资格：年满 18～28 周岁，身体健康。
- 学历：中等以上学历。
- 能力：基本的计算机应用能力，微软公司建议考生最好掌握相应的软件使用和技术应用的经验。

（2）MCITP 认证

MCITP 认证是微软 IT 专家认证的简称，是属于微软全新认证体系的中级证书，需要考生首先通过一项或多项 MCTS 认证，侧重于特定的工作角色包括设计、项目管理、运营管理以及规划等，需重新认证以保持有效。

报考 MCITP 的基础条件：

- 资格：需要考生首先通过一项或多项 MCTS 认证。
- 学历：报考 MCITP 不限制考生的文凭，任何人都可以报考。
- 能力：基本的计算机应用能力，微软公司建议考生最好相应的软件使用和技术应用的经验。

（3）MCSE 认证

MCSE 是微软认证系统工程师的简称，MCSE 是行业中承认范围最广的一个认证，证明自己具备使用高级的 Microsoft Windows 平台和 Microsoft 服务器产品，为企业提供成功的设计、实施和管理商业解决方案的能力。它要求的考试科目最多（共 7 科，更提供了 30 余门选考科目），我们通常所指的 MCSE 就是 MCSE2000 认证，而另外一个重要的 MCSE2003 认证则会在我们的 MCSE2003 认证攻略中提到。由于 Win2000 的考试要在 2008 年上半年作废，所以 ITExamPrep. com 原则上不建议现在的考生选择这项考试方案，建议现在的考生选择 MCSE2003 的考试方案：MCSE2003 认证。

报考 MCSE2000 的基础条件：

- 资格：无任何限制。
- 学历：报考 MCSE2000 不限制考生的文凭，任何人都可以报考。
- 能力：基本的计算机应用能力，微软公司建议考生最好具备一定的网络操作系统的建设管理经验。

（4）MCSD 认证

MCSD 是微软认证解决方案开发专家的简称，MCSD 是整个微软认证应用开发体系中等级最高的一个认证，它要求的考试科目共 5 科，MCSD 能够使用微软开发工具、技术、平台和 Windows DNA 体系结构设计、实施和管理解决方案，包括了从业务需求分析到解决方案的维护的各项任务。

报考 MCSD 的基础条件：

- 资格：无。
- 学历：报考 MCSD 不限制考生的文凭，任何人都可以报考。
- 能力：基本的计算机应用能力，微软公司建议考生最好具备一定的应用程序功能的知识。

（5）MCA 认证

MCA（Microsoft Certified Architect）是微软认证架构师的简称，是微软的顶级证书，其要求非常严格，据 ITExamPrep. com 的报道到目前为止只能在美国本土参加该证书的考核。

MCA 认证要求考生具备 10 年 IT 行业的工作经验，从事 3 年架构师工作经验，而且考试评估的周期达 1 个星期之久，参加评审的人员是由已经获得了 MCA 认证的人员构成，费用也高达史无前例的 10000 美元，而且根据 IT 认证考试网的报道，目前通过 MCA 认证的人员仅有 40 余人，大多为微软员工。

报考 MCA 的基础条件：

- 资格：要求考生具备 10 年 IT 行业的工作经验，从事 3 年架构师工作经验。
- 学历：无学历要求。
- 能力：建议考生最好丰富的系统架构设计和建设管理经验。

（6）MCDBA

MCDBA 是微软认证数据库管理员简称，对取得认证的个人可以证明自己拥有领导企业成功地设计、实现和管理 Microsoft SQL Server 数据库所需的技能。

（7）MCT

MCT 是微软认证讲师的简称，在微软的培训和认证过程中有很重要的作用。取得 MCT

认证的人士被微软确认为具有指导资格和技术能力，他们可以为计算机专业人员提供以微软正式教程（MOC）为指导的课程。MOC 课程由微软产品组开发，用于培训计算机专业人员。这些专业人员将使用微软技术开发、支持和实现解决方案。MCT 认证的取得不是采用培训+考试的方式，而是需要向 MCT 管理中心申请，并通过面试获得。

（8）MCAD

MCAD 是微软认证应用程序开发专家，是针对那些开发并维护部门级应用程序、组件、Web 或桌面系统客户端及后端数据服务的专业人员而提供的。其工作角色涵盖了从需求实现到解决方案建立、部署与维护在内的各种任务。

2）如何取得微软认证

考取微软认证证书需要先报考学习课程，然后参加考试，这需要选择微软指定的授权培训中心（CPLS）和国际认证考试机构。

第7章　信息技术服务质量管理

质量是信息技术（IT）服务企业赖以生存的基础，通常 IT 服务企业业务的开展是以项目为基础的，因此本章从常规的质量管理定义和质量管理方法出发，介绍项目质量管理的基本概念和基本原理，给出项目不同阶段的质量管理要点；同时，针对服务业务的特殊性，重点介绍了服务质量管理的关键内容、评价方法和构建服务质量管理体系的思路，使读者对 IT 服务质量管理重点有所了解；最后介绍了客户满意度评测对服务质量管理的作用，并对不同服务业务提供了客户满意度测评要点，供从事信息技术服务质量管理的人员参考。

7.1　质量管理

7.1.1　质量管理的基础知识

国内外针对质量管理都制定有相应的标准，本节中质量管理的术语采用 GB/T19000—2008《质量管理体系　基础知识》中定义的质量管理体系术语，并在此基础上，给出帮助理解定义的若干关键内容。

7.1.1.1　质量管理的定义

质量是一组固有特性满足要求的程度。通常我们所说的产品合格与不合格指的就是产品质量。在 IT 服务中，无论是系统集成服务还是软件开发服务，都是以项目形式交付项目成果。系统集成交付的是完工的工程，软件开发交付的是可运行的软件。项目质量的好坏不仅反映了一个组织的能力，同时也是供需双方合同签订的约束条件。因而对于服务组织来说，质量管理是履行合同的重要管理手段之一，是服务企业赖以生存的基本能力。

质量管理是在质量方面指挥和控制组织的协调活动。在质量方面的指挥和控制活动，通常包括制定质量方针和质量目标以及质量策划、质量控制、质量保证和质量改进。理解这个定义要注意以下几个要点：

（1）质量管理是通过建立质量方针和质量目标，并为实现规定的质量目标进行质量策划，实施质量控制和质量保证，开展质量改进等活动予以实现的。

（2）质量管理不能包含组织的全部管理，仅是在质量方面的指挥和控制活动。质量是组织的主导因素，围绕着产品质量形成的全过程实施质量管理是组织的各项管理的主线。

（3）质量管理涉及组织的各个方面，是否有效地实施质量管理关系到组织的兴衰。组织的最高管理者应正式发布本组织的质量方针，在确定质量目标的基础上，按照质量管理的基本原则，运用管理的系统方法来建立质量管理体系，为实现质量方针和质量目标配备必要的人力和物质资源，开展各项相关的质量活动，这也是各级管理者的职责。所以组织采取激励措施激发全体员工积极参与，确保质量策划、质量控制、质量保证和质量改进活动的顺利进行。

（4）开展质量活动要考虑经济性因素，要用最经济的手段提供最优的产品。

在 GB/T19000—2008《质量管理体系 基础和术语》中，给出了质量管理的八项原则，被各类组织确定为开展质量管理的指导原则，IT 服务企业也不例外。这 8 项质量管理原则的内容为：

（1）以客户为关注焦点：组织依存于其客户。因此，组织应理解客户当前和未来的需求，满足客户要求并争取超越客户期望。

（2）领导作用：领导者应建立组织协调一致的宗旨和方向。为此，他们应当创造并保持使员工能充分参与实现组织目标的内部环境。

（3）全员参与：各级人员都是组织之本，只有他们充分参与，才能使他们的才干为组织获益。

（4）过程方法：将活动和相关的资源作为过程进行管理，可以更高效地得到期望的结果。

（5）管理的系统方法：将相互关联的过程作为系统加以识别、理解和管理，有助于组织提高实现目标的有效性和效率。

（6）持续改进：持续改进整体业绩应当是组织的一个永恒目标。

（7）基于事实的决策方法：有效决策是建立在数据和信息分析基础上的。

（8）与供方互利的关系：组织与供方是相互依存的，互利的关系可增强双方创造价值的能力。

7.1.1.2　质量方针

质量方针是由组织的最高管理者正式发布的该组织总的质量宗旨和方向。通常质量方针与组织的总方针相一致并为制定质量目标提供框架。理解这个定义要注意以下几个要点：

（1）由最高管理者发布的质量方针是本组织全体员工开展各项质量活动的准则。

（2）质量方针必须与组织的总方针保持一致。

（3）质量方针必须具有实质性的内容，组织在制定质量方针时应以八项质量管理原则为基础，反映组织在管理和产品上的要求。质量方针的内容不能以几句空洞的标语口号予以表述。

（4）质量方针为质量目标的制定提供了框架和方向。应围绕质量方针提出的要求确定组织的质量目标，通过全体员工的努力实施质量目标，方能保证质量方针的实现。

（5）组织的质量方针一般是中长期方针，应保持其内容的相对稳定性，但必须注意随着组织内外环境和条件的变化对质量方针进行不定期的调整和修订以保持其适宜性。

（6）质量方针是组织质量活动的纲领，高层领导务必采取各种必要的措施，加强组织内部各层级组织与客户以及其他第三方的沟通，保证组织内部正确理解和实施质量方针，取得客户和相关方对质量方针的理解和信任。

7.1.1.3　质量目标

质量目标是在质量方面所追求的目的。质量目标通常依据组织的质量方针制定，通常对组织的相关职能和层次分别规定质量目标。理解这个定义要注意以下几个要点：

（1）组织的质量目标必须以质量方针为依据，并且始终与质量方针保持一致。组织各层级应针对组织的质量方针所规定的方向和作出的承诺确立相应的质量目标。

（2）组织的质量目标是可以测量的，尤其是产品目标要结合产品质量特性加以指标化，达到便于操作、衡量、检查和不断改进的目的。

（3）组织可以在调查、分析自身管理现状和产品现状的基础上，与行业内的先进组织相比较，制定出经过努力在近期可以实现的质量目标。

（4）质量目标的内容应符合质量方针所规定的框架，还应包括组织对持续开展质量改进的承诺所提出的质量目标，以及满足产品要求的内容，如产品、项目或合同的质量目标，配备实现目标的资源和设施等。

（5）在建立组织级质量目标的基础上，应将组织级质量目标分解到各相关职能和层级，按照组织结构的形式建立各部门的质量目标。对各层级的质量目标也应量化，通过运用系统的管理方法将组织级质量目标自上而下地分解落实到各个部门和层级，才能有效地自下而上保证组织级质量目标如期实现。

7.1.1.4　质量规划

质量规划是质量管理的一部分，致力于制定质量目标并规定必要的运行过程和相关资源以实现质量目标。理解这个定义要注意以下几个要点：

（1）质量规划是质量管理的一部分，是质量管理的前期活动，为整个质量管理活动做准备。质量规划的主要内容是制定质量目标，规定必要的运行过程和相关资源以实现质量目标。

（2）在组织内部有众多方面的质量规划，如建立质量管理体系规划，产品实现过程规划，设计和开发规划，持续改进质量管理体系、产品及过程的规划，为确保符合性和实现改进所需的测量和监控活动规划，适应外部环境变化的规划等。组织通过规划做出正确的决策，对组织的质量管理体系和产品质量满足客户需要和期望起着十分关键的作用。

（3）质量规划是组织各级管理者的重要职责，在质量规划中，各级管理者都必须运用基于事实的决策方法，进行识别、分析，作出正确的抉择，通过实施质量规划确保组织质量目标的实现。

（4）质量规划不能看作一次性的过程，随着客户和其他相关方需求的变化，组织对质量管理体系的过程或产品实现过程进行改进时，都应开展质量规划，并确保质量规划在受控状态下进行。

7.1.1.5　质量控制

质量控制是质量管理的一部分，致力于满足质量要求。质量控制的工作目标有两个方面：一是对质量管理工作进行控制，确保质量管理工作有序进行；二是及时发现质量问题并及时解决，保证质量目标的实现。理解这个定义要注意以下几个要点：

（1）质量控制是质量管理的一个组成部分，其目的是为了使产品、体系或过程的固有特性达到规定的要求。所以质量控制是通过采取一系列作业技术和活动对各个过程实施控制的。

（2）质量控制是为了达到规定的质量要求，预防发生不合格状况的重要手段和措施。组织应对影响产品、体系或过程质量的因素予以识别和分析，找出起着主导作用的因素，实施因素控制，才能取得预期的成果。

（3）质量控制应贯穿在产品形成和体系运行的全过程，每一个过程都有输入、转换和输出 3 个环节，如图 7-1 所示。通过对 3 个环节实施有效的控制，对产品质量有影响的各个过程才能处于受控状态。

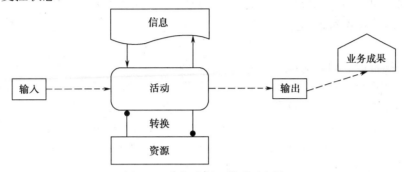

图 7-1　业务过程元模型示意图

（4）质量控制是一个根据质量要求设定标准、测量结果、判定是否达到了预期要求、对质量问题采取措施进行补救并防止再次发生的过程，质量控制不是检验，但要进行质量控制就离必须进行质量检验，所以质量检验是质量控制必不可少的重要组成部分。

7.1.1.6　质量保证

质量保证是质量管理的一部分，致力于提供质量要求会得到满足的信任。理解这个定义要注意以下几个要点：

（1）质量保证是质量管理的一个组成部分，是组织为了提供足够的信任表明体系、过程或产品能够满足质量要求，而在质量管理体系中实施并根据需要进行证实的全部有计划和有系统的活动。

（2）质量保证定义的关键词是信任，对产品、体系或过程的固有特性能达到预期的质量提供足够信任，使客户确信组织的产品、体系或过程能达到规定的质量要求。这种信任是在订货之前建立起来的，客户不会向不信任的组织订货。

（3）信任的依据是质量管理体系的建立和运行。为了能够提供信任，组织必须建立组织的质量管理体系并使之有效运行，将所有影响质量的因素，包括技术、管理和人员方面的因素，都采取有效的方法进行控制，并提供证实已达到质量要求的客观依据，以使客户组织的质量管理体系得到有效运行，具备提供满足规定要求的产品的能力。

（4）质量保证可分为内部质量保证和外部质量保证。内部质量保证是向组织的管理者提供信任，外部质量保证是向客户提供信任，使他们确信组织的产品、体系或过程的质量已能满足规定要求，具备持续提供满足客户要求并使其满意的产品的能力。

（5）在质量保证中，不同客户对产品质量要求不尽相同，对组织的质量保证活动的要求也是不一样的，所以组织所规定的产品要求和质量管理体系的要求都应充分、完整地反映客户的需求和期望，质量保证才能提供足够的信任。

（6）质量控制和质量保证既有区别又有一定的关联性。质量控制是质量保证的前提，质量控制是为了达到规定的质量要求而开展的一系列活动；质量保证是提供客观证据证实已经达到规定的质量要求的各项活动，致力于取得客户方的信任。所以，组织必须有效地实施质量控制，在此基础上才能提供质量保证，取得信任。

7.1.1.7 质量改进

质量改进是质量管理的一部分，致力于增强满足质量要求的能力。要求可以是有关任何方面的，如有效性、效率或可追溯性等。理解这个定义要注意以下几个要点：

（1）质量改进是质量体系运行的驱动力，是实施质量保证的有力手段。应使质量改进成为一种制度。

（2）影响项目质量的因素在不断变化，客户的需求和期望也在不断变化，这就要求组织不断改进其工作质量，提高质量管理体系及过程的效果和效率，以满足客户日益增长和不断变化的需求与期望。只有坚持持续改进，产品和服务质量才能得到不断完善和提高。

（3）质量改进是无止境的，是一种以追求更高的过程效果和效率为目标的持续性活动，需要以自觉的、有计划的、系统的质量改进为基础，只有不断地、广泛地、系统地开展质量改进活动，才能称为持续改进。

（4）持续改进是扎扎实实的、循序渐进的。改进是以现有水平为基础，发现问题，解决问题，打破现状，提高水平；对改进的成果应予以巩固，并使其稳定，改进才算成功，进一步改进才有新的必要的基础。

7.1.1.8 质量管理体系

质量管理体系是在质量方面指挥和控制组织的管理体系。理解这个定义要注意以下几个要点：

（1）体系是指相互关联或相互作用的一组要素。管理体系是指建立方针和目标并实现这些目标的体系。根据定义替代的原则，质量管理体系可定义为"建立质量方针和质量目标并实现这些目标的一组相互关联或相互作用的要素"。在这一组要素中，每个要素是组成质量管理体系的基本单元，既有相对的独立性，又有各个要素之间的相关性，相互之间存在着影响、联系和作用的关系。

（2）建立质量管理体系是为了有效地实现组织规定的质量方针和质量目标。组织应根据生产和提供产品的特点，识别构成质量管理体系的各个过程，识别和及时提供实现质量目标所需的资源，对质量管理体系运行的过程和结果进行测量、分析和改进，确保客户满意。为了评价客户的满意程度，质量管理体系还应确定测量和监视各个方面的满意和不满意的信息，采取改进措施，努力消除不满意因素，提高质量管理体系的有效性和效率。

（3）组织建立质量管理体系不仅要满足在经营中客户对组织质量管理体系的要求，预防不合格状况发生和提供使客户满意的产品，而且应该站在更高层次追求组织优秀的业绩来保持和不断改进、完善质量管理体系。

7.1.2 质量管理方法

7.1.2.1 PDCA 循环

1. PDCA 循环的定义

PDCA 循环又叫戴明环，是管理学中的一个通用模型，最早由休哈特（Walter A. Shewhart）于 1930 年构想出来，后来被美国质量管理专家戴明（Edwards Deming）博士在 1950 年再度提出来,并加以广泛宣传,运用于持续改善产品质量的过程中。PDCA 循环理论可应用于几乎所有领域(包括自然科学与人文管理),既包括人们的日常行为模式、工作方法与生活观念,也被人们有意无意地用于自己所处理的每件事务之中,形成一种认知与实践的交互模式。PDCA 循环在全面质量管理中是公认的可遵循的科学程序。而质量管理活动的全部过程就是按照 PDCA 循环持续地、周而复始地运转的。

PDCA 循环是一个闭环管理模式,包括持续改进与不断提升的 4 个循环反复的步骤,即计划、执行、检查和行动,如图 7.2 所示。PDCA 循环就是按照这样的顺序进行质量管理、并且循环不止地进行下去的程序。

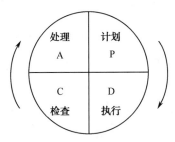

图 7-2　PDCA 循环示意图

P、D、C、A 这 4 个英文字母所代表的含义如下。

P(Plan)——计划。明确所要解决的问题或所要实现的目标,并提出实现目标的措施或方法,制定相应的计划。

D(Do)——执行。贯彻落实上述措施和方法,实现计划中的内容。

C(Check)——检查。对照计划方案,检查贯彻落实的情况和效果,及时发现问题和总结经验。

A(Action)——行动(或处理)。对检查的结果进行处理,把成功的经验加以肯定,变成标准;分析失败的原因,吸取教训,避免重复发生。对于没有解决的问题,应提给下一个 PDCA 循环中去解决。

2. PDCA 循环的特点

PDCA 循环可以使我们的思想方法和工作步骤更加条理化、系统化、形象化和科学化,它具有如下特点:

(1)大环套小环,小环保大环,推动大循环。

PDCA 循环作为质量管理的基本方法,不仅适用于工程项目的质量管理,也适应于企业运作和个人职业发展。对企业而言,如果把整个企业的工作作为一个大的 PDCA 循环,那么各个部门、小组还有各自小的 PDCA 循环,就像一个行星轮系一样,大环带动小环,一级带一级,有机地构成一个运转的体系。大环是小环的母体和依据,小环是大环的的落实和具体化。各级部门的小环都围绕着企业的总目标朝着同一方向转动。通过循环把企业上下或工程项目的各项工作有机地联系起来,彼此协同,互相促进。

(2)阶梯式上升。

PDCA 循环不是在同一水平上循环,而是像爬楼梯一样,每转动一周就上升一个台阶。每经过一次循环,一些问题就会得到解决,质量水平就会上升到一个新的高度,就有了新的更高的目标，在新的基础上继续 PDCA 循环。如此循环往复，质量问题不断得到解决，产品质量和管理水平就会不断得到改进和提高。PDCA 循环的特点可由图 7-3 形象地展示。

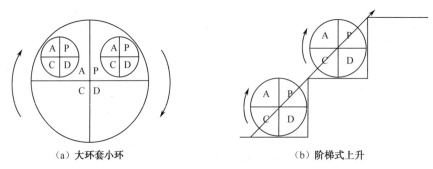

（a）大环套小环　　　　　　　　　　（b）阶梯式上升

图 7.3　PDCA 循环的特点

3. 科学管理方法的综合应用

PDCA 循环理论综合了质量控制的统计处理方法和工业工程中工作研究方法，作为进行工作和发现、解决问题的工具。PDCA 循环的 4 个阶段又可细分为 8 个步骤，每个步骤的具体内容和所用的方法如表 7-1 所述。

表 7-1　PDCA 循环的八步骤法

阶段	步骤	方法与措施	说明
P	（1）分析现状，找出质量问题	帕累托图	查找影响质量的主次因素
		直方图	显示质量分布状态，并与标准对比，判断是否正常
		控制图	观察控制质量特性值的分布状况，判断有无异常因素影响，并用于动态控制
	（2）分析各种影响因素或原因	因果图	寻找某个质量问题的所有可能的原因，分析主要矛盾
	（3）找出主要影响因素	帕累托图、相关图（散布图）	观察分析质量数据之间的相关关系
	（4）针对主要原因，制定措施计划	回答"5W1H"	确定问题，制订对策，研究措施，落实有关部门、执行人员及完成时间
		Why—为什么制定该措施，理由何在？	
		What—达到什么目标？	
		Where—在何处执行？	
		Who—由谁负责完成？	
		When—什么时间完成？	
		How—如何完成？	
D	（5）执行、实施计划	下达落实计划的核心措施	
C	（6）检查计划执行结果	与步骤1相同	
A	（7）总结成功经验，制订相应标准	制订或修改工作规程、检查规程及其他有关规章制度	标准化
	（8）把未解决或新出现的问题转入下一个 PDCA 循环	反馈到下一循环的计划中	重新开始新的 PDCA 循环

7.1.2.2   精益生产理论

1. 精益生产定义

20 世纪初，从美国福特汽车公司创立第一条汽车生产流水线开始，大规模的生产流水线一直是现代工业生产的主要特征，改变了效率低下的单件生产方式，被称为生产方式的第二个里程碑。大规模生产方式是以标准化、大批量生产来降低生产成本、提高生产效率的。但是第二次世界大战以后，社会进入了一个市场需求向多样化发展的新阶段，相应地要求工业生产向多品种、小批量的方向发展，单品种、大批量的流水线生产方式的弱点就日渐明显了。为了顺应这样的时代要求，由日本丰田汽车公司首创的精益生产方式，作为多品种、小批量混合生产条件下的高质量、低消耗生产方式，是在实践中摸索出来的。精益生产方式是在实践应用中根据丰田实际生产的要求而被创造、总结出来的一种革命性的生产方式，被称为"改变世界的机器"，是继大量生产方式之后人类现代生产方式的第三个里程碑。

总体来说，根据精益生产方式的形成过程可以将其划分为 3 个阶段：丰田生产方式形成与完善阶段，丰田生产方式的系统化阶段（即精益生产方式的提出），精益生产方式的革新阶段（对以前的方法理论进行再思考，提出新的见解）。

2. 精益生产理论的特点

1）拉动式准时化生产

以最终用户的需求为生产起点。强调物流平衡，追求零库存，要求上一道工序加工完的零件立即可以进入下一道工序。准时化生产的英文是 Just In Time，简称 JIT，其基本思想可概括为"在需要的时候，按需要的量生产所需的产品"。

组织生产线依靠一种称为看板（Kanban）的形式。看板是在同一道工序或者前后工序之间进行信息传递的载体。看板中记载着生产和运送的数量、时间、目的地、放置场所、搬运工具等信息，从装配工序逐次向前工序追溯。生产中的节拍可由人工干预、控制，但重在保证生产中的物流平衡（对于每一道工序来说，即为保证对后退工序供应的准时化）。由于采用拉动式生产，生产中的计划与调度实质上是由各个生产单元自己完成的，在形式上不采用集中计划，但操作过程中生产单元之间的协调则极为必要。

2）全面质量管理

强调质量是生产出来而非检验出来的，由生产中的质量管理来保证最终质量。生产过程中对质量的检验与控制在每一道工序都进行，重在培养每位员工的质量意识，在每一道工序进行时注意质量的检测与控制，保证及时发现质量问题。如果在生产过程中发现质量问题，根据情况，可以立即停止生产，直至解决问题，从而保证不出现对不合格品的无效加工。

对于出现的质量问题，一般是组织相关的技术与生产人员作为一个小组，一起协作，尽快解决。

3）团队工作法（Team Work）

每位员工在工作中不仅是执行上级的命令，更重要的是积极地参与，起到决策与辅助决策的作用。组织团队的原则并不完全按照行政组织来划分，而主要根据业务的关系来划分。团队成员强调一专多能，要求能够比较熟悉团队内其他工作人员的工作，保证工作协调的顺利进行。团队人员工作业绩的评定受团队内部的评价的影响。团队工作的基本氛围是信任，以一种长期的监督控制为主，而避免对每一步工作的稽核，提高工作效率。团队的组织是变动的，针对不同的事物，建立不同的团队，同一个人可能属于不同的团队。

4）并行工程（Concurrent Engineering）

在产品的设计开发期间，将概念设计、结构设计、工艺设计、最终需求等结合起来，保证以最快的速度按要求的质量完成。各项工作由与此相关的项目小组完成。进程中小组成员各自安排自身的工作，但可以定期或随时反馈信息并对出现的问题协调解决，依据适当的信息系统工具，反馈与协调整个项目的进行。

7.1.2.3 六西格玛

1. 六西格玛管理定义

六西格玛管理是一项以数据为基础，追求完美的质量管理和流程再造的优化方法。六西格玛的管理方法重点是将所有的工作作为一种流程，采用量化的方法分析流程中影响质量的因素，找出最关键的因素加以改进从而达到更高的客户满意度。西格玛是希腊字母σ的中文译音，统计学用来表示标准偏差，即数据的分散程度。对连续可计量的质量特性用σ度量质量特性总体上对目标值的偏离程度。企业也可以用西格玛的级别来衡量在商业流程管理方面的表现。几个西格玛是一种表示品质的统计尺度，任何一个工作程序或工艺过程都可用几个西格玛表示。六西格玛可解释为每一百万个机会中有 34 个出错的机会，即合格率是99.99966%，而三西格玛的合格率只有93.32%。六西格玛管理的最终目标是为了提高效率改善质量，是为达到结果的一种手段而并不是结果本身。六西格玛管理强调消除错误、减少消耗、避免重复劳动，强调客户满意并使公司利润增加。

六西格玛管理是由摩托罗拉公司在20世纪80年代提出并实施的一种以数量概念表示产品质量水平的方法。1987 年六西格玛作为一个新的对质量进行突破性改进的方法诞生于摩托罗拉公司的通信部门，六西格玛对于摩托罗拉公司来说是一个持续的将自己的表现和客户的要求进行比较并以六西格玛的缺陷率为改进目标的革命性的方法。经过几年的努力实践，六西格玛在全公司范围内得到了广泛施行和推广。六西格玛产生的强大动力使得摩托罗拉公司制定了以前看上去几乎是不可能实现的目标。由于实施六西格玛管理，摩托罗拉公司从开始实施六西格玛的 1987 年到 1997 年的 10 年间，销售额增长了 5 倍，利润每年增加 20%，通过实施六西格玛管理所带来的收益累计达 140 亿美元，效果十分显著。

杰克·韦尔奇领导下的美国通用电气公司把这一高度有效的质量战略变成了管理哲学和实践。六西格玛已不仅是关于统计学和质量改进的方法，而且提升到了打造公司核心竞争力的战略层次，六西格玛逐渐从一种质量管理方法变成了一个高度有效的企业流程设计改造和优化技术，继而成为世界上追求管理卓越性的企业最为重要的战略举措，将人事、财务与其对推行和实施结果的衡量紧密地结合在一起。在通用电气公司应用六西格玛取得了巨大成功之后，六西格玛为全世界所认识并接受。六西格玛不再仅是一种质量改进的方法，而是发展成为可以使企业保持持续改进、增强综合领导能力、不断提高客户满意度及经营业绩并带来巨大利润的一整套管理理念和系统方法。

六西格玛实施由黑带大师、黑带，绿带组成的团队负责。黑带大师负责项目改进的方向及项目资源的规划；黑带是实施管理的中坚力量，负责绿带的培训，在其中起协调作用；绿带则侧重于六西格玛工作的具体实施。

六西格玛吸取了全面质量管理中的"零缺陷"和"持续改进"等思想。把"持续改进"

具体化、可见化。六西格玛有一套全面而系统地发现、分析、解决问题的方法和步骤，这就是 DMAIC 改进方法，DMAIC 是指定义（Define）、测量（Measure）、分析（Analyze）、改进（Improve）、控制（Control）5 个阶段构成的过程改进方法，一般用于对现有流程的改进，包括制造过程、服务过程以及工作过程等。DMAIC 的具体意义如下。

D（Define）定义阶段：通过定义识别客户要求，找准要解决的问题，确定需要改进的目标及其进度，决定项目需要什么资源。

M（Measure）测量阶段：收集整理数据，为量化分析做好准备。无论是生产制造流程还是交易流程都有输入和输出。通常把需要输入的东西用 x 表示，把产生的结果或输出用 y 表示。通过测量了解现有质量水平。

A（Analysis）分析阶段：利用多种统计技术方法对整个系统进行分析，找出存在问题的根本原因。

I（Improve）改进阶段：运用项目管理和其他管理工具，针对关键因素确立最佳改进方案。

C（Control）控制阶段：监控新的系统流程，采取措施以维持改进的结果，以期整个流程充分发挥功效。

一个完整的六西格玛改进项目应完成"界定 D"、"测量 M"、"分析 A"、"改进 I"和"控制 C" 5 个阶段的工作。每个阶段又由若干个工作步骤构成。各阶段的主要工作见表 7-2。

表 7-2　DMAIC 五个阶段的主要工作

阶段	主要工作
D定义	定义阶段 D：确定客户的关键需求并识别需要改进的产品或过程，将改进项目界定在合理的范围内
M测量	测量阶段 M：通过对现有过程的测量，确定过程的基线以及期望达到的目标，识别影响过程输出 y 的输入 x，并对测量系统的有效性作出评价
A分析	分析阶段 A：通过数据分析确定影响输出 y 的关键 x，即确定过程的关键影响因素
更改过程?（Yes / NO）／ I改进	改进阶段 I：需求优化过程输出 y 并且消除或减小关键 x 影响方案，使过程的缺陷或变异（或称为波动）降低
C控制	控制阶段 C：使改进后的过程程序化并通过有效的监测方法保持过程改进的成果

每个阶段都由一系列工具方法支持该阶段目标的实现。表 7-3 列出了每个阶段使用的典型方法与工具。

表 7-3　支持 DMAIC 过程的典型方法与工具

阶段	活动要点	常用工具和技术			
D 阶段	项目启动，确定 CTQ	●头脑风暴法 ●CT 分解	●排列图 ●流程图	●亲和图 ●FMEA	●QFD ●树图

阶段	活动要点	常用工具和技术			
M 阶段	测量 y，确定项目基线	●过程能力分析 ●直方图	●运行图 ●散布图	●分层法 ●水平对比法	●QFD ●FMEA
A 阶段	确定关键影响因素	●抽样计划 ●回归分析	●因果图 ●方差分析	●假设检验 ●多变量图图	●QFD
I 阶段	设计并验证改进方案	●试样设计 ●响应面法	●田口方法 ●FMEA	●过程仿真 ●过程能力分析	●QFD
C 阶段	保持成果	●控制计划 ●防错方法	●目视管理 ●标准操作 SOP	●SPC 控制图	

2. 六西格玛管理的特点

1）以客户为中心的管理理念

六西格玛是以客户为中心，关注客户的需求。它的出发点就是研究客户最需要的是什么？最关心的是什么？将管理重点放在客户最关心、对组织影响最大的方面。

2）通过提高客户满意度和降低资源成本促使组织的业绩提升

实施六西格玛管理瞄准的目标有两个：一是提高客户满意度，通过提高客户满意度来占领市场、开拓市场，从而提高组织的效益；二是降低资源成本。通过降低资源成本，尤其是不良质量成本损失 COPQ（Cost Of Poor Quality），来增加组织的收入。因此实施六西格玛管理方法能给一个组织带来显著的业绩提升，这也是它受到众多组织青睐的主要原因。

3）注重数据和事实

六西格玛管理方法是一种高度重视数据，依据数字、数据进行决策的管理方法，强调"用数据说话"、"依据数据进行决策"，"改进一个过程所需要的所有信息，都包含在数据中"。另外，它通过定义"机会"与"缺陷"，通过计算每个机会中的缺陷数、每百万机会中的缺陷数，不但可以测量和评价产品质量，还可以把一些难以测量和评价的工作质量和过程质量，变得像产品质量一样可测量、可用数据评价，从而有助于获得改进机会，达到消除或减少工作差错及产品缺陷的目的。

4）一种以项目为驱动力的管理方法

六西格玛管理方法的实施是以项目为基本单元、通过一个个项目的实施来实现的。通常项目是以黑带为负责人，牵头组织项目团队通过项目成功完成来实现产品或流程的突破性改进。

5）实现对产品和流程的突破性质量改进

六西格玛项目的一个显著特点是项目的改进都是突破性的。通过这种改进能使产品质量得到显著提高，或者使流程得到改造。从而使组织获得显著的经济利益。实现突破性改进是六西格玛的一大特点，也是组织业绩提升的源泉。

6）强调骨干队伍的建设

六西格玛管理方法强调骨干队伍的建设，其中，倡导者、黑带大师、黑带、绿带是整个六西格玛队伍的骨干。对不同层次的骨干进行严格的资格认证制度，如黑带必须在规定的时间内完成规定的培训，并主持完成一项增产节约幅度较大的改进项目。

3. 精益生产理论与六西格玛管理方法的对比

精益生产方式与六西格玛管理方法有相同点也有不同的地方，主要表现在以下几个方面。

1）文化方面

两种模式都蕴涵着追求完美的文化。精益生产以"尽善尽美"为目标；六西格玛提出的六西格玛标准也是一种近乎完美的质量目标。但两种生产文化起源不同，从而两种模式操作层次有许多不同。精益生产起源于日本的文化环境，而六西格玛起源于美国的文化氛围。欧美人的思想注重于逻辑分析，质量管理受泰勒管理思想的影响，强调专业化，质量管理由质量管理技术人员来完成，也就是专业技术人员制定技术标准、操作标准，操作人员按标准工作。东方文化强调集体，寻求合群，注重寻求集体、社会的认同。日本专业化不强，连技术人员也在一个企业中轮换在设计、制作、质量管理等各种部门工作，他们强调以人为本，充分调动人的积极性。

2）战略出发点都与质量有密切关系

精益生产方式是基于成本、质量和缩短提前期的生产方式。精益思想的第一项原则——确定价值，就是质量管理的范畴，其核心内容之一——零库存，需要高质量管理水平作保证。六西格玛管理本身就是一种由质量管理而发展起来的管理模式，它以客户满意为关注的焦点，充分运用了质量管理的各种工具，吸收和运用了现在质量管理理念。

3）运作管理模式

它们的实施都与 PDCA 的模式大同小异，都是基于流程的管理。但精益生产采用系统的观点，基于价值增加流程来考虑整个生产链的管理，立足于整个生产系统的资源有效配置。精益生产强调现场的重要性，是一种基于现场改善管理的模式。而六西格玛是基于项目管理的模式，它通过 DMAIC 程序的实施，有计划有步骤地完成项目的目标，它采用的是自上而下的管理方式，由倡导者、黑带，到绿带、员工，一级级有机结合。

4）过程改进方式

都采用持续改进的方式，两种模式都强调过程改进不是一次能够完成的，组织必须不断对业务流程诊断、改进。但两种模式中改进的方式不同。精益生产采用渐进的持续改善策略（Kaizen），沿着既定技术的路径通过不断改进，提供更优质的产品或服务，它不需要大的投入。六西格玛管理强调突破性变革，要求每个项目都有突破性成就，能给组织带来巨大的财务效益，其投入也较大。

5）员工培训

两种模式强调人员对过程改进的重要性，所以都注重人员的培训与管理，但侧重点不同。精益生产非常重视普通员工的培训，培训主要是通过"干中学"进行的，这样有助于员工现场技能的培养，精益生产通过轮岗培养使得员工取得多种技能。而六西格玛管理注重管理人员系统化的培训，强调黑带、绿带的作用，要求他们有较多的统计学知识和问题处理技能。

6）分析问题的方法不同

精益生产强调现场专家的作用，现场出现问题，员工有权停止生产，处理问题，对员工的操作技能和现场处理问题的技能有较高的要求。六西格玛注重定量分析，通过对指标量化和分析，作出决策，避免凭经验解决问题。

7）关注对象各有侧重，但实现的目的相同

精益生产方式关注的中心是消除浪费，通过消除浪费最大地发挥资源的效率。六西格玛关注的是变异，视波动为敌人，力求减少和消灭波动。消除浪费和减少变异都是以价值为目的的，变异是产生浪费的一种途径，减少变异可以减少浪费。

通过对比可以看出精益生产和六西格玛管理在文化追求、战略基础、目的、过程改进方式、对人员的认识等方面都是一致的；二者的区别主要是操作层上的区别，如分析问题的方法、员工培训的侧重点、运作模式等，但可以看出，这些不同并非是对立的，而是有互补的。

7.2 项目质量管理

7.2.1 项目质量管理的基本概念

项目质量管理是质量管理和项目管理两个学科的结合，许多因素促进了质量管理与项目管理并行和独立的发展。在企业，与客户签订的每一个合同是按照项目运作和实施的，那么，什么是项目？项目具有什么特点？只有了解了项目的特点，才能够抓住本质，也才能够有针对性地实施质量管理和控制。

7.2.1.1 项目及其特点

在《项目管理知识体系指南》2008 版中对项目的定义是：项目是为创造独特的产品、服务或成果而进行的临时性工作。不同的项目也许千差万别，但是它们至少都必须具备以下特性。

1. 临时性

所有的项目都是临时的，有明确的开始和结尾，并以实现特定的目标为宗旨，而这个目标也构成了衡量项目成败的客观标准。无论成功还是失败，项目都不应该也不可能无限持续下去。成功的项目会在目标实现之时终止，而失败的项目则在实现目标的必要性和可行性不复存在时终止。临时性并不一定意味着持续时间短。项目所创造的产品、服务或成果一般不具有临时性。项目所产生的社会、经济和环境影响，也往往比项目本身长久得多。

2. 独特性

指项目的可交付成果（产品或服务）具有非重复性的特点。尽管某些项目可交付成果中可能存在重复的元素，但这种重复并不会改变项目工作本质上的独特性。例如每年央视的春节联欢晚会、历届奥运会、客户服务合同续约等，其内容也不可能完全重复，实施的团队、设计的方案、项目的规模都可能存在差异。

3. 渐进性

项目的实施过程体现为一个向目标推进的逐步完善的过程。这个过程不但涉及项目可交付成果的逐步完善，同时也涉及项目组织的经验积累和学习曲线，形成组织的技术资产。

4. 不确定性

导致项目非重复性的主要原因是其外部条件以及实施过程的不确定性，这说明人类对世间事物的认识和控制具有局限性。因此，任何项目都不可避免地具有风险。

综上所述，项目是指一系列独特的、复杂的并相互关联的活动，这些活动有着一个明确的目标或目的，必须在特定的时间、预算、资源限定内，依据规范完成。项目以实现特定的目标为宗旨，但是实现目标的过程中又始终受到时间期限、成本预算和质量标准的约束。达到目标并非难事，难的是在不突破约束的情况下实现目标。成功的项目至少要满足四条标准：进度、预算、绩效和客户满意。换句话说，成功的项目需要能按时完成并保持在预算内，以符合设计规范的方式实施项目并使客户满意。

7.2.1.2　项目质量管理及其特点

项目的质量管理是指围绕项目质量所进行的指挥、协调和控制等活动。进行项目质量管理的目的是确保项目按规定的要求圆满地实现，它包括使项目所有的功能活动能够按照原有的质量及目标要求得以实施。

项目的质量管理是一个系统过程，在实施过程中，组织应创造必要的资源条件，使之与项目质量要求相适应。项目各参与方都必须保证其工作质量，做到工作流程程序化、标准化和规范化，围绕一个共同的目标——实现项目质量要求，开展质量管理工作。

项目的质量管理与一般产品的质量管理相比，具有共同点也存在不同点。其共同点是管理原理和方法上基本相同；其不同点是由项目的特点所决定，主要体现在以下几个方面。

1. 复杂性

由于项目的影响因素多，经历的环节多，涉及的主体多，质量风险多等，使得项目的质量管理具有复杂性。

2. 动态性

项目要经历完整的生命周期，由于不同阶段影响项目质量的因素不同，质量管理的内容和目的不同，所以项目管理的侧重点和方法要随着阶段的不同而做出相应调整。即使在同一阶段，由于时间不同，影响项目质量的因素也可能有所不同，同样需要进行有针对性的质量管理。

3. 不可逆性

项目具有一次性特点，这就需要对项目的每一个环节、每一个要素都予以高度重视，否则就可能造成无法挽回的影响。

4. 系统性

项目的质量并不是孤立存在的，它受到其他因素和目标的制约，同时它也制约着其他的因素和目标。

7.2.2　项目质量管理的基本原理

项目质量管理可归纳为 6 个基本原理：系统原理、PDCA 循环原理、控制原理、质量保证原理、合格控制原理和监督原理。

1. 系统原理

项目质量管理的对象是项目。项目是由不同的环节、不同的阶段、不同的要素所组成，项目的各环节、各阶段、各要素之间存在着相互矛盾又相互统一的关系；项目既有总目标，又有子目标，总目标与子目标之间、子目标与子目标之间同样存在着相互矛盾又相互统一的关系；可见项目是一个有机的整体，是一个系统。从项目质量管理看，项目的质量管理是由项目的相关方共同进行的，项目的各个相关方之间也存在着相互矛盾又相互统一的关系。因此，在项目质量管理过程中，需要运用系统原理进行系统分析，用统筹的观念和系统的方法对项目质量进行系统管理。项目的质量管理对象、过程、活动、主体等堪称一个有机整体，对影响项目的各种因素从宏观、微观、人员、技术、管理、方法、环境等各个方面进行综合管理，实现项目的综合目标。

2. PDCA 循环原理

在项目质量管理过程中，无论是对整个项目的质量管理，还是对项目的某一问题进行的管理，都需要经过从质量计划制订，到组织实施的完整过程。即首先要提出目标，也就是质量达到的水平和程度，然后根据目标制定计划，这个计划不仅包括目标，而且包括为实现项目质量目标需要采取的措施。计划制定之后就需要执行计划。在计划实施过程中，需要不断检查，并将检查结果与计划进行比较，根据比较的结果对项目质量做出判断。针对质量状况分析原因并进行处理。这个过程就是 PDCA 循环（参见 7.1.2 节）。

PDCA 循环分为 4 个阶段和 8 个步骤，运用科学的工作程序和管理方法促进项目质量的不断完善和提高。

3. 控制原理

质量控制是质量管理的一部分，其目标是确保项目质量满足客户要求。质量控制的范围涉及项目全过程的各个环节，为了保证项目质量，所有项目活动必须在受控的状态下进行。项目质量控制应对影响项目质量的人、机、料、法、环境因素展开，并对质量互动的成果进行分阶段验证，以便及时发现问题，查明原因，采取相应的纠正措施，防止质量问题的再次发生，并使质量问题在早期得以解决，以减少经济损失。因此质量控制应贯彻预防为主与检验把关相结合的原则。为了保证每项质量活动的有效性，质量控制必须对做什么、为何做、怎样做、谁来做、何时做、何地做给出明确的规定，以及实际监控。

4. 质量保证原理

质量保证是质量管理的一部分，其内涵不单纯是为了保证项目质量。保证项目质量是质量控制的任务，而质量保证则是以保证质量为基础，进一步引申到提供"信任"这一基本目的。所谓的信任是供方有足够的证据让客户相信所实施的项目能够达到质量要求，为此，项目实施者必须有着一套完善的质量控制方案和办法，并认真贯彻执行；对实施过程及成果进行分阶段验证，以确保其有效性。在此基础上，项目实施者应有计划、有步骤地采取各种活动和措施，使客户了解其实力、业绩、管理水平、技术水平以及其项目在设计和实施各阶段的主要质量控制活动和内部质量保证活动的有效性，使对方建立信心。所以，质量保证的主要工作是促使完善质量控制，以便准备好客观证据，并根据客户的要求有计划、有步骤地开展提供证据的活动。质量保证原理有以下几个基本点：

（1）质量保证的主体是供方。供方需要根据客户的需求和期望的变化，不断地提供质量保证。

（2）供方所提供的质量保证方式逐步从事后转变为事前，从把关剔除不合格品转为预防不合格品的发生。

（3）质量保证从单纯侧重于对项目结果的保证，逐步深化或扩大到对项目实施过程的保证。

（4）质量保证不仅限于对项目本身交付物质量的保证，而且应进一步扩展到对项目附加值质量、服务质量、项目费用、项目工期等广义质量的保证。

（5）质量体系的建立与完善是实施质量保证的主要形式。供方不仅要建立质量体系，还应得到需方或第三方的确认。

（6）质量改进是质量体系运行的驱动力，是供方实施质量保证的有效手段。项目相关方应系统地、不断地寻找质量改进的潜力。

5. 合格控制原理

在项目实施过程中，为保证项目或工序质量符合质量标准，及时判断项目或工序质量合格情况，防止将不合格品交付给用户或是不合格品进入下一道工序，必须借助于某些方法和手段，检测项目或工序的质量特性，并将测得的结果与规定的质量标准相比较，从而对项目或工序做出合格性判断；若项目或工序不合格，还应做出适用或不适用判断，这一过程就成为合格控制。合格控制贯穿于项目的全过程。合格控制是确定项目阶段性成果及最终成果是否符合规定要求的重要手段。合格控制具有 3 项重要的工作职能。

（1）把关职能。不合格的半成品不能转入下一道工序，不合格的项目不能交付。

（2）预防职能。通过合格控制，及早发现问题，预防或减少不合格品的产生。

（3）报告职能。将合格控制所得到的数据进行分析和评价，及时向有关部门或人员报告，为提高质量、加强管理提供必要的信息和依据。

6. 监督原理

项目的承接方作为独立的项目实施方，其质量行为始终受到实现最大利润这一目标的制约。这种最大利润应该是在保证和提高项目质量或服务质量的前提下取得的。为了减少出现不正当的获利行为，减少质量问题的发生，进行质量监督是必要的。质量监督包括政府监督、社会监督和自我监督。政府监督基本上是一种宏观监督，包括质量的法制监督、各种相关法规实施状况的监督、行业部门或职能部门的行政监督等。政府监督一般属于强制性的。社会监督是通过舆论、社会评价、质量认证等行为对项目质量进行监督。这种监督对项目质量的保证起到一个重要的制约作用。自我监督一般是指客户自身所组织的监督，如工程监理单位对工程项目的监理就是自我监督的一种方式。

7.2.3　项目不同阶段的质量管理

项目具有生命期，项目的生命周期覆盖了项目从开始到结束所经历的各个阶段，最一般的划分是将项目分为"识别需求、提出解决方案、执行项目、结束项目" 4 个阶段。实际工作中不同领域的项目阶段划分不尽相同，例如，软件开发项目划分为需求分析、系统设计、系统开发、系统测试、运行维护几个阶段，而系统集成项目的建设一般将项目分成可行性研究、系统分析、系统设计、项目实施、测试验收、运行维护等阶段。无论怎样划分，项目的生命周期都经历着项目概念、开发、实施和收尾 4 个阶段。一个项目如果分解为子项目，每个子项目也会有生命周期，也会经历这 4 个阶段。一个项目在开始下一个阶段时，必须确保成功完成本阶段的工作，评估每一阶段的可交付成果。

7.2.3.1 项目生命周期中的重要概念

项目生命周期中有 3 个与质量控制相关的重要概念：一个是检查点，一个是里程碑，还有一个是基线。这 3 个关键词对于跟进和把握项目节奏提供了有效的控制手段。

1. 检查点（Check Point）

检查点指在规定的时间间隔内对项目进行检查，比较项目实际执行与计划之间的差异，并根据差异进行调整。可将检查点看作是一个固定的"采样"时间点，而时间间隔可以根据项目周期的长短不同而不同，频度过小会失去意义，频度过大会增加管理成本。常见的间隔是每周一次，项目经理需要召开项目例会并提交项目周报。

2. 里程碑（Mile Stone）

里程碑指完成阶段性工作的标志，不同类型的项目里程碑不同。里程碑在项目管理中具有重要意义。首先，对一些复杂的项目，需要逐步逼近目标，里程碑产出的中间交付物是每一步逼近的结果，也是控制的对象，如果没有里程碑，想要知道项目做得怎么样了是很困难的。其次，可以降低项目风险，通过早期评审可以提前发现需求和设计中的问题，降低后期修改和返工的可能性；另外，还可根据每个阶段产出结果分期确认收入，避免血本无归。第三，一般人在工作时都有"前松后紧"的习惯，而里程碑强制性的规定在某段时间做什么，从而合理分配工作，细化管理的颗粒度。

3. 基线（Base Line）

基线指一个（或一组）配置项在项目生命周期的不同时间点上通过正式评审而进入正式受控的一种状态。基线其实是一些重要的里程碑，但相关交付物要通过正式评审并作为后续工作的基准和出发点。基线一旦建立后其变化需要受到控制。

7.2.3.2 项目不同阶段的质量管理要点

1. 项目概念阶段的质量管理

项目概念阶段是项目生命期的起始阶段，这一阶段工作的好坏关系到项目全局。概念阶段的主要工作是确定项目的可行性研究和项目决策，因此在概念阶段，围绕项目质量所进行的主要工作是项目总体方案的策划和项目总体质量水平的确定。概念阶段所进行的质量控制工作是一种战略性质量管理。

2. 项目开发阶段的质量管理

项目开发阶段是项目的设计过程，项目质量是否能够满足客户需要以及满足的程度首先取决于这一过程。"质量是设计出来的，而不是加工出来的"充分表达了项目开发阶段质量管理的重要性。项目开发阶段的质量管理是项目质量管理的起点，是质量管理的关键阶段。在项目开发设计过程中，应针对项目特点，根据项目概念阶段已确定的质量目标和水平使其具体化。设计的质量应适当，既要满足客户所要求的功能和使用价值，又要以提高项目质量、降低项目成本为目标，使得单位成本取得最佳的质量效果。

3. 项目实施阶段的质量管理

项目实施阶段是项目形成的重要阶段，项目实施阶段所实现的质量是一种符合性质量。根据项目实施的不同时间段可以将项目实施阶段的质量管理分为事前管理、事中管理和事后管理。

事前质量管理，指在项目实施前所进行的质量管理。其管理重点是做好项目实施的准备工作，如技术准备、物质准备、组织准备和环境准备。

事中质量管理，指在项目实施过程中所进行的质量管理。其管理策略是全面管理实施过程，重点管理工序或工作质量。其管理重点是建立保证项目质量的管理体系，抓住影响项目质量的因素、工艺和工序的质量控制，特别是对检查点、里程碑和基线的控制，确保达到质量要求。

事后质量管理，指一个子项目、工序或工作完成，形成成品或半成品的质量管理。其管理重点是进行质量检查、验收及评定。

4. 项目收尾阶段的质量管理

项目收尾阶段是项目生命周期的最后阶段，其质量管理的目的是确认项目实施的结果是否达到预期的要求，进行质量验收。项目收尾阶段的质量管理要点是合格控制，即对项目进行全面的质量检查评定，判断项目是否达到预期的质量目标，对不合格的项目提出处理办法，进行修正和补救，以保证符合质量要求。

7.3 信息技术服务质量管理的内容

7.3.1 服务质量特性

1. 服务作为产品的特性

1985 年，英国剑桥大学的 3 位教授，普拉苏拉曼（Parasuraman）、泽丝曼尔（Zeithaml）和贝里（Berry）整合学者们对服务特性的探讨，归纳出服务不同于一般实体性产品的四个特性：无形性（Intangibility）、不可分离性（Inseparability）、异质性（Heterogeneity）、易消失性（Perishability）。因此，与有形产品相比，服务作为产品表现出多方面独有的特性。

1）无形性

服务通常是一种行为，无法像有形产品一样展示给客户。客户在购买前很难完全看到服务的产出或成果，也缺乏具体标准以客观判断服务的优劣。因此口碑宣传、企业形象以及客户以往经验等因素对客户选择服务影响很大。

2）不可分离性

实体产品大都先经过生产、销售，而后消费。但服务则不同，服务不能像有形产品一样能够事先生产，服务的生产与消费往往同时进行而不可分割。在大部分情况下，服务提供者与客户要同时介入服务传递的过程中并进行频繁的互动。

3）异质性

服务的提供常会因人、因时、因地而发生变化。随着服务提供者的不同或提供服务的时间与地点不同，都会使服务的效果不同。即使同一个服务人员也会因不同的心情、态度、不同的服务对象，难以确保服务的一致。

4）易消失性

服务不同于一般有形产品可以储存或多生产以备不时之需。服务无法储存，产能缺乏弹性，对于需求变动无法通过存货调节。尽管可以在需求产生前事先规划各项服务设施与人员，但所产生的服务却具有时间效用，若没有及时使用将形成浪费。

2. 服务质量的特性

服务质量是"服务满足规定或潜在需要的特征和特性的总和"。与服务的特性相对应，服务质量具有以下几个特性。

1）服务质量主要依据客户的主观性

服务质量与有形产品的质量存在着很大差异，有形产品的质量通常易于鉴别，因为其产品是有形的实体，确定其质量的依据是客观的，客户可以借助产品的性能、颜色、款式、包装、材质等多种标准来判断产品的质量。这些标准不会因为产品提供者的不同、购买产品的消费者不同而产生变化。但是，服务质量并非如此，服务产品的无形性导致购买者很难客观地对服务质量给予评价，从而使消费者对服务质量的评价没有可依赖的客观对象，也没有客观的评价标准，往往取决于客户的期望与实际感受的服务水平的对比，因此带有较强的主观性。

2）服务质量取决于服务生产的过程

在有形产品消费中，客户只是使用和消费作为生产结果的产品，单个实体产品就能形成质量，产品的生产及其质量形成过程客户一般是看不到的。但是在服务消费过程中，由于服务的不可分离性，服务的生产过程和消费过程同步。服务质量形成过程客户一般是参与的和可感知的，并视服务过程为服务消费的有机组成部分。这使得客户对服务质量的评价不仅要考虑服务的结果，还涉及服务的过程，因此服务质量是客户对服务过程和服务结果的总的评价。

3）服务质量难以保持稳定和一致

服务无法像有形产品的生产一样通过机器流水线进行生产，实现标准化，从而保证产品的可靠性和一致性。服务的生产是一种人与人直接的接触，每次服务带给客户的效用、客户感知的服务质量都可能存在差异。这主要体现在3个方面。

第一，由于服务人员的原因，同一组织中不同的服务人员，由于受其性别、学识、心情、态度、个人修养、服务技能、努力程度等因素的影响，提供的服务可能有所差别；另外，即使是同一服务人员，其提供的服务在质量方面也可能会有差异。

第二，由于客户的原因，因为不同的客户由于受不同的自身因素制约，对服务的要求、期望是不同的，这也直接影响服务的质量和效果。比如，同是去旅游，有人乐而忘返，有人败兴而归；同听一堂课，有人津津有味，有人昏昏欲睡。这正如福克斯所言，消费者的知识、经验、诚实和动机，影响着服务业的生产力。

第三，由于服务人员与客户间相互作用的原因，在服务的不同次数的购买和消费过程中，即使是同一服务人员向同一客户提供的服务也可能存在差异，最终会影响服务质量，正是服务的异质性使服务组织难以提供强可靠性、强一致性的服务。因此，意大利服务营销学家

G·佩里切利认为，服务没有固定的质量，提供的性能是多样的，品质标准难以保持一致性。

4）服务质量取决于客户体验

这是服务质量区别于产品质量最重要、最核心的特征。产品质量是在工厂里形成的，在产品没有出厂之前质量就已经形成了，消费者对产品质量的作用是微乎其微的。而服务质量不同，服务质量体现在消费者在消费服务产品时与服务提供者进行接触的瞬间，服务质量往往通过"服务的接触"来体现。从本质上看，服务是过程而不是物件。服务的生产和消费往往是同时进行的，客户要参与服务生产，并与服务企业进行多方面的交互。服务生产价值的形成及最终提供物的交付，都离不开交互，特别是服务质量的各种问题，皆源于组织同客户的交互之中。与客户简短的交互过程是决定客户对服务总体评价最重要的因素，是企业吸引客户、展示服务能力和获得竞争优势的时机。如果在这一瞬间服务质量出了问题，服务产品无法象实物产品那样通过返修、退货等措施进行补救。

综上所述，服务质量的内涵应包括以下内容：

（1）服务质量是客户感知的服务质量。

（2）服务质量的高低需要由客户根据主观认识加以衡量。

（3）服务质量是由客户的感知与期望决定的。

据此，对服务质量应从公司和客户两个角度进行细化。从公司的角度来讲，服务质量是指组织提供的并且可以被客户感知的服务的好坏，它体现了组织提供服务能力的高低。从客户的角度来讲，服务质量可以定义为服务达到或超过客户期望的程度，它由客户的感知与期望决定，是对服务好坏的一个评价。

7.3.2　服务质量管理的关键要素

服务质量管理是一项系统工程，它能够保证 IT 服务从设计到实施按照计划进行。IT 服务管理所提出的服务质量是从有形产品的质量概念引申而来的。服务固有的特性使得服务在质量管理上比有形产品更多了一份人情味，更强调人的因素，强调服务过程，强调服务的有形化。

首先，服务业是以人为中心的产业，服务的传递是服务组织全员参与实现的，不仅与一线的服务生产、销售和辅助人员有关，而且与服务产品设计、营销策划和后勤保障人员有关。人的素质、修养、文化与技术水平存在差异，服务品质难以完全相同。即便同一人做同样服务，因时间、地点、环境与心态变化的不同，服务结果也难以完全一致，甚至有些情况下，员工自身就代表着服务本身，代表着品牌。因此，企业要保证服务质量，员工是很重要的一个环节。

其次，由于服务的不可分离性，服务的生产过程和消费过程同步。服务企业在提供服务的过程中，客户也会参与其中，造成服务独有的"过程"消费的特点。服务不能事先得到评估，而只能在其交付的过程中进行。服务的质量在一定程度上取决于服务提供商和客户互动的程度，客户对服务的感知取决于他们个人对服务的体验和期望。服务过程作为服务质量管理的重要环节不容忽视，从客户角度来说，如果服务过程失败了，不管营销人员如何努力，不管企业的资质多么强硬，也不管之前的服务结果多么好，对过程体验的不愉快无法使客户长期购买企业的服务，一旦有机会，他们会立即转向竞争对手的服务。

再次，如何有形化服务产品，赋予服务更多的有形内容是服务质量管理的另一个关键要素。服务的无形特性使顾客在服务消费之前无法触摸或凭肉眼直接对其服务质量进行评判。服务质量是一个主观范畴，取决于客户对服务期望和实际体验的比较。尽管服务结果是重要的，但是在服务过程中设计增加一些有形元素，可以协助客户建立期望，降低客户在消费前对服务品质的不确定感，提高客户的趋同心，对建立良好的服务质量起着至关重要的作用。在很多情况下，利用服务结果是无法与竞争对手区分开的，因为随着专业技术的掌握，企业与企业之间所提供的服务结果正逐渐趋同，新的服务模式很快被竞争对手所仿效，新的服务垄断优势难以持久。各企业都依据 ITIL 理念建立了相适应的关键服务流程，都培养了专业的技术人才，都获得了国际国内标准的认证。在这种情况下围绕客户体验的有形化设计显得格外重要，服务产品必须依赖其他有形载体，即服务的有形展示来建立服务产品和服务品牌的形象。

客户对服务质量评估的另一重要依据是服务的一贯性。如果服务提供者偶然能够提供超出客户期望的服务，但其他时间却让客户失望，显然不能称之为质量合格者。"持续的质量"常常是服务业最难以实现的目标。

上述问题的解决关系到服务组织进行服务质量管理设计时对关键要素的把握，此处"服务金三角"概念的提出或许能对理解服务质量管理的关键提供了有效的指导。

"服务金三角"概念是由美国服务业管理学权威卡尔•阿尔布瑞契特（Karl Albrecht）在总结了服务组织管理的实践经验基础上提出的，并把它作为服务组织管理的基石。这一观点已经得到越来越多的企业界和理论界的认同。阿尔布瑞契特认为，任何服务组织，如果想获得成功保证顾客满意，就必须具备三大要素：一套完善的服务策略，一批具有良好素质、能精心为顾客服务的服务人员，一种既适合市场需要又有严格管理的服务系统。简而言之，服务策略、服务人员和服务系统构成了任何一家服务组织走向成功的基本管理要素。这一思想用图形表示出来，就形成了"服务金三角"（如图 7-4 所示）。

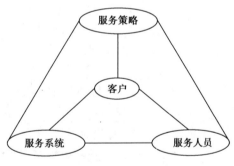

图 7-4　服务金三角

服务组织在提供服务的过程中，顾客参与到服务的生产过程，接触到服务组织的许多方面，包括服务组织的员工、设备设施以及服务组织的环境气氛。因此，服务组织在确定其指导思想来构建自己的管理模式时，需要从整体出发，不能忽视有可能与顾客发生接触的每个部分，从重视组织各个组成部分的角度提出具有服务行业特点的理论框架。

"服务金三角"的每一个部分都相互关联，每一部分都不可缺少。服务策略、服务系统、服务人员三者共存又相互独立地面向顾客这个中心，各自发挥着作用，顾客则是这个三角形的中心。这一构图体现了服务组织最本质的特点，同时反映了服务质量管理最基本的内容。

顾客作为服务金三角的核心，说明服务是建立在以最大限度地满足顾客需求的基础之上。作为服务组织，必须从顾客的立场出发，处处为顾客着想，才能充分满足顾客的需求，也才能获得最大的效益。充分满足顾客的需求，是服务组织一切工作的出发点，只有把这种认识贯彻到组织经营管理的各个环节、各个方面，并使之成为每个员工努力的方向和动力，才能达到目的。

1. 服务成功的关键要素

服务组织能否提供成功的服务，有 3 个关键要素起到非常重要的制约作用。

1）服务策略

服务策略是服务组织为实现企业战略而采取的手段，也是服务组织能够在服务市场中生存和发展的战略规划。服务组织必须制定明确的目标，包括选定与组织业务相适应的目标市场、本组织希望树立的形象以及组织应该采用的服务标准等。这些策略内容必须充分体现"顾客至上"的理念，以确保组织在市场竞争中获胜。

2）服务人员

企业要保证服务质量，员工是很重要的一个环节。组织的管理者必须建立一支精心为顾客服务的员工队伍，也必须担负起对这些服务人员的培养、教育和激励的责任。对员工的能力提升既要包括服务技能方面，也要包括客户服务意识和沟通技巧方面，通过内部管理机制确保服务人员的主观能动性和服务有效性。

3）服务系统

IT 服务管理是将 IT 服务从基于个体的服务管理上升为基于组织的管理，实现 IT 服务过程的标准化、流程化和制度化，实现从基于技术、人员的"人治"管理上升为基于流程、制度的"法治"管理，为组织提供长期、稳定的 IT 服务提供制度上的保障。服务系统涉及到服务组织内部的各种工作流程、服务规范、考核手段、管理体系等，这些内容应该有效地配合及运用。因此，在整个服务系统中，十分重要的一环就是从服务设计过程的开始就考虑到顾客的需要。

2. 关键要素与顾客的内在联系

1）3 个关键要素之间的联系

首先，成功的服务策略必须要得到服务人员的理解、掌握和支持，这是保证服务策略能得以正确实施的基础。同时，服务人员也需要从服务策略出发，遵循明确的服务指导思想，规范自己的行为。

其次，服务组织对整个服务系统的设计应该随着服务策略的内容制定和展开。否则，缺乏目的性的服务系统会造成规章制度不合理、职责不清、工作效率低下等弊端。

再次，服务系统缺少人员的支持是无法正常运转的，如果机构的设置、规章制度的建立和岗位安排不合理，也无法调动员工的积极性，期望组织为顾客提供满意的服务也是不可能的。

2）3 个关键要素与顾客之间的关系

首先，组织的管理者与顾客之间应保持沟通，按照顾客的需要制定一套服务策略。服务策略是组织根据市场需求制定的经营方针和经营方式，它必须既能准确反映顾客的需求，又能充分满足顾客的需要。

其次，服务人员与顾客之间的接触，体现了服务的本质特征。只有与顾客保持良好的接触，才能使顾客真正感受到服务人员所提供的满意服务。

最后，组织的服务系统要针对顾客的利益和需求进行设计，否则将造成许多顾客不满意的事件发生。对大多数组织来讲，大部分服务事故的发生是由于服务系统不健全、不完善造成的，如管理程序混乱、服务标准不规范、服务设施不完备等。

总之，"服务金三角"的作用在于它为服务组织的管理者提供了一种为顾客提供成功服务的基本模式，已为各国服务业管理界认可，并把它誉为服务组织管理的"基石"。

7.3.3　服务质量模型与评价方法

正因为服务质量受多种因素影响，寻求恰当的方法对服务质量进行衡量，成为学者们关注的焦点。由于学者们对服务质量的理解不同，衡量服务质量的方法及工具也有所区别。

衡量服务质量的方法大体可以分为两类：一类以性质为基础，另一类以事件为基础。以性质为基础的服务质量衡量是结合服务质量特性对比客户期望的质量水平和实际体验的服务质量水平，或直接衡量实际体验的服务质量水平，更加强调结果。而以事件为基础的服务质量衡量是从组成服务的关键事件着眼，评价客户对服务传递系统中服务提供者与客户双方互动的态度，重点强调的是服务接触的过程。在众多的服务质量研究中，普拉苏拉曼、泽丝曼尔和贝里1985年提出的服务质量概念模型（又称PZB模型）和1988年提出的SERVQUAL量表属于以性质为基础的服务质量衡量。因为普拉苏拉曼、泽丝曼尔和贝里的服务测量方法具有概念完整、模型明确、易于执行测量的特点，在近二十多年的服务质量研究领域中占有重要的地位，被广泛用于多种服务行业的服务质量研究。

7.3.3.1　PZB对服务质量的衡量

1. 服务质量模型

普拉苏拉曼（Parasuraman）、泽丝曼尔（Zeithaml）和贝里（Berry）（简称PZB）根据对服务质量的研究，提出服务质量5Gap模型，认为服务质量的产生是由消费者本身对服务的期望与其对服务实际感受的比较而来。之所以有这种比较，主要是由于服务产生与传递的各环节中有差距（Gap，又称缺口）的存在，如图7-5所示。这类基于差距的模型，称为差距感知模型。

这个模型的虚线以上部分包括了与顾客有关的内容，虚线以下部分展示了与服务组织有关的内容。

1）客户期望与感知的差距

客户服务期望与服务感知之间的差距就是最终的服务质量（差距5）。服务期望是一种预期，一种客户所认为的服务提供者将要提供的服务。1993年PZB对期望的定义是，顾客在购买产品或服务前所具有的信念或观念，作为一种标准或参照系，它与实际绩效进行比较，从而形成顾客对产品或服务质量的判断。这个判断基于客户对服务的体验，当客户的期望小于感知时，客户的满意度就高；反之，当客户的期望大于感知时，客户的满意度就低。服务质量（Service Quality，SQ）的衡量结果是期望的服务（Expected Service，E）与感知的服务（Perceived Service，P）之差，即 SQ=P–E。

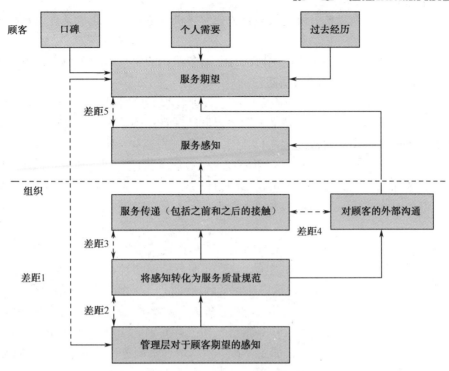

图 7-5　服务质量 5Gap 模型

客户服务期望的形成来源于口碑、个人需要和过去的服务经历，也包括广告、人员销售等对客户做出的服务承诺，如服务质量的保证、服务时限的保证、服务附加值的保证、服务满意度的保证等。口碑会对客户的期望形成产生重要的影响。客户在接受服务前，其他相关人员的口碑会对其期望的形成起到强化或弱化的作用。口碑过高，而实际感知的服务绩效却很低，就会对客户感知的服务质量起到严重的负面影响。个人需要，是指那些对客户生理或心理健康十分必要的状态和条件，是形成服务水平的关键因素。比如客户对某项目结果的预期可能与个人职位提升有很大的关联性。过去的服务经历，是客户以前接受同类服务的经历，这些经历会成为他们判断某个企业服务水平的标准。上一次服务经历无疑会成为本次服务期望的一个非常重要的决定因素。服务经历会构成客户在服务质量判断上的"标准"。如果该客户过去接受过其他企业的服务，那么有可能该客户会选择最优秀企业的服务来作为对本企业服务度量的标准。

对客户期望的把握比较困难，有学者引进了适当服务的概念。他们认为，虽然客户期望得到他们理想的服务，但是他们也知道这并不总是可能的。适当服务是客户可以接受的服务的最低水平，理想服务和适当服务之间的差异就是客户的服务水平容忍区域。适当服务虽然不能保证客户满意，但客户可以接受。

在客户期望影响要素中，有些是企业可控因素，有些是企业不可控因素。如服务承诺，不管是明确的还是隐性的，企业都可以在经营过程中加以控制；但对口碑、个人需要和过去服务经历，企业却无法控制，但企业可以对这些要素施加影响，从而使影响得以改善。

2）服务组织提供服务的差距

导致客户服务期望与服务感知差距的是其他四个差距累计的结果。差距 1 至差距 4

（图 7-5）是和服务组织有关的，说明服务企业如何提供服务对服务质量具有重要影响，会直接影响客户对服务质量的评价。

差距 1 又称认知缺口，该缺口产生原因在于服务组织的管理者对客户期望不了解，或者不能准确地理解客户对服务质量的预期。

差距 2 又称标准缺口，该缺口产生原因在于管理者对客户期望服务质量的感知与设定的服务质量规范之间的差异。这可能是由于管理者虽然正确理解了客户的期望，但是出于能力或精力所限，不能真正策划出满足服务质量要求的实施规范和标准。

差距 3 又称传递缺口，该缺口产生原因在于服务质量规范与服务质量传递之间的差异。引起服务传递差距的原因很多，主要可以归纳为三类：管理与监督不利、缺乏技术和营运系统的支持、员工对规范或标准的认识失误。当然，标准或规范制定的正确与否会直接带来传递的偏差。

差距 4 又称沟通缺口，该缺口产生原因在于实际传递的服务与外部市场沟通所承诺的服务之间的差异。比如企业在市场上的过度承诺，而服务传递却没有达到这样的承诺；或者服务承诺是恰当的，但一线员工对这种承诺缺乏了解，出现服务承诺与服务传递不一致的现象。

由于一线人员是服务的直接传递者，一线服务人员对客户期望的认知直接影响服务传递的质量。因此 5Gap 模型经 ASI Quality Systems（1992）、Curry（1999）、Luk 和 Layton（2002）的发展，目前已扩展为 7Gap 模型，如图 7-6 所示。增加了服务传递者对客户期望与感知的理解。另两个差距（Gap）介绍如下。

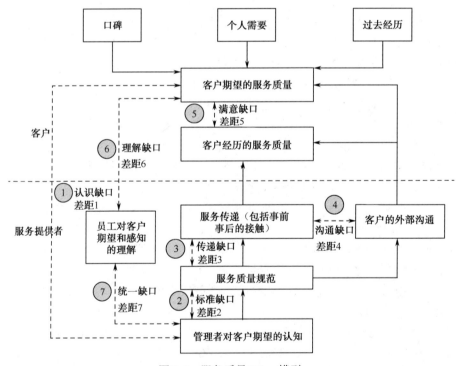

图 7-6　服务质量 7Gap 模型

差距 6 又称理解缺口，该缺口产生原因在于一线服务人员对客户期望的认识和理解上有差异。

差距 7 又称统一缺口,该缺口产生原因在于一线服务人员与管理者对顾客期望的认识和理解有差异。

2010 年 10 月,国家工业和信息化部软件服务业司正式发布《中国 ITSS 白皮书(第一版)》,ITSS 是信息技术服务标准的简称,是一套体系化的信息技术服务标准库,全面规范了信息技术服务产品及其组成要素。其中"信息技术服务　质量评价指标体系"出现在 ITSS 标准体系框架中成为基础标准之一。在白皮书中,"信息技术服务　质量评价指标体系"标准建立了 IT 服务质量模型,规定了信息技术服务质量的评价指标体系、评价方法,并给出了评价结果使用建议。从该标准的编制说明中得知,标准的编制参考了国际上公认的 SERVQUAL 模型,即服务质量差距模型。

2. 评价方法

差距感知模型告诉我们,对于消费者而言,服务质量较实物产品的评估品质更难衡量;消费者对于服务质量的判断主要来自消费者期望与实际接受服务的比较;对于服务质量的评估包括了服务的结果及服务的传送过程。差距感知模型还告诉我们,在管理者对服务质量的评估及服务传送给消费者的过程中,存在一系列关键性缺口,每一缺口的大小和方向都会影响服务质量。如果员工要让客户的需求得到满足,就必须缩小这些缺口。

在提出差距感知模型之后,Parasuraman、Zeithaml 和 Berry 于 1988 年开发出了以客户感知的服务水准和客户期望的服务水准间的差异作为衡量服务质量基础的 SERVQUAL 量表,提出了基于差距感知模型的服务质量的度量框架,该量表共包括可靠性、响应性、能力、接近性、礼貌、沟通性、信用、保证性、了解客户和有形性等十个层面。此后,他们对模型进行了修正,修正后的 SERVQUAL 量表将客户对服务期望水准与实际认知的差距,作为衡量服务质量优劣的标准,从有形性、可靠性、响应性、保证性和移情性五个层面对服务质量进行度量。

按照 SERVQUAL 量表的论述,影响服务质量有五大因素,其含义如下:

(1)有形性(Tangibility):是指调查服务有形化的内容。如与提供的服务相匹配的设施、设备/工具、人员和文档等外在的东西,是服务组织尽量将服务有形化的体现,让客户从感官上认可所提供的服务。

(2)可靠性(Reliability):是指调查可靠的、准确的履行服务承诺的能力。它意味着服务组织有手段确保服务交付持续、准时完成。

(3)响应性(Responsiveness):是指调查服务组织服务速度的水平。如减少客户等待时间,出现服务失败时迅速解决问题。

(4)保证性(Assurance):是指调查服务人员表达出自信和可信的知识、礼节的能力。包括完成服务的能力,对客户的礼貌和尊敬,与客户的有效沟通。

(5)移情性(Empathy):是指调查服务组织能否设身处地地为客户着想和对客户给予特别的关注。包括接近客户的能力、敏感性,理解客户新的需求等。

SERVQUAL 量表针对五维度定义了 22 个调查项,见表 7-4。测量时共有两套量表,表中每个问题衡量两个方面:一是客户对服务质量的期望水平,二是客户对服务质量的实际感受水平。衡量时用李克特 7 点量尺进行表示,1 到 7 分别代表"非常不重视"到"非常重视"和"非常不满意"到"非常满意"各 7 个等级。最后依据计算期望和感知之间的差距,评价服务质量。

表 7-4 PZB 服务质量评价维度与调查项

维度	调查项
有形性	P1. 这家公司有现代化的设备 P2. 这家公司的设施外观吸引人 P3. 这家公司的员工穿着整齐并有清洁的外表 P4. 这家公司的各项设施与所提供的服务相符合
可靠性	P5. 这家公司对所作的承诺，均会实时完成 P6. 当遭遇问题时，这家公司会保证解决 P7. 这家公司很可靠 P8. 这家公司会于承诺的时间内提供适当的服务 P9. 这家公司的记录正确无误
响应性	P10.这家公司不会于提供服务时告知 P11.这家公司的员工无法提供适当的服务 P12.这家公司的员工并不总是乐于协助客户 P13.这家公司的员工因太忙而无法提供客户适当的服务
保证性	P14.您能信任这家公司的员工 P15.您在与这家公司的员工接触时觉得很安全 P16.这家公司的员工很有礼貌 P17.这家公司的员工能自公司获得适当支持，并能做好工作
移情性	P18.这家公司未能给您个别关照 P19.这家公司的员工未能给您个别性的关照 P20.这家公司的员工并不知道您的需要为何 P21 这家公司并未将您的最佳利益放在心上 P22.这家公司的经营时间未能符合客户需求

服务质量的得分是计算问卷中顾客期望与顾客感知之差。这个得分用来表示服务质量差距感知模型图中的差距 5（5 Gap），其他 4 个差距的得分可用类似的方法得到。SERVQUAL 量表最重要的功能是通过定期的顾客调查来追踪服务质量变化趋势。在多场所服务中，管理者可以用 SERVQUAL 量表判断是否有些部门的服务质量较差。如果有的话，管理者可进一步探索造成顾客不良印象的根源，并提出改进措施。SERVQUAL 量表还可用于市场调研，与竞争者的服务相比较，确定企业的服务质量在哪些地方优于对手，哪些地方劣于对手。

7.3.3.2　关键事件法对服务质量的衡量

关键事件技术法（Critical Incident Technique，CIT）是北欧学派经常使用的评价服务质量的方法之一。大多数的质量衡量模式都将焦点集中于结果质量的衡量，但是对于客户如何对过程质量衡量等相关问题尚待进一步研究。关键事件技术法被应用于描绘互动的服务过程中，以发现服务组织在整个服务过程中的机制完备性。

关键事件技术法由美国学者弗拉那根（Flanagan）和伯勒斯（Baras）在 1954 年提出，主要用于人员的绩效评估。最初的形式是将劳动过程中的关键事件加以记录，在大量收集信息之后，对岗位的特征和要求进行分析研究，对员工绩效进行考核。这里的关键事件是指在劳动过程中，给员工造成显著影响的事件，通常关键事件对工作的结果有决定性的影响，关键事件基本决定了工作的成功与失败、赢利与亏损、高效与低效。

由于关键事件技术法在工作分析、心理学应用研究上相当广泛且效果颇好，因此被其他学科引用。在服务营销学中，关键事件技术法被运用在服务质量研究上，以服务接触中的关键事件为描述对象，通过对影响服务质量高低的因素进行分类、分析，深入了解顾客对服务接触质量的体验与反应。研究者认为，服务接触中的关键事件是指顾客和服务提供者间特定的互动，尤其是那些会造成顾客特别满意或特别不满意的互动事件。服务接触中的关键事件必须符合以下的条件：

（1）必须涉及顾客与服务人员的互动。

（2）从顾客的观点而言，必须是非常满意或非常不满意的。

（3）必须是一段分离的、独立的情景。

（4）必须有足够的细节供研究者想象，以进行推论或行为预测。

用关键事件技术法进行有关服务质量的满意度研究时，大致可以分为 3 个步骤。

1．确定收集服务接触中关键事件的计划

主要包括收集哪些关键事件，确定进行深度访谈的对象。

2．收集资料

收集资料是采用非随机抽样方式，以访谈形式记录和描述顾客接受服务的经历及感想。所问的问题主要为：

（1）请回忆接受服务的经历，这个经历是你非常满意的或非常不满意的。

（2）在接触的过程中，让您最满意的事件情况是什么？该事件发生在何时？什么样的环境导致这种状况？

（3）在接触的过程中，让您最不满意的事件情况是什么？该事件发生在何时？什么样的环境导致这种状况？

（4）受访顾客的基本数据。

不要求受访者分析满意或不满意的原因，只要求描述一个满意或不满意的经验，接下来由研究者负责分析、衡量与分类相关资料。

3．分析资料

研究者对搜集的资料进行分析，依据受访资料判定属于满意或不满意的事件；依据事件中所显示的数据，以服务业营销及管理的基本概念，直觉判定引起满意或不满意的关键因素；然后归纳关键因素。

塔克乌奇（Takeuchi）和奎而奇（Quelch）于 1983 年提出衡量服务质量应从客户消费前、消费中和消费后三阶段来衡量服务质量。首先，消费前考虑的因素包括：过去的消费经历、朋友推荐、公司品牌与形象声誉、政府单位公告的检验结果及广告价格与宣传等。其次，消费中考虑的因素包括：服务的规格、服务人员的评价、服务保证的内容、服务与维修政策、支持方案、收费政策、绩效衡量标准。再次，消费后考虑的因素包括：可靠度、安装及使用的便利性、服务的有效性、维修及客户抱怨的处理等。

有学者通过对航空、餐饮及酒店顾客满意和不满意事件的分析，得出主要三类造成不满意的关键因素是：服务传递系统失误所造成的顾客不满意；无法响应顾客需求所造成的不满意；员工个人行为所造成的不满意。由于不同的服务行业客户的关注点不同，IT 服务企业可以结合自身对 IT 服务的要求，采用关键事件技术法研究影响服务质量的关键因素。但是关

键事件技术法也有自身缺点，需要耗费大量的时间和成本才能取得顾客的意见，因此受访顾客的数目与范围可能会受到限制，因而无法获得大量的数据。此外，关键事件技术法属于定性研究方法，夹杂其中的个人主观性、随意性较强，研究结论不易验证。

7.3.4 服务质量管理体系

质量管理体系是实施质量管理的组织结构、职责、程序、过程和资源的有机结合体。根据服务及服务质量的特殊性，构建服务质量管理体系时要清楚服务质量的产生和形成过程，了解建立服务质量管理体系的基本原则，才能做到有的放矢。

7.3.4.1 服务质量环

在 ISO9004-2：1991《质量管理和质量体系要素第 2 部分：服务指南》中用服务质量环的形式表示服务质量产生、形成和实现的过程。如图 7-7 所示，服务质量环把服务质量的形成过程分为服务市场开发过程、服务设计过程、服务提供过程和服务绩效分析与改进 4 个相互联系的阶段。

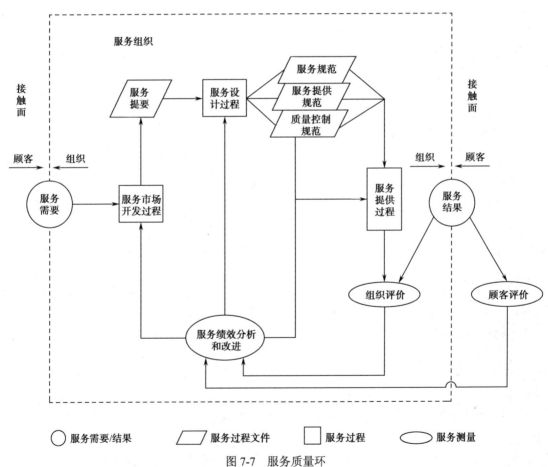

图 7-7　服务质量环

1. 服务市场开发过程

服务市场开发是服务组织根据自身对目标客户的定位，结合组织的经营理念和人、财、物、资源条件进行服务市场调研和开发，提出完整的服务提要的过程。准确地识别市场与客户对服务质量的需求是组织提供合格服务的基础，服务提要应包括服务需求、要开发的服务类型、服务规模、服务质量、服务承诺、服务模式等方面的内容。服务提要既是市场开发过程的结果，同时它作为一组要求和细则构成了服务设计的基础和依据。因此，服务提要的质量对服务及其全过程具有广泛而深刻的影响。

2. 服务设计过程

服务设计是在服务市场开发的基础上解决如何进行服务的问题，这一阶段要制定出服务过程中所应用的服务规范、服务提供规范和服务质量控制规范，并要在这些规范中体现服务设施、服务方式与方法和服务应达到的标准。

服务规范规定了服务应达到的水准和要求，也就是服务质量标准。规范中要对所提供的服务及其特性有清晰的描述，包括人员能力、设施要求、技术和安全要求、有形化要求等，同时要规定每一项服务特性的验收标准，以便进行有效的质量控制。

服务提供规范规定了用于提供服务的方法和手段，也就是怎样达到服务设计过程中制定的服务规范的水准和要求。服务提供规范应明确每一项服务活动如何实施才能保证服务规范的实现，是对服务过程的规范化。

服务质量控制规范规定了如何控制服务的全过程，也就是怎样评价和控制服务质量环各阶段的质量，特别是服务提供过程的质量。质量控制是服务过程的一个组成部分，质量控制规范是过程质量控制的依据。质量控制规范设计时要包括：识别每个过程中那些对服务有重要影响的关键活动，找到需要重点控制的关键部位，作为质量控制点，将其纳入质量控制规范中；同时在质量控制规范中要规定出这些活动特性的测量和评价方法，以及控制手段。

3 个规范是一个有机整体，在设计过程中应作为一个系统来统筹考虑，使之相互衔接和协调。为了保证服务质量管理体系的运行能达到预期的目标，在 3 个规范的设计时，应把以下事项作为重要的内容包括在内：

（1）因市场是在不断变化的，有许多不确定因素存在，要有针对性的计划。

（2）指定服务中意外事件的应急计划。

（3）在规范中要提出预防措施，以防止超出组织控制范围的服务事故发生。

3. 服务提供过程

服务提供是根据服务设计阶段所制定的 3 种规范向客户提供服务，当服务提供完成后应对服务的结果进行评估和测量。由于服务生产过程和消费过程是同时进行的，这使得服务提供过程成为质量控制的重点与难点。这就要求服务组织明确服务提供过程中的各项具体职责，要求相关人员遵守已规定的服务提供规范；对所提供的服务是否符合规范进行监督；当服务中出现问题和偏差时对服务提供过程进行分析和必要的调整。

4. 服务绩效分析与改进

在对服务结果评估和测量的基础上，形成对服务绩效的综合分析和改进建议，并将分析和改进结果反馈到市场开发、设计和服务提供等过程中去，使服务质量信息形成闭环系统，使得服务质量的产生、形成和实现过程成为一个不断循环上升的过程。

服务质量环是对服务运作过程的高度概括，反映了服务质量管理体系运行的基本规律，其作用在于给服务组织质量管理体系的建设和运作要素的确定提供了一种规律性的逻辑思路和可以遵循的原理，是设计和建立服务质量管理体系的基础。服务组织只有对自身的服务质量环分析清楚，才能有针对性地选择服务质量管理要素，也才能实现对服务质量的预先定位和适时控制。

7.3.4.2 建立服务质量管理体系的方法

服务质量环告诉我们，服务质量的形成存在于组织服务运作的整个过程中，而不仅仅存在于服务的提供过程。因此构建服务质量管理体系时，需要将服务运作各环节都考虑进来，从系统角度形成统一体。

1. 建立服务管理体系的关键

在7.3.2节中我们提到"服务金三角"模型，ISO 9004-2：1991《质量管理和质量体系要素第2部分：服务指南》标准也借用了"服务金三角"这一模型来表示服务质量管理体系的基本原则，其内涵是：客户是服务质量管理体系三个关键方面的焦点，只有当管理者职责、人员和物质资源及质量管理体系结构三者之间相互配合协调时，才能保证客户满意。由此提出，构建服务质量管理体系必须突出三个关键方面：管理者职责、人员和物质资源以及质量管理体系结构。

1）管理者职责

组织的管理者在建立服务质量管理体系中起着至关重要的作用，制定使客户满意的服务质量方针，确定质量目标，明确各部门的职责和权益，进行管理评审是组织管理者义不容辞的责任，也是服务质量管理体系有效运行的前提，以便对提供服务的所有阶段的服务质量进行有效的控制、评价和改进。

2）人员和物质资源

为了实施质量管理体系和达到质量目标，管理者需要提供足够的和适当的资源，包括人力资源和服务运作所要求的物质资源。服务人员对服务组织尤为重要，组织中每个服务人员的行为和绩效都直接影响服务质量。因此，服务组织应通过健全的管理机制调动人员的积极性，提高服务人员的知识和技能，通过协调一致的、创造性的工作方法和更多的参与机会来发挥组织内每个成员的潜力。对直接与客户交往接触的人员，应进行必要的沟通技巧训练，使他们意识到与客户的互动过程直接影响服务质量，以提供及时周到的服务。服务运作所要求的资源包括：服务设施和工具、服务运作系统、知识库、备品备件、运作和技术文件等。

3）质量管理体系结构

服务组织应开发、建立、实施和保持一个质量管理体系并形成文件，作为能够实现规定的服务质量方针和目标的手段。质量管理体系应能够对影响服务质量的整个运作过程（市场开发、设计和服务提供这3个主要过程）进行适当控制和保证，具备出现问题时迅速做出反应并加以纠正的能力。具体包括：确定服务质量环、文件化的服务质量管理体系，以及持续的组织内部质量管理体系审核。

服务质量管理体系必须以客户为中心，这是服务特性所决定的。研究与客户的接触形式，理解认识与客户接触的重要作用，以及如何与客户进行接触，构成了服务质量管理中极为重要的内容，也成为服务质量管理的主要特色。

4）3 个关键点之间的关系

管理者要对本组织质量管理体系结构的开发和有效运行负责，反过来，建立质量管理体系是实现质量方针和质量目标的手段，没有质量管理体系将无法进行质量管理，也就无法实现质量目标。

为了实施质量管理体系和达到质量方针所提出的要求，管理者必须提供适当的人力资源和物质资源，并担负起向服务人员贯彻质量方针和质量目标的职责。服务人员需要清楚地知道他们在工作时应该遵循的原则，他们需要理解和实施组织的质量方针和目标，理解自己的质量职责、权限和考核标准，这也需要管理者和服务人员之间的双向沟通和理解到位，才能保证执行的有效性。

服务人员必须遵从质量体系要求向客户提供服务，质量管理体系结构应科学合理，切合实际，服务提供过程应明确、可操作，否则服务人员的素质再高，服务意愿再强烈，客户体验结果也不会令人满意。

2. 建立质量管理体系的步骤

在 GB/T19000—2008《质量管理体系 基础和术语》中，给出了建立和实施质量管理体系的方法，包括以下步骤：

（1）确定客户和其他相关方的需求和期望。

（2）建立组织的质量方针和质量目标。

（3）确定实现质量目标必需的过程和职责。

（4）确定和提供实现质量目标必需的资源。

（5）规定测量每个过程的有效性和效率的方法。

（6）应用这些测量方法确定每个过程的有效性和效率。

（7）确定防止不合格并消除其产生原因的措施。

（8）建立和应用持续改进质量管理体系的过程。

上述方法也适用于保持和改进现有的质量管理体系。采用这些方法可以使组织对其过程能力和产品质量树立信心，为持续改进提供基础，从而增进客户和其他相关方满意，并使组织成功。

7.4　信息技术服务客户满意度评价

7.4.1　客户满意度测评

在当今优胜劣汰的市场经济下，企业能否生存与发展，不在其主观愿望，也不在其能否生产出多少产品或提供多少服务，而取决于产品或服务满足顾客需求并使其满意的程度，即客户满意度。客户满意度是评价企业质量管理体系业绩的重要手段，对企业而言，测量客户满意度是一个系统工程，必须建立一套客户满意度测评的指标体系和监控机制，定期测量客户满意度来发现和反查产品或服务中的质量问题，才能进一步完善质量管理体系。

客户满意度（Customer Satisfaction Degree，CSD）是客户满意程度的简称。它是客户满意的量化统计指标，描述了客户对产品的认知（期望值）和感知（实际感受值）之间的差异，可以测量客户满意的程度。当客户的认知小于感知时，客户的满意度就高；反之，当客户的认知大于感知时，客户的满意度就低。因此，客户满意度实际上包含了客户满意（积极的）和客户不满意（消极的）两方面的含义。

客户满意度和服务质量之间有着必然的联系，感知的服务质量好坏可能导致客户满意度的高低，客户满意度的高低只代表一种短期的、基于一次服务活动的评价，而服务质量是对整个服务的全面评价。由于全面评价是由一系列特定服务活动的评价累积而成，因此客户满意度的高低是导致服务质量好坏的最直接的因素。客户满意度与服务质量的关系如图 7-8 所示。

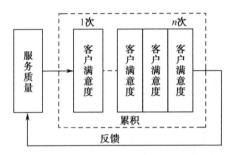

图 7-8　服务质量与客户满意度的关系

服务质量管理的目的是为了提高客户满意度，这也是服务企业的最终目标。虽然服务质量与客户满意度之间存在较强的相关性，但是服务质量高并不能完全解释客户满意度。也就是说，影响客户满意的因素除了服务质量外，还有诸如价格、环境、产品以及对客户抱怨的处理和补救措施等都会对客户满意产生影响。当然服务质量有问题一定会引发一系列的反应，它影响到客户是否忠于服务组织，是否愿意与服务组织建立长久的联系。客户满意度越高，客户与服务组织之间的关系就会越牢固。也就是说，满意的客户会更忠于服务组织，与组织建立稳固的关系；服务组织也会专心为这些忠诚的客户提供高质量的服务，而这又会进一步加强组织与客户的黏着度。

ISO9001：2008 的 8.2.1 条中指出："作为对质量管理体系业绩的一种表现，组织应监视客户有关组织是否满足其要求的感受的有关信息，并确定获取和利用这种信息的方法。"许多企业都将实现客户价值最大化和企业收益最大化之间的平衡作为企业的总体战略，设立专门部门实施客户满意度管理，积极开展客户对产品和/或服务满意和不满意因素的研究，确定客户满意度的定量指标或定性描述，并对客户满意程度进行测量、分析，改进质量管理体系，以实现客户和企业的双赢。

企业在进行客户满意度测评时需要关注以下几个重点。

1. 建立适用的客户满意度评价指标

客户满意度评价指标是引导企业不断满足客户需求的重要指标，确定指标要从客户的视角来看提供的产品/服务的特征。这可以通过与客户深度接触、与企业营销/市场/产品设计人员沟通、与售前/售后技术人员访谈、查阅相关资料等手段来进行。再基于这些指标，编制调查问卷。调查问卷各项指标是否适用需要不断测试和修订，既要考虑客户的关注与否，也要考虑对企业而言是否可测量和可管理。对 IT 服务而言，影响客户满意度的因素不只是工程师针对合同约定工作内容的实施表现，也包括服务/产品的设计以及后台的支持，这些内容应反映到客户满意度调查中，用客户易懂的语言表达。在企业内部，所有客户满意度调查结果要有落地点，要建立内部协同机制，能够快速对客户的问题做出恰当的反应。

2. 客户满意度定量测度的原则

（1）周期性原则

由于客户的需求和期望是不断变化的，因此影响客户对产品或服务满意度的关键绩效指标也是随着时间的不同而变化。而且，对同一个客户，其接受服务的次数也会影响客户对服务的期望与感知，从而影响客户的满意度。所以若要正确把握客户的满意度，企业就要定期地对客户满意度进行定量测度，并在每次测度时，重新确定影响满意度的关键绩效指标。

（2）全面性原则

客户满意度是客户在消费产品后的一种主观评价，它因人而异，因此只测量少数人的满意度是不够的，应该考虑到群体的差异性，尽量覆盖到各个不同的群体，这样测出的结果才具有普遍性。

3. 客户满意度的评测方式

客户满意度是客户的一种心理状态，一种自我体验，这种体验具有模糊性、不对称性和笼统性，因此要将它量化表示，并不是一件容易的事。解决办法是对客户满意度进行等级划分。客户满意度测评要求被访问者对每一个测评指标发表自己的看法，表明满意或不满意的程度。目前采用较多的是李克特量表法，它是由李克特（R. A. Ukert）于 1932 年提出的一种测量态度程度的方法。它一般采用的 5 级态度：满意，较满意，一般，较不满意和不满意，相应赋值为 5、4、3、2、1。也可以是相反的顺序，如 1 表示满意，5 代表不满意等。

受访者必须是在近期内消费过服务的自然人，所谓"近期"是指从调查时期向前追溯的一定时期，这一时间的限定对不同类型的服务有不同的要求。通过时间限定客户，可以使受访者对服务消费过程有一个清晰的回忆，避免调查数据失真。调查方式可根据服务组织产品特点以及客户分布情况选择，通常采用的方式包括以下几种。

1）问卷信函调查

这种方式的特点是方便，调查周期容易控制，客户勾选调查项后留有笔迹，调查信息比较可靠。但回函率不易控制，由于回寄或回传需要特定动作，会给客户带来额外工作量，让客户感觉烦琐。

2）电话调查

这种方式的特点是便捷，有效样本量容易控制，客户反馈的是最直接的感受，调查信息比较可靠。但对调查人员的水平有较高要求，沟通态度和对服务内容的沟通需要有一定的专业性。同时对被访者也要看他是否愿意配合，调查时间也会受一定限制。

3）网络邮件调查

这种方式的特点是将问卷信函通过互联网发送到客户邮箱，因此继承了问卷信函调查的优点，同时避免了回寄或回传对客户额外增加的动作，客户完成问卷后只需点击"提交"按钮或回复邮件即可，提高了便捷性。但仍然存在回函率不易控制的问题。

4）现场面访调查

这种方式的特点是针对性强，与客户面对面的沟通能够获得最直接、最有效的客户反馈，也能够了解到问题原因。但对调查人员有较高的要求，而且到客户现场会产生较大费用。

7.4.2 客户满意度测评实践

实施客户满意度测评可以使企业从客户端得到对特定服务质量的直接反馈，这里所指的客户既包括外部客户，也包括内部实施环节相互有关联的人员，如参与项目的销售人员、项目经理和技术人员。通过设置与业务类型匹配的评测点、设置客户关注的评测点、设置与服务管理要求匹配的评测点，能够由此发现执行中的问题，发现流程环节问题，发现规范性问题，从而追溯到服务管理体系构建中的问题。对不同的服务业务需要根据其业务特点采用相适应的满意度评价原则和评价方式，表 7-5 给出了几种服务的客户满意度评价原则和方式建议，这些建议不是唯一的，可根据企业关注度进行不同选择。

表 7-5　几种服务的客户满意度评价原则和方式

	系统集成服务	软件开发服务	IT 运行维护服务	软件测试服务	IT 培训服务	IT 咨询服务
客户满意度评价指标	√	√	√	√	√	√
周期性原则		√	√			
全面性原则	√		√	√	√	√
问卷信函调查	√	√	√	√	√	√
电话调查	√		√			
网络邮件调查	√	√		√	√	√
现场面访调查	√		√	√	√	√

以下从实践出发，通过结合几种服务业务的特点，给出客户满意度测评时应关注的要点，便于读者参考。

7.4.2.1 系统集成服务的客户满意度评测要点

计算机系统集成服务是指根据客户的需求，为客户设计和构建一个从基础环境、网络、服务器到应用的计算机系统，由于计算机系统集成服务依赖于人的智力行为，由系统工程师借助于一定的辅助工具，完成方案设计、设备的安装和调试、项目验收和技术服务等工作，因此系统集成服务的提供依赖于企业工程师的智慧和能力，具有 IT 服务的特点。同时企业与客户签订的每一单系统集成业务都以项目形式运作，对项目管理能力提出一定的要求。

1. 信息系统集成服务的特点

（1）属典型的多学科合作，一般需要多种学科的配合。如银行业务系统，需要计算机、有线和无线通信技术、网络技术、数据库技术等；又如视频图像监控系统，需要大屏拼接技术、电子技术、网络技术、光纤通信技术等。

（2）具有创造性。由于客户的不同特点和需求，每一个系统集成项目都和其他项目不完全一样，因此需要量身定做，需要为客户创造满足其需求的新意。

（3）质量不可控因素增多。传统的生产活动是在车间进行的，而系统集成则有很大一部分工作要在现场完成，这就对现场的作业管理的质量控制提出了新的要求。

2. 客户满意度测评要点

正因为系统集成项目覆盖学科广，集成各部分之间的关系错综复杂，有效的项目组织管理是决定项目成败的关键。因此，对系统集成服务的客户满意度测评要点主要在项目的各里程碑完成和整体项目管理上，而不能等到项目全部结束时才进行客户满意度调查。

许多企业针对系统集成服务以项目为单位，按照项目阶段里程碑实行满意度测评，即准备/验货、安装/初验、试运行/终验。对每一个里程碑所要达到的目标和项目要求进行要点提取，通过客户评价以及内部销售人员、项目经理、技术工程师等项目不同角色的交叉调查，发现项目实施中的质量问题，从而推进问题的持续改进。

由于信息系统集成的特殊性，每个子项目往往是由不同的分包商承担的，任务的进度和时间安排通常由总集成商与分包商共同明确，项目整个进程的控制能力和沟通协调能力是项目实施不可或缺的要求。在实施客户满意度调查时，应该将项目管理能力要求作为单独调查项，重点在全局性的管控，特别是系统集成中各个子项目之间连接、匹配、整合时对各种问题的把控；而在每个里程碑的调查维度关注不同合作角色的专业性，如各生产厂家的设备到货、验收、安装、调试等是否满足系统设计时的要求。

7.4.2.2　软件开发服务的客户满意度评测要点

在国家工业和信息化部最新发布的《信息技术服务　分类与代码》标准中将软件开发服务和软件测试服务归集为软件设计与开发类别，软件设计与开发是通过承接外包的方式，向需方提供的软件设计、代码编写及调试、测试执行和文档编写等服务。

1. 软件开发服务的特点

一个软件会经历孕育、诞生、成长、成熟、衰亡等阶段，又称为软件生存周期或系统开发生命周期。把整个软件生存周期划分为若干阶段，使得每个阶段有明确的任务，使规模庞大、结构复杂和管理要求高的软件开发变得容易控制和管理。通常软件生存周期包括可行性分析与开发项计划、需求分析、设计（概要设计和详细设计）、编码、测试、维护等活动。

1）实现多样性

一个软件功能，针对其功能描述可以有多种不同的实现方法，不同的开发团队或者不同能力水平的人，对同一个软件功能的设计思路很可能完全不同。正因为软件功能实现多样性，这使得很难从林林总总的实现中找出哪一种更好，也许要找到这个"更好"所需要的成本更高。

2）隐性成本高

与其他产品开发不同的是，软件开发的隐性成本很高。所谓的隐性成本，是指在项目预算时并没有将其考虑在内，但在实际的开发活动中导致额外的成本开销。一个软件项目的阶段性完成并不表示不会带来后续的成本，因为不同的实现（实现多样性）所带来的软件稳定性和可维护性都将不同，而不良实现所带来的隐性成本往往在预算时无法被合理地考虑。

3）无形性

软件具有无形性特点，它是脑力劳动的结晶，看不见、摸不着。它以程序和文档的形式保存在作为计算机存储器的磁盘和光盘介质上，通过操作计算机才能体现出它的功能和作用。软件开发过程中的许多活动仅存在于软件工程师的大脑中，这种不可见性使得工程师在开发思考时便可能埋下质量隐患，无法完全通过过程管理方法将这些潜在的质量问题消除，这与有形产品生产线下的质量保证方法完全不同。

正因为软件开发的上述特点，使得软件质量管理和软件开发过程管理尤为重要，尤其是将开发人员的个人开发能力转化成企业的开发能力。专业研究机构在分析以往软件开发中的问题后提出用软件能力成熟度模型对软件服务商的软件开发能力进行评估。软件能力成熟度模型为企业的软件过程能力提供了一个阶梯式的进化框架，是一种用于评价软件承包能力并帮助其改善软件质量的方法，是对软件组织在定义、实施、度量、控制和改善其软件过程实践的要求，促使软件组织走向成熟。

2. 满意度测评要点

事实上对于软件开发服务客户满意与否往往是最终交付的软件产品或应用软件的质量能否满足需求，软件功能满足需求是最基本的要求。

软件开发服务对于服务商而言通常是以项目形式运作，按照软件开发服务特点划分项目阶段，如需求分析阶段、设计阶段、编码阶段、测试阶段、安装初验阶段、试运行和终验阶段、运行维护阶段等。软件开发服务有的项目周期长，有的项目周期短，进行客户满意度测评可以依据其开发周期长短按项目阶段进行或等到整个项目执行完成后再进行。客户满意度测评时既要考虑不同阶段客户的关注点，又要考虑服务组织自身的管理要求，以此发现项目管理中的问题，不断提升组织的软件开发能力和软件开发过程管理的成熟度。

软件项目在开发过程的各个阶段主要收集客户对各阶段工作目标达成，工程师的技术能力、工作态度，沟通环节、文档质量等方面的满意程度。在开发完成安装试运行等阶段主要收集客户对软件产品或应用系统的功能实现、安装过程、工程师表现以及相应培训效果等方面的满意程度。 在运行维护阶段主要收集客户对技术支持时效性、售后维护过程等方面的满意程度。

作为软件开发服务的客户满意度基本构成维度主要包括：开发的软件产品、开发文档、项目进度以及交付时间、技术水平、沟通能力、使用维护等。具体而言，可以细分为表 7-6 所示的度量要素，并根据这些要素进行度量。

表 7-6 软件开发服务客户满意度度量要素

客户满意度项目	客户满意度度量要素
软件产品	功能性、可靠性、易用性、效率、可维护性、可移植性
开发文档	文档内容质量、文档结构清晰度、文档交付时效性
项目进度	进度控制、进度迟延情况下的应对、进展报告
技术水平	项目组的技术水平、项目组的提案能力、项目组的问题解决能力
沟通能力	沟通方式、事件记录、Q&A
运用维护	技术支持、问题发生时的应对速度、问题解决能力

7.4.2.3 IT 运行维护服务的客户满意度评测要点

IT 运行维护服务是采用信息技术手段及方法，依据需方提出的服务级别要求，对其所使用的信息系统运行环境、业务系统等提供的综合服务。IT 运行维护服务不像系统集成服务项目阶段性那么明显，计划性那么强，但对供需双方从服务级别协议签署到结束的运行维护服务内容有明确的要求，各项内容和时效性要求体现在服务级别协议中。

1. IT 运行维护服务的特点

IT 运行维护服务由早期的计算机系统维护服务发展而来，最初的功能是提供定期的检查和维护服务，确保计算机系统稳定运行。随着 IT 用户对各类 IT 资源运、筹、调、度等需求的不断深入，IT 运行维护服务已突破早期单纯进行设备维护的内容范畴，服务模式由被动处理向主动先导转变，服务手段由呼叫响应向预防监控转移，服务体系从个体服务向整合服务发展，大致形成了当前由专业 IT 运行维护服务提供商为服务提供主体的运行维护服务体系，运行维护服务的重点也转移至整合信息资源体系架构，改善信息资源应用环境，提升信息流程管理效率，从而为用户核心业务的高效运作提供关键支撑。

IT 运行维护服务所维护的对象是实现企业经营战略的支撑系统，其重要性与业务和生产紧密关联。因此追求系统稳定性和可用性是用户对服务商的基本要求。

1）服务时效性要求高

企业的应用离不开信息技术，由各种网络、主机、系统软件、中间件、数据库、应用软件等组成纷繁复杂的系统耦合在一起支撑着企业的业务应用。这些 IT 硬件、系统软件、通信等设施能否正常运行，关系到客户的业务应用能否正常开展。IT 运行维护服务的目标在于降低事故的发生频率，并在事故发生后在最短的时间内恢复系统的运转。这对服务商来说是一个很高的要求，一方面需要服务商在系统发生故障及问题时迅速作出响应，迅速定位问题；另一方面要求服务商在解决问题的能力、高效率服务运作管理等方面具有专业水准，确保服务商有能力在技术层面和管理层面解客户燃眉之急。

2）系统可用性要求高

事故发生后再临时抱佛脚的被动运行维护服务，已经不再符合现代服务外包管理发展的要求，业务的停顿对客户而言，将造成直接经济损失。所以要保证业务系统安全、可靠地运行，需要服务商有准备、有能力、有方法来降低事故的发生频度。主动运行维护服务的关键在于具有对事故的预警机制，能够在事故发生前发现潜在的隐患，从而遏制事故的出现。同时客户 IT 系统大多是生产系统，需要始终处于最佳运行状态，因此要求服务商能够根据业务需求提出优化建议，使业务系统具有较高的可用性。

2. 客户满意度测评要点

针对 IT 运行维护服务特点，客户满意度测评既要体现客户关注的时效性要求，又要体现防患于未然的能力。对于时效性要求，应基于客户需求设定管理指标，与内部质量管理要求相一致。也就是说，将客户体验的时效性结果与服务水平协议（简称 SLA）中设定的指标以及内部管理指标对接，通过对关键活动采集到的数据分析，给出流程效率、人员效率和成本效率的评估结果，实现客观数据与主观评价的有效结合。如图 7-9 所示给出了 IT 运行维护服务客户满意度测评时应关注的指标示例。

围绕服务水平协议（简称 SLA）设定客户满意度测评指标能够提高管理的有效性。SLA是客户和服务商签订的正式契约，它可以是合同中的一个组成部分，也可以是附属于主合同的与主合同有相同效力的说明性文件。其根本目的是让合作各方在项目运行之前达成一个清晰的共同的愿景，同时建立一定的机制，限制各方的行为、鼓励各方努力达到或超过事先设定的愿景。其包括的主要内容如下。

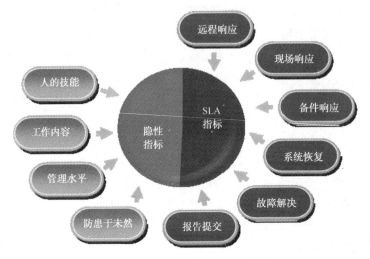

图 7-9　IT 运行维护服务客户满意度测评时应关注的指标示例

1）对服务的描述

这一部分主要明确客户和服务商之间的关系，双方各自应承担的义务。说明服务中包含哪些项目，哪些项目应排除在外。在服务过程中，客户可能需要追加一些临时性的服务项目，在 SLA 中要指定对这些服务的定价原则或如何对待的原则。

2）对服务质量的描述

客户通常根据自己业务特点和需求提出服务水平指标，常用的有：性能指标，如磁盘容量；可用性指标，如每个月线路正常的时间比率；及时性指标，如故障恢复所需的时间等。

3）服务质量的度量和报告机制

即使最常见的技术指标客户和服务商都有不同的理解，所以 SLA 中要明确对服务质量的测试点和测试方法，有时还要指定测试仪器和评价标准。

4）惩罚和奖励机制

5）争议的解决和合作结束机制

有些企业针对 IT 运行维护服务业务采用多种客户满意度调查相结合的模式，将签约客户按照续约时间长短不同进行分类，对每一类客户建立不同的客户满意度测评方式。同时按照客户申报的故障及问题级别，划定监控范围，设置监控点，故障及问题处理完毕时启动 Case 满意度回访，实现服务过程中的实时测评与定期常规客户满意度测评的结合。据此分析总结在交付过程中的共性问题和流程上的欠缺，如沟通环节、备件流程、技术人员能力水平、现场服务规范、专家支持等，推进管理上的问题改进。

为了了解客户期望，缩短感知差距，企业也根据 SERVQUAL 量表设计了面向 IT 运行维护服务的调查表，分别由客户和内部实施的服务人员打分，以识别客户不同时期的关注点，分析相互之间的理解差距，为改进服务质量提供依据，最终提升客户忠诚度。

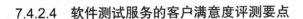

7.4.2.4　软件测试服务的客户满意度评测要点

软件测试作为软件开发的一个重要环节，日益受到人们的重视。随着软件产业的飞速发展，上千万行的大型软件系统和上百万行的应用软件已经屡见不鲜，如何保证软件的质量，人们提出了很多软件过程方法，力图通过严谨的软件开发过程来保证软件的质量，然而，就目前阶段来说，对软件进行测试仍然是最重要、最有效的途径。

近些年来软件测试的地位越来越突出，也带来了第三方测试服务的兴起。任何软件系统不管是开发方还是用户方都希望能在较短的时间内达到用户需求，即在最短的时间内发现系统中隐藏的问题，保证软件质量，从而满足使用要求。由于第三方测试是非开发方和用户方所进行的测试，在经济、行政管理方面与开发机构脱离，因此更具有客观性、专业性和权威性，也可以弥补软件开发人员的思维定式，使软件测试更加有效。

软件测试是利用测试工具按照测试方案和流程对软件产品进行功能和性能测试，对可能出现的问题进行分析和评估，验证软件是否满足软件开发合同或项目开发计划、系统/子系统设计文档、软件需求规格说明、软件设计说明和软件产品说明等规定的软件质量要求；通过测试发现软件缺陷；为软件产品的质量测量和评价提供依据。

1. 软件测试服务的特点

软件测试服务是一项专业性较高的工作，具有较高的技术门槛。软件测试有着许多方法和策略，不同的软件方法和策略有不同的特点，起到的作用和达到的效果也不完全相同。从测试作用来看，可以分为验证测试和确认测试；从对测试方法来看，可以分为静态测试和动态测试；从测试策略来看，可以分为黑盒测试和白盒测试；从测试软件产品的级别来看，可以分为单元测试、集成测试、系统测试和环境测试；根据是否使用测试工具，又可以分为手动测试和自动测试等。因此对服务商软件测试的专业技术、专业知识、自动化测试工具、技术人员水平、以往的测试规模经验等相关能力要求较高。

软件系统的复杂度越来越高。随着信息技术的发展，无论是软件系统的复杂性还是采用的软件开发技术都有了很大提高，迭代技术的应用使得产品开发进度越来越快；客户业务系统的协同性要求也使得系统和系统之间的流转趋于频繁，许多应用也不再局限于单一的系统等，给测试管理和评估带来新的挑战。

软件测试管理的要求越来越高。由于软件测试过程中涉及大量测试数据、测试用例、执行程序、方法以及相关记录，为确保测试工作的顺利进行，需要对其有效管理。在测试计划、测试设计、测试构建、测试执行、测试结果分析和报告等各个阶段提出要求并进行有效控制。在国家标准 GB/T 15532—2008《计算机软件测试规范》中，明确了测试过程和组成测试过程的测试任务，将测试文档明确为特定测试过程和测试任务的产出，不仅提出了对文档的规范，更提出了对过程的规范。标准还定义了实际测试工作中每项测试任务的具体准则，包括正确性、一致性、完整性、准确性、可读性和易测性推荐的最低要求，描述了每个任务所需输入和输出的详细列表。

2. 客户满意度测评要点

鉴于软件测试服务的特点，其客户满意度测评重点主要在服务商的专业测试能力上，如测试人员技能、测试工具的适用性、测试用例的有效性、测试过程的规范性、测试结果是否具有说服力等客户关注点。通过客户反馈发现自身能力和管理问题，以便服务商持续改进。

7.4.2.5 IT 培训服务的客户满意度评测要点

在国家工业和信息化部最新发布的《信息技术服务 分类与代码》标准中将 IT 培训服务作为 IT 咨询服务的一个部分。培训是一种有组织的管理训诫行为，是指为达到某个目的或完成某一类特定工作，而计划传授所需要的有关知识、技能和态度的训练。IT 培训服务是随着高新技术的发展和实际需求应运而生的，信息技术领域的发展不断创造出更多的发明，不断产生新的市场机会，技术更新周期在不断地加速。高新技术与人类的需求是互动发展的，一方面，技术能够不断满足企业和人类个体的需求；另一方面，人们不断产生出的新的个性化需求又不断推进技术的演进、催生新技术的出现，新的技术以其快速的变化影响着人们的工作和生活。IT 技术对企业的发展和命运产生着深刻的影响，它帮助企业提高业务管理，实现产品竞争力，快速进行市场应变。纵览成功的企业，都具有一个共同的特征，即能够较早察觉到新技术、新方法，并且毫无延迟地将其付诸实践。

IT 培训服务企业正是抓住这样一个市场机会，结合社会需求，将社会急需的各种专业技术、方法和工艺，迅速传授给在岗或即将上岗的人员，以此补充新的市场条件下对特定人才的需求。

1. IT 培训服务的特点

1）注重培训内容和实际效果

与学院教育不同，IT 培训服务大多是对已经参加工作的人员职业技能的培训。新技术的迅速发展把人们带到了一个不断变化的职业生涯之中，无论人们是改变职业还是在同一职业方向继续发展，都需要不断学习新的知识和技能，保持职业生涯。因此参加培训的学员最关注的是"学以致用"、培训课程的知名度、考试通过能否被业界认可；对工作的价值和实用性；对个人技能提高是否有帮助等。这就要求培训机构有独特的品牌课程，培训内容的设计实用且新颖，既要有理论知识传递，也要有实际操作训练，培训讲师需要具有丰富的实战经验。

2）培训服务质量的复杂性

服务消费不仅是结果的消费，同时也是过程的消费。培训服务质量更是如此。首先教学是互动的，需要培训老师的教授，同时也需要学员的配合才能收到最佳效果。如果学员不能按照培训老师的要求去做，教学没有明显效果，消费者就认为是培训老师的问题。其次，培训老师的水平因人而异，讲课风格不同，培训效果也会不一样。同样一门课程，性格活泼外向的老师授课时可能会热情洋溢，课堂气氛会活跃一些；而性格相对内敛的老师授课时可能更严谨一些，课堂气氛也就相对严肃一些。对于学员来讲，有人喜欢与老师互动，有人不喜欢与老师互动。因此，对教学结果的质量评价比较复杂，甚至会受个人喜好因素的影响。

3）培训老师对品牌树立起着重要作用

培训老师在整个培训过程中处于独特的重要角色位置，常常能听到学员是冲着某个老师才参加培训的说法。培训老师的个人魅力对品牌树立起着至关重要的作用。培训老师深厚的知识功底，讲课思路的逻辑性，循循善诱的传授技能，生动有趣的授课效果都能够调动学员的积极性。

4）口碑效应

培训服务具有典型的口碑效应。消费者的体验经验会对其他购买者有较大的影响，当消费者参加培训后对培训结果感受很好时，会不断地向其他潜在消费者传播该品牌的美誉信息并极力向他们推荐该品牌；而如果感受不好时也会传递负面信息。口碑是自发形成的，好的口碑需要培训机构自己主动制造并培育。不仅需要通过为学员提供周到的服务来赢得消费者的认可，还要用增值服务、差异化服务、培训创新等去缔造学员的忠诚度。

2. 客户满意度测评要点

培训满意度测评重点主要在两个方面，一是评价培训机构提供的培训服务本身的质量，二是对培训效果的评估。

培训服务质量评估是针对整个培训实施过程中培训机构所提供的服务，如培训教学环境、培训设施（设备）、培训教材、日常组织管理、课上及课下的服务等内容。

培训效果评估是一个评价培训预期目标达成程度的过程，在此过程中要系统地收集培训相关信息，用于分析培训效果的影响因素，学员在培训中学习到的知识、技能的运用情况以及对组织的影响，从而对培训活动的有效性做出判断，并且为改进未来培训活动的效果提供参考。培训效果评估作为培训基本流程的重要一环，主要检验培训是否达到目的，检验学员是否有收获，检验培训内容设置的合理性等。这里所说的培训效果评估只是培训结束后学员的感受，培训服务所带来的效应无法立即体现，需要在特定的场合才能发挥效应，甚至在若干年后才能见效。培训服务是一种知识的获得，一种能力的提高，知识需要不断地积累，不断地运用在实际工作之中。

7.4.2.6　IT 咨询服务的客户满意度评测要点

在国家工业和信息化部最新发布的《信息技术服务　分类与代码》标准中将 IT 咨询服务作为信息技术服务的一大类别，指服务商在信息资源开发利用、工程建设、人员培训、管理体系建设、技术支撑等方面向需方提供的管理或技术咨询评估服务，包括信息化规划、信息技术管理、信息系统工程监理、测试评估认证、信息技术培训等服务内容。

IT 咨询服务是一种以脑力劳动为基础，对信息、知识进行再加工的过程。专业的 IT 咨询服务是由具有丰富信息技术相关知识和经验的专家，深入到客户现场，通过运用现代咨询技术、方法和工具，进行定量及定性分析，帮助客户确定问题，查明产生问题的原因，提出切实可行的改善方案并指导实施。随着市场经济的发展，各企业的领导者或多或少都面临着激烈的竞争和复杂多变的外部环境，同时也面临内部运作机制和管理上的许多复杂和棘手的难题，在这种情况下，领导者们只凭有限的知识和经验来进行决策已经远远不够。他们需要具有更多专业能力、更广博的知识结构、更充分的信息资源的专家为他们出谋划策，使他们的思想和认识受到新的启发，使他们的决策更具有前瞻性、科学性和正确性，使他们的行为更符合市场经济的规律，同时使他们能够在激烈的竞争中胜人一筹。

1. IT 咨询服务的特点

IT 咨询作为一种高智能的专业性服务，具有以下主要特点。

1）独创性

IT 咨询服务是人类智慧的结晶，受不同专家专业知识、经验、技能所限，以及客户现实环境和问题的不同，产生的咨询服务结果也有所不同。需要咨询专家不断用新的思维方式、新的观点去观察客户企业，分析其存在的问题及原因，并以科学的态度和创新精神，去设计切实可行又有所突破的咨询方案。

2）系统性

在咨询活动中，咨询专家要用系统的观点去分析客户企业，全面地把握客户的内外情况，在分析问题原因时，充分注意各方面的相互关系；在提出解决方案时，要兼顾企业局部利益和整体利益、近期利益和长远利益的要求，力求达到整体效果最佳。

3）产品质量依赖于实践

尽管整个咨询过程是建立在科学分析的基础上，然而咨询服务结果的好坏取决于服务商的专业技能和方案产生的效果。要给客户提供合理的方案，服务商需要拥有深厚理论功底和丰富实践经验的专业人士，帮助客户应对变化，解决生存与发展的问题，通过实施解决方案真正为客户带来所期望的经济效益和社会效益。这就要求咨询服务商与客户不单纯是一个短暂的交易活动，而是一种连续的、长期的、互利互惠的合作伙伴关系。

2. 客户满意度测评要点

鉴于 IT 咨询服务的特点，其满意度测评重点是在了解客户对咨询专家的知识结构、专业水平、解决方案的针对性、实施有效性、是否达到预期效果等方面，以此发现自身问题，不断改进服务商的咨询服务能力。

7.4.3　如何提高客户满意度

7.4.3.1　关注客户期望

客户满意度与客户的期望值有关，当客户对产品或服务的实际感知大于或等于客户的期望，或所提供的服务能够符合或超越客户的需求时，客户就会感到满意，对服务质量就会有好的评价。客户的要求是客户需求的反映，客户要求大多是明示的，明确表达出来的；有些虽然没有提出，但往往也是不言而喻的。客户期望很大程度上是隐含的，而且往往高于客户要求。达到"客户的要求"，客户可能就认可了。如果满足甚至超越了"客户的期望"，就会大大提高客户满意度。因此从服务组织的角度看，关注客户期望就是了解客户的需求，然后通过自己的产品或服务去满足客户需求并努力超越客户的期望。

如何关注客户的期望？首先在服务组织内要建立"以客户为中心"的管理模式。"客户为中心"管理不只是一个认识问题，需要从上到下落实到各层的管理之中。即从市场调查、产品设计、生产、销售、到售后服务的各个环节都真正体现"以客户为中心"，特别是质量管理体系的所有方面（方针、程序、要求、过程等）都要以客户为关注焦点。如有的企业建立 Case 回访制度、投诉管理制度等就是为了让客户对服务中出现的问题有一个申诉渠道，并能够得到及时有效的解决。

其次，服务组织必须建立行之有效的制度把握客户的真正需求，通过调查、识别、分析和评估，对客户需求进行综合判断。客户需求存在着多样性、多变性、隐蔽性、不确定性等特点，需要服务商去挖掘和引导。客户的基本需求与产品和服务有关，包括产品的功能、性能、质量以及价格。一般客户都希望以较低的价格获得高性能、高质量的产品或服务，但是多数客户也愿意为服务商为之带来高附加值的服务体验和市场机会付费。

再次，服务组织需要持续不懈地兑现服务承诺，追求超越客户期望的目标。服务承诺可以使期望更加明确，建立有意义的服务承诺的过程，实际上是深入了解客户要求、不断提高客户满意度的过程，这样可以使服务组织的服务质量标准真正体现客户的要求。在作出承诺之前，组织的管理者必须确定自身系统中可能失败的地方和可被控制的限制因素，依据服务承诺确立的质量标准对服务过程中的质量管理系统进行设计和控制。服务是一种过程，在客户与员工的互动过程中，客户对服务质量的感知会随着相互之间关系的发展而发生变化。这种微妙的变化是一个长期累积的过程，服务商通过兑现服务承诺让客户对公司产生信任，只有信任才能继续接受公司的服务；同时服务商必须保证对客户的承诺，不管是显性的还是隐性的，都必须彻底执行，否则就可能引发信任危机，丢失客户。服务承诺一方面可以成为客户和公众监督的依据，使服务组织得到持续改善的压力；另一方面可以产生积极的反馈，使客户有动力、有依据对服务质量问题提出申诉，从而使服务组织明确了解所提供服务的质量和客户所希望的质量之间的差距，为评估质量提供有价值的信息。

7.4.3.2　进行质量改进

持续的质量改进能够充分挖掘服务组织的潜能，优化服务产品设计和生产工艺，更加合理、有效地使用资源，提高服务组织的产品市场竞争力，从而提高客户满意度。质量改进是服务组织为向本企业及其客户提供增值效益，在整个组织范围内所采取的提高活动和过程的效果与效率的措施。质量改进是消除系统性的问题，对现有的质量水平在控制的基础上加以提高，使质量达到一个新水平、新高度。

相比质量控制而言，质量改进是一种主动行为，使质量在原有的基础上有突破性的提高。质量改进的对象既包括产品或服务的质量，也包括与其有关的工作质量。质量改进是一个变革和突破的过程，任何一个质量改进活动都要遵循的 PDCA 循环过程，即策划（Plan）、实施（Do）、检查（Check）、处置（Action）4 个阶段，大环套小环，阶梯式上升。

服务组织进行质量改进可分 7 个步骤完成。

1. 明确问题

组织中存在的问题很多，受人力、物力、财力和时间的限制，解决问题时必须决定其优先顺序，从众多的问题中确认最主要的问题。

主要活动内容：

（1）明确要解决的问题及其重要性。

（2）问题的背景是什么，现状如何。

（3）具体描述问题的后果，如产生了什么损失，并指出希望改进到什么程度。

（4）选定改进课题和目标值。

（5）选定改进任务负责人。

（6）对改进活动的费用做出预算。

（7）拟订改进活动时间表。

2. 掌握现状

质量改进课题确定后，就要了解把握当前问题的现状。主要活动内容如下：

（1）调查时间、地点、种类、特征 4 个方面，以明确问题的特征。

（2）从人、机、料、法、环境、测量等不同角度进行调查，找出结果的波动；调查者应深入现场，在现场可以获得更多收集数据中没有包含的信息。

3. 分析问题原因

分析问题原因是一个设立假说、验证假说的过程。因果图是建立假说的有效工具，图中所有因素都被假设为导致问题的原因。主要活动内容如下：

（1）设立假说（选择可能的原因）：为了收集关于可能的原因的全部信息，应画出因果图；运用"掌握现状"阶段掌握的信息，消去所有已确认为无关的因素，用剩下的因素重新绘制因果图；在绘出的图中，标出认为可能性较大的主要原因。

（2）验证假说（从已设定因素中找出主要原因）：搜集新的数据或证据，制订计划来确认原因对问题的影响；综合全部调查到的信息，决定主要影响原因；如条件允许，可以将问题再现一次。

4. 拟定对策并实施

对策有两种，一种是解决现象（结果），另一种是消除引起结果的原因，防止再发生。解决质量问题的根本方法是去除产生问题的根本原因，因此一定要严格区分这两种不同性质的对策。主要活动内容如下：

（1）将现象的排除（应急措施）与原因的排除（防止再发生措施）区分开来。

（2）先准备好若干对策方案，调查各自利弊，选择参加者都能接受的方案。

5. 确认效果

对质量改进的效果要正确确认，错误的确认会让人误认为问题已得到解决，从而导致问题的再次发生。反之，也可能导致对质量改进的成果视而不见，从而挫伤了持续改进的积极性。主要活动内容如下。

（1）使用同一种图表将采取对策前后的质量指标进行比较。

（2）将效果换算成金额，并与目标值比较。

（3）如果有其他效果，不论大小都列举出来。

6. 防止问题再发生和标准化

对质量改进有效的措施，要进行标准化，纳入质量文件，以防止同样的问题发生。主要活动内容如下。

（1）为改进工作，应再次确认 5W1H，即 What（为什么）、Why（为什么）、Who（谁）、Where（哪里）、When（何时做）、How（如何做），并将其制定成工作标准。

（2）进行有关标准的准备及传达。

（3）实施教育培训。

（4）建立保证严格遵守标准的质量责任制。

7. 总结

对改进效果不显著的措施及改进实施过程中出现的问题，要予以总结，为开展新一轮的质量改进活动提供依据。主要活动内容如下。

（1）总结本次质量改进活动过程中，哪些问题得到顺利解决，哪些尚未解决。

（2）找出遗留问题。

（3）考虑为解决这些问题下一步该怎么做。

7.4.3.3　服务失误补救

服务失误补救是服务组织在出现服务失误时所做出的一种即时性和主动性的反应。其目的是通过这种反应将服务失误对客户感知服务质量、客户满意和员工满意所带来的负面影响降到最低限度。服务失误补救是一种管理过程，它首先要发现服务失误，分析失误原因，然后在定量分析的基础上对服务失误进行评估并采取恰当的管理措施予以解决。实际上，在服务过程中失误是不可能完全杜绝的，工作上会出现失误，系统会出故障，服务人员与客户之间信息理解会产生偏差，因变化不能按照制订的计划推进等，有时候责任并不都是服务组织造成的，然而如何看待和处理服务失误是对服务组织的真正考验。不管造成服务失误的原因是什么，组织所要做的是承担服务失误的责任，并采取措施，纠正错误，让客户满意。

服务失误补救的目的不只是简单地解决问题，而是让客户感受到服务组织的真诚，如果客户觉得处理得当，有助于服务组织与客户建立良好的信任关系，也会提高客户对服务组织的忠诚。如果客户感到他们的抱怨没有得到妥善而真诚的处理，他们的不满情绪会增加，与服务组织之间的关系会趋于恶化。客户是否满意服务失误补救还取决于解决问题的时间，在处理过程中应避免花费太多的时间来重复问题，以及不同员工之间自相矛盾的意见反馈。简明清晰地告诉客户会采取什么方案来解决问题。问题解决后与客户就解决结果的确认可以了解服务失误补救的效果。服务失误补救通常起因于客户的抱怨甚至是投诉，但是大多数客户的不满意不会向服务组织去抱怨，这就要求服务组织主动去发现服务失误并及时采取措施解决失误，这种前瞻性的管理模式无疑更有利于提高客户满意度和忠诚度的水平。与此同时，服务组织要重视客户抱怨。客户抱怨往往能提供更具体的信息，需要注意的是，要让客户倾诉，客户在面临真实的或误解的问题时往往情绪激动，通常让客户一吐为快会纾解他们的情绪。服务人员对客户反映的问题应认真倾听，核实了解问题的真实性，提供合理的解决方案。

服务失误补救是提高影响客户感知服务质量的重要因素，学者们普遍认为，出现服务失误后得到及时而有效补救的客户，其满意度比那些没有遇到服务失误的客户的满意度还要高。

第8章　信息技术服务营销管理案例

随着中国经济向服务经济转型步伐的加快，信息技术（IT）企业面临由产品营销到服务营销的转变。而中国IT企业在转变过程中缺乏相关经验和积累，在与国际化同类企业竞争中缺乏竞争力。

由于IT服务企业主要人员构成是专业技术人员，重技术轻营销，许多企业陷入无法盈利的困境，叫好不叫座。正确的IT服务营销战略和强有力的营销体系是IT服务企业行走蓝海的"诺亚方舟"。那么如何制定IT服务营销战略？如何建立IT服务营销体系？本章以达斯公司为例，对达斯公司的战略转型过程进行分析归纳，明确IT服务营销成功之路所在。

本章首先通过对IT服务市场信息化发展宏观环境的分析，IT服务特点的分析及竞争环境的分析，明确达斯公司在这个新的市场中的优劣势，同时也看到了发展的机会及存在的威胁，在对内外部环境充分分析的基础上，制定了公司新的战略目标是进入IT服务市场前三名，为客户提供IT基础设施相关的服务。结合企业的竞争力和市场的吸引力，通过对IT服务细分市场的分析，划分了战略发展阶段，并确定了主攻目标的战略部署。

围绕着主攻市场，制定了详细的市场营销战略，通过目标市场细分和选择，市场覆盖方式确定，市场采购行为特点分析等确定了自己的竞争定位，并结合竞争定位及7P理论，构建了市场营销组合。

最后，战略计划落地实施，需要营销体系保障。服务销售系统、服务产品系统、服务交付系统及服务质量管理系统构成了达斯公司营销体系。

8.1　公司案例

8.1.1　早期历史

达斯公司成立于20世纪90年代初，主要以代理国外品牌的IT产品为主，为国内的行业客户提供IT系统相关的建设和维护的系统集成业务。达斯公司第一桶金来自于代理IBM公司的小型机，为客户提供IBM小型机的安装、调试服务。小型机最初主要用于科学计算和CAD/CAM，替代人的一部分复杂工作，提高生产效率。当时的中国市场流行16位的PC和8位的单板机，对32位小型机的认知和使用的能力是稀缺的，客户的议价能力很弱，市场上可以提供同类产品的公司有限。达斯公司最早的核心团队由中国科学院计算所的经验丰富的中、青年技术人员组成。在改革开放和国家信息化战略的引导下，在由计划经济向市场经济变革的推动下，行业客户信息化需求与日俱增。凭借技术优势和良好的信誉以及脱贫致富的动力，公司又相继代理了其他国际品牌的 IT 产品，客户由最早的金融行业扩展到电信和政府，由单一产品代理商变成了代理集成商，分别在北京、上海、深圳、香港设立了区域中心，生意做得红红火火。

到了 90 年代末，系统集成市场竞争激烈，市场分散，门槛低，前五位的集成商也只占整体市场份额的 12.7%，集成商受到包括原厂商、行业软件开发商和客户的挤压。原厂商直接扮演 SI 角色，有的设有专门的公司从事系统集成业务，他们在品牌、服务质量方面有独特优势，同时为规避其自身风险，常常要求下游集成商押货，集成商的市场、资金被挤压，生意风险在增加。行业软件开发商在所在行业具有完备的解决方案，在客户关系、行业理解方面具有优势，有相对完善的激励政策及灵活的市场手段，由于受业务规模的限制，面临软件业务难以盈利的困境，纷纷进入集成市场，充当软件集成商角色，挤压产业链下游的代理集成商。用户为获得议价能力同时与多家集成商合作，为保证其项目需求，转嫁项目风险，商务条款越来越苛刻。随着全面竞争展开，集成商的销售利润率持续降低，从表 8-1 可以看出，达斯公司的盈利水平在逐年下降。

表 8-1　达斯公司损益简表

年度	1997	1998	1999
销售收入（万元）	70022	75001	94787
营业利润（万元）	4445	2330	1002

达斯公司自成立起经过了 10 年的发展，在获得成功，保持一段时间的快速增长后，增长速度减慢进入成熟期。在新的市场环境下，随着市场机会的变化，公司必须找到新的发展方向，使公司回到健康增长的阶段，否则公司将逐步衰退。

8.1.2　市场环境

20 世纪 80 年代初到 90 年代初是中国 IT 相关产业的孵化阶段，联想、华为等著名企业均在这个阶段诞生和成长，国家制定的电子信息产业发展战略决定了集成电路、计算机、通信和软件以及相关的市场发展的起点和方向。90 年代初到 2000 年，国务院信息化工作领导小组提出了"统筹规划，国家主导；统一标准，联合建设；互联互通，资源共享"二十四字方针，以信息化带动产业化的国家策略成为 IT 市场的强大推动力。电信重组为 IT 市场创造了巨大的市场空间。

其中，金融行业信息化发展在中国相对成熟。第一步是利用 IT 技术和服务代替人工，帮助银行提高对外业务的生产效率；第二步是将分散的 IT 系统集中起来，进行业务的规范和创新；第三步是充分挖掘利用信息数据，进行企业的规范和创新。下一步是继续积极推进数据集中和应用整合，加强安全管理和运行管理，确保信息系统平稳运行；同时在数据集中基础上实现深层次的数据应用；加快综合业务系统与信贷管理系统、财务管理系统、客户关系管理系统等管理信息系统的集成；加大技术体系调整业务流程整合和组织结构调整的力度，把数据集中带来的技术优势，尽快转化成企业的竞争优势；把金融理念跟战略信息化合二为一。

电信行业的信息化发展的成熟度仅次于金融行业，起步晚起点高。由于电信重组，运营商之间竞争激烈，通信网路及相关的 IT 系统是运营商重要的生产资料，其信息化的下一步发展是：业务支撑系统与运营支撑系统整合。随着市场竞争的加剧，原有的运营支撑系统已经不能适应电信行业的业务发展，运营商需要新型的以客户服务为中心的运营支撑系统来帮助其实现业务的稳定与发展，新系统能够集成各类独立业务系统，消灭"信息孤岛"。分析型 CRM 将成为客户关系管理主流。电信企业的竞争将从基于业务层面的"异质竞争"转变为客户层面的"价值链竞争"，电信企业的核心竞争力必然从规模投资转向市场营销能力，而 CRM 可以帮助电信运营商贯彻以客户为中心的战略思想。MSS 与 ERP 成为提升企业管理水平的有力工具，如何提升内部管理水平，向管理要效益成为未来几年电信业新的 IT 应用热点。

政府的信息化建设主要是政府主导，从机关办公自动化、管理部门电子化工程（如金关工程、金税工程等"金"字工程）到全面的政府上网、电子政务，按这一条线展开。早期启动的"金"字工程已经发挥作用，其他"金"字工程也已陆续启动，网络建设在"政府上网工程"的推动下已获得了长足的进展，大部分政府职能部门如税务、工商、海关、公安等部门都已建成了覆盖全系统的专网，各类政府机构 IT 应用基础设施建设已经基本完备，适应政府机关办公业务和辅助领导科学决策需求的电子信息资源建设初具规模。未来，地方政府建设数字城市的步伐会明显加快，其中电子政务的建设是数字城市建设的核心内容之一。

综上所述，到 2000 年初，我国的信息化建设经过了十多年的建设发展，平均每年 1000 亿人民币的 IT 产品投放市场，主要行业的客户需求将转向如何应用、维护和管理好投入的 IT 类产品，向 IT 要效率和竞争力，客户未来将加强 IT 服务的投资力度，表 8-2 给出了 IT 服务市场未来的容量，IT 服务潜力巨大，发展前景看好，达斯决心向 IT 服务市场进军。

表 8-2　中国 IT 服务市场预测（单位：亿元人民币）

			2000 年	2001 年	2002 年	2003 年	2004 年	2005 年
	IT 服务市场总量		291.5	344.9	400.8	473.6	564.6	683.8
IT 服务细分市场	1	维护和支持服务	128.5	156.5	182.2	207.4	227.2	246.3
	2	咨询	18.3	20.9	25.1	31.9	42.4	57.3
	3	开发和集成	62.4	77.4	92.6	115.6	147.4	193.1
	4	培训	9.7	11.5	13.7	17.1	21.4	26.8
	5	管理服务	20.1	23.7	29.2	36.7	49.5	66.6
	6	业务流程和交易管理	52.5	54.8	57.9	64.9	76.7	93.7

8.1.3　信息技术服务特点

IT 服务之所以区别于 IT 有形产品，在于它有以下几个特点。

1. IT 服务无形性

IT 服务在客户购买服务以前，无法看到、感受到它，无法判断服务提供商是否有能力兑现其服务承诺，无法提前检验其合格性，因此，客户希望通过其他一些信息来确定服务质量，以减少不确定性。

2. IT 服务的不可分割性

IT 服务的生产过程和消费过程同时进行，服务无法与服务提供者和使用者分离，客户就在"工厂"里，亲自观察"产品"生产的全过程，专业服务人员的专业程度、形象谈吐的印象，都将影响他对客户服务质量的判断。除在现场与客户直接接触的人员外，还延伸到公司与客户有往来的每一个岗位的人员，包括电话接线员。

3. IT 服务的易变性

由于服务是无法与人相分离的，同一个人向不同客户提供的服务可能是不同的，不同的人向同一个客户提供的服务也可能不同，再杰出的专业服务人员也会出错，人类的此类疏忽无法避免，为了减少损失，需要采取一些措施使出错率降到最低，如使用一些专用工具、将工作流程标准化等，但即使是最好的预防系统也不可能彻底消灭错误，因此，提前预见到错误最容易发生的地方，建立预案，以便及时采取补救措施，挽回遭受损失的客户的信任。

4. IT 服务的易损性

IT 服务不可能像货物一样被储藏起来以后再销售。服务的能力会在等待的过程中随着时间流逝而消失，服务会随着需求的波动而波动。

IT 服务的以上特性决定了 IT 有形产品的营销方法和技巧不能自动适用于 IT 服务营销。在购买产品的过程中，人们面对着各种各样的不确定性，而在购买服务的情况下，这点尤为突出。由于服务的无形性，客户的满意标准不同，很难对提供的服务准确评估。在购买一个有形产品之前，客户可以通过试用等方式预先知道产品质量如何，但服务就不同了，服务一旦售出后，生产过程和消费过程同时进行，在服务过程未完成之前，没有人能肯定客户是否完全满意。这种结果的不确定性导致了客户在购买前以及整个交易过程中的焦虑情绪，这种焦虑情绪有时被称为"认知分歧"。因此，服务提供者的必要工作之一是缓解客户的焦虑情绪，使他们确信自己的选择是正确的，服务商从业的相关资质及从业经验是与客户建立互信的基础。客户的不确定性为服务提供者带来了巨大的挑战，教育客户在 IT 服务营销中扮演了相当的角色，客户起初需要经过一定的指导才能了解用什么样的标准来评价服务商，以及如何有效地使用服务提供者，在一些情况下，客户甚至需要别人告诉自己所需要的服务是什么；服务提供者通常向客户提供一定的担保，比如因服务不当导致客户损失则承担连带责任等，以使客户能放心大胆地决定。

8.1.4　竞争环境

1. 竞争对手分析

IT 服务市场主要竞争者有 3 类：

I 类是国际 IT 产品生产原厂家，比如 IBM、HP、CISCO 等，在销售软硬件产品的同时也销售这些产品的服务及其他 IT 专业服务，这些厂商由于掌握技术及方法论，在市场起步阶段起主导作用，其优势为：国际品牌知名度高，向市场投放的大量产品带动对应服务市场发展，有成熟的 IT 服务体系，人员专业化水平高；其弱势为：全球一体化的运作体系比较僵硬，不能充分满足国内市场客户需求、价格缺乏弹性、成本高。

II 类是国内起步较早的一些专注 IT 服务某一细分市场的服务商，如新明公司，专做银行的维护支持服务。其优势为：专注、运作成本低且灵活、价格弹性大；其弱势为：品牌知名度低、市场覆盖面小、公司资金能力有限，公司的长期发展具有波动和不确定性。

III 类是 IT 服务市场中的行业软件开发和集成商，他们常年与客户接触，了解客户信息化发展需求，有专门的团队围绕着客户做应用软件开发和集成业务。其优势为：了解客户需求、与客户关系紧密、品牌在行业内知名度大、有专门的面向客户的团队，服务的性能价格比好；其弱势为：IT 服务体系不健全、专业服务能力有限、自身组织复杂。

2. 竞争优势

达斯公司经过 10 年的发展，代理了丰富的产品线，积累了横跨金融、电信、政府的客户资源，形成了跨产品和技术的代理集成技术队伍，在中国市场具有一定的品牌知名度，组织地域覆盖全国、资金雄厚、已建立基础的技术服务管理体系，综合实力强，可建立长期的规模竞争优势。同时，达斯公司 10 年来形成的代理集成模式和流程不适合服务业务，需要建立代理集成以外的专业服务竞争能力。

当时的达斯公司看到了 IT 基础设施维护服务市场蕴涵的巨大商机，在这个市场中 I 类竞争者承担了市场初期的培育和开发工作，产品用户基数逐年增长，需求在快速增加。随着市场竞争的加剧，用户对信息系统的依赖程度加大，现有系统的安全运营日趋重要，用户花钱买服务的认识在不断加强，并加大对服务的投入。达斯公司相对 I 类竞争者，更贴近客户，能够灵活、及时满足客户需求，有好的服务性价比；相对 II、III 类竞争者，具有更好的品牌信誉度、长期的营运能力和广泛的市场覆盖能力。达斯公司的代理集成业务带来客户的逐年增长及公司对战略转型的迫切需要是其能够把握住市场机会的重要前提。

I 类竞争者作为市场的先期开发者设置了技术和资格等进入壁垒，II 类竞争者通过灵活的价格设置价格壁垒，III 类竞争者通过对客户的控制屏蔽机会。由于 IT 产品销售竞争加剧，使得更多的竞争者加入 IT 服务市场的竞争，市场分散化、同质化。在这样的市场格局下，达斯公司如何胜出？

8.1.5 战略制定

达斯的管理层在对公司内部自身的资源和能力及对外部市场和竞争环境分析后，设定了公司在 IT 服务市场的战略目标为进入中国 IT 服务市场前 3 名，为客户提供端到端的 IT 基础设施相关服务。

不同的服务业务对公司的重要性不同，对公司目标的贡献大小也不同。达斯通过自身的竞争力和市场吸引力两个综合维度对 IT 服务市场中每种服务进行评估，对未来提供的服务作出决定，评估如图 8-1 所示。

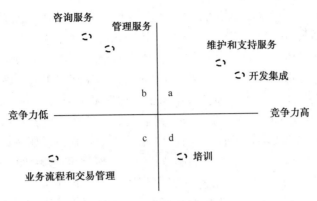

图 8-1　业务评估矩阵

　　根据业务评估矩阵，结合战略目标，达斯公司制定了市场拓展路线和重点，如表 8-3 所示。

表 8-3　业务市场拓展路径

市场推进步骤		服务类别		
		a 象限服务	b 象限服务	c 象限服务
市场	现有客户	第一步	第三步	第四步
	新客户	第二步		

　　达斯公司将市场划分成电信行业市场、金融行业市场、大型企业市场以及政府及公共事业市场四大类，具体分类见表 8-4。

表 8-4　市场划分

电信行业市场						
移动	联通	电信	网通	铁通	卫通	电信其他

金融行业市场					
国有银行	股份商行	邮储	城市商行	外资银行	农商行
交易所	证券	保险	基金	投资信托	金融其他

大型企业市场				
能源	交通运输	制造	房地产	流通
信息通信	IT 及互联网	媒介	企业其他	

政府及公共事业市场					
政务	财政	税务	工商	商检	海关
国土	军队	航空	公检法	科研院	民政
社保	统计	专利	水利	公共交通	数字城市
教育	新闻出版	医疗卫生	环保	气象	地震
广电	图书馆	海洋	战略储备	邮政	电力
人事	人口	应急指挥	金融监管	政府其他	

4 个目标市场对 IT 基础设施相关的服务需求相似，可以采用无差异的市场覆盖模式。但因信息化发展的成熟度不同，服务需求以时间维度来看会有差异，同类需求出现的先后次序一般为：金融市场、电信市场、大型企业市场、政府及公共事业市场，达斯的市场开拓也以此为序。金融和电信市场的客户大多以注重性价比为主，希望购买的服务货真价实；其他两类市场客户的兴趣更多情况下以减少成本为主，总体来说市场对价格敏感度高。

IT 服务的重复采购性比较大，服务商们通常把精力集中在维持现有客户关系及服务质量上，以获得重复采购的机会，其他新的采购机会则要通过提供新服务或寻找对服务不满意的客户获得。一般先为客户提供小规模的服务挤进去，然后再逐步扩大份额。对于已与客户发生过交易的服务商，在营销中要设法使客户坚持以往的采购行为，不去考虑其他的服务商，直接与自己进行重复采购；也可以引导客户对服务进行适当调整后，重复采购更多的服务；同时对于竞争对手的重复采购机会，要评估使客户改变服务提供商的可能性，要关注转变可能性比较高的潜在客户。上一次采购的结束就是下一次营销的开始，服务过程中的所有人员，事实都在参与下一次采购的营销。在达斯服务的续签成功率纳入销售团队和交付团队所有人员的考核。

赢得并保持客户的关键是比竞争对手更了解客户的需求和购买程序，给他们带来更大的价值。

根据对达斯公司战略、市场和竞争环境的分析，可以看出达斯在 IT 基础设施服务市场上，总体是挑战者的角色。在目标市场上与其他的竞争对手之间服务竞争差异主要体现在：性价比好、跨技术平台技术服务能力、跨行业服务经验、覆盖全国的服务体系，提供实惠、方便、可靠的综合 IT 基础设施服务。

8.1.6　营销组合

市场营销是一系列可控制的市场战术的组合，将这些战术组合在目标市场加以应用，以取得预期效果。可控的市场力量变化繁多，不同的组合适合于不同的场合。7P 理论告诉我们服务市场营销中的 7 个可控量。

- Product（产品）：指企业为满足目标市场的需求提供的产品或服务的组合。
- Price（价格）：指为获得某项产品，消费者支付的金钱及其他非金钱代价。
- Place（渠道）：指企业为使消费者能获得服务的所有途径。
- Promotion（促销）：指一系列在目标市场上宣传服务的特征及优点并说服消费者购买的活动。
- Physical Evidence（有形展示）：弥补了服务作为无形商品无法被公众直接感知的不足。消费者可以从服务商公司的办公楼、服务设施、文档、多媒体、人员形象等感知并推断服务质量。
- Processes（流程）：指服务过程中行为的先后次序、时间和地点等。不同的人做同样的服务会有不同的处理流程。
- People（人员）：指服务提供者或使用者，他们是与服务最直接相关的可感知因素。

达斯公司结合竞争定位和 7P 理论，设计相应的营销组合，如表 8-5 所示。

表 8-5　营销组合

营销组合		竞争定位			
		性价比好	跨技术平台技术服务能力	跨行业服务经验	品牌知名度高
7P	Product	服务承诺清晰	服务设计标准化	前瞻性服务设计	
	Price	成本可控		跨行业价格系统	
	Place	直销			
	Promotion				
	Physical Evidence	服务交付物标准化			公司宣传、服务有形化
	Processes	服务流程标准化	提供一站式服务流程		服务流程标准化
	People	服务人员本地化	服务技能多元化		服务人员专业化、客户满意度高

8.2　信息技术服务营销体系

达斯的服务营销体系由 4 部分构成，包括服务销售系统、服务产品系统、服务交付系统、服务质量管理系统，下面重点介绍服务销售系统和服务产品系统。

8.2.1　服务销售系统

每个目标市场在组织设置、决策流程、价格、服务需求等方面存在微观差异，因此对应每一个目标市场设立了专门的销售部门，分别是金融服务部、电信服务部、政府及公共事业服务部、企业服务部，在中国的东、南、西、北 4 个区分别设有分支机构，便于接近客户、保持客户、对市场快速反应。

服务销售第一阶段采用直销模式，第二阶段在分散的非金融、电信市场增加分销模式，以快速覆盖市场，建立规模优势。

销售方法论采用 IBM 的 Signature Selling Method，根据客户采购流程建立销售流程及销售方法，分以下 7 个步骤。

第一步：当客户评估业务环境和策略时，要通过了解客户的业务环境、流程和问题，建立客户关系。具体行动如下：

（1）通过需求引导和有前瞻性的讨论，引发客户兴趣并建立客户关系。

（2）研究客户的行业，竞争对手，业务方向和一般流程。

（3）了解客户的财务状况。

（4）计划客户关系建立和维系的策略。

（5）与客户进行针对其业务策略的创造性交流。

（6）计划和调动公司资源为客户的业务策略提供支持。

第二步：当客户精练业务策略和市场计划时，要通过客户关系的互动，发现销售机会。具体行动如下：

（1）主动沟通了解客户需求。

（2）充分了解客户采购的愿望和动力所在。

（3）建立销售机会计划或选择离开。

第三步：当客户明确需求时，要建立客户需要和满足需求的商业能力。具体行动如下：

（1）明确和精练客户需求。

（2）建立客户的市场计划与公司商业价值之间的桥梁。

（3）确认客户内部的坚定赞助者和业务受益者。

（4）了解客户的决策流程和参与者。

（5）如有可能，接触客户决策的关键人物。

（6）建立客户的期望与核心价值之间的关系，并了解竞争的状况或者选择离开。

第四步：当客户评估机会时，要清晰展现公司的能力和价值，确认销售机会。具体行动如下：

（1）审核并影响客户的评估标准。

（2）向客户的关键决策人和受益部门展现公司的初步服务方案和核心价值，并讨论可能的付款方案。

（3）评估客户决策人的顾虑和期望。

（4）评估公司参与此项目的风险。

第五步：当客户选择服务方案时，与客户共同研究服务方案。具体行动如下：

（1）精练服务方案，并通过公司和案例考察展现方案价值。

（2）评估竞争策略，需要时可及时调整竞争战术。

（3）评估关键人物的兴趣，价值和风险。

（4）针对非标准合同条款的沟通和共识。

第六步：当客户顾虑，并做最终决定时，赢单的时刻到了。具体行动如下：

（1）进行必要的方案细化和价值展现工作。

（2）消除阻止客户最终决定的顾虑，并重新评估对于公司的风险。

（3）在公司法律部的帮助下，完成所有合同条款的协商。

（4）准备合同，并获得公司和客户双方的签字。

第七步：当客户实施服务方案，评估项目成功时，要监督实施过程，确保实现客户期望。具体行动如下：

（1）与受益部门合作确认项目收益状况。

（2）通过与受益部门的规律性的交流，管理和控制客户期望，并最终超越客户期望。

（3）保持重复采购的机会。

（4）寻找新的业务机会。

（5）重新评估公司与客户的关系。

8.2.2 服务产品系统

产品是能满足一定消费需求并能通过交换实现其价值的物品和服务，产品需求的 5 个层次为：

（1）核心利益，即消费者利用该产品所满足的基本需要。

（2）基本产品，即满足消费者核心利益的实质性产品。

（3）期望产品，即消费者对于其需要满足程度的某些特定要求。

（4）扩展产品，即消费者在核心利益需要得到满足的前提下，所产生的关联性需要，其表现为对需求满足程度的进一步提高。

（5）潜在产品，即对消费者可能产出的对某些产品新的需求的满足。

服务产品线的结构可以根据产品需求的层次来构建。达斯公司的服务产品线结构如下：

表 8-6　服务产品线结构

需求层次		服务产品线
	核心利益	系统保持正常运行、不失职
	基本产品	故障解决服务、补丁安装服务、健康检查服务
	期望产品	值守服务、性能调优、安全服务、业务连续性服务
	扩展产品	系统升级、咨询服务、搬迁服务
	潜在产品	桌面外包、数据中心外包、业务流程外包、软件测试服务

产品线中的每一个服务产品（如故障解决服务），具有如下可感知的属性：

（1）人员：履行服务的人员类别及等级。

（2）质量水平：服务履行的专业可信度等级（SLA 服务等级协议）。

（3）品牌战略：赋予一项服务或一系列服务的名称及相关说明。

（4）流程：履行服务所需进行的必要行为的先后次序。

（5）服务时间：服务人员履行服务所需要的时间。

（6）等待时间：在服务令人满意结束之前，客户需要等待的时间。

（7）支持设施：服务人员使用的帮助其履行服务的工具和设施。

（8）地点：履行服务的地方。

（9）其他客户：在接受服务过程中客户可能接触到的或是相互影响的其他客户。

（10）价格：客户支付的金钱。

这些可感知的属性是服务营销、传递的基础。DAS 有专门的服务产品平台，对每种服务产品均有清楚的属性定义，并据此作为产品包装、成本核算的基础。

在服务产品的导入期，将服务导入一个或多个目标市场需要花费时间，销售量增长比较缓慢。主要因为配备新的服务人员需要过程，而且当导入的是全新的产品时，能提供服务的人员非常稀缺，因而无法快速扩大销量；另外，客户接受新的服务产品也需要时间；销售流程和交付流程的制定和完善也需要一个过程。在该阶段，由于销售量低、推广费用大，因此成本很高。只有目标坚定、战略明确的企业能够度过导入期，将产品的根植入土壤并成活，进入下一个周期。

在服务产品的增长期，销售量开始迅速攀升。早期的产品接受者将继续购买，其他客户会跟随潮流，特别是听到有关服务的好口碑时。新的竞争对手受到市场机会的吸引进入市场，他们会推出新的服务特色，市场也因此得到扩展。在这个阶段，应该改进服务质量，增加新的服务，寻求进入新的细分市场，增加区域覆盖。在快速增长阶段，会面临保持服务质量的挑战，会面临人力资源短缺问题。中国的 IT 服务市场大多处于这个周期，此时需要打下良好的组织管理、IT 服务管理和新产品导入的基础，为进入下面具有挑战性的市场周期打下坚实基础。

在服务产品的成熟期，增长会慢下来，在营销过程中会面临如何处理产能过剩、竞争加剧、价格下滑问题，这个时期要加大新产品的推广。

衰退期，增长会下降，可以考虑撤出或减少服务，做好风险管理，将资源投入新的市场。

在 IT 服务产品导入期，达斯公司服务产品定价采用需求导向定价，在增长阶段采用成本导向定价，其中每种产品的标准工时、故障率、本地支持率、人员等级、质量等级是成本核算的主要参数。

8.3 信息技术服务营销常见问题

1. 供需不匹配问题

服务生产和消费不能分离及服务不能被存储的特性，决定了服务营销过程中供求矛盾的特殊性。由于服务不能在预先生产出来后存储起来，一旦服务生产能力形成，而又没有顾客前来购买和消费，服务生产能力就会被闲置和浪费，因此，IT 服务企业不能根据高峰期时的需求来设计服务生产；同样，由于服务不能预先加以存储，如果服务生产能力有限，需求高峰时期的供求矛盾就会十分尖锐，高峰期劳动强度大，服务质量难以得到保障，顾客不满意的可能性加大。

处理此类问题的常用作法是，一方面可以常规储备一些资源，以应对峰值，通常在 15% 左右；另一方面使用外部资源应对峰值，可以使用临时资源，也可以使用长期外包资源。使用外包人员的服务质量要特别关注，否则客户满意度会下降，甚至丢掉客户。对外部人员要提前明确和培训服务管理要求。

2. 局部和整体不协同问题

服务营销体系环节多、无形，相互之间容易只见"树木"不见"森林"，不知道正在做的服务的整体是怎样的，不知其他成员在扮演什么角色，缺乏自动协同，整体服务质量得不到保证，组织效能低。

解决方法是每款服务都绘制一幅服务蓝图，描述清楚服务各环节的相互关系，每个参与服务的人员都应该清楚自己的定位和职责。

3. 契约不完备问题

由于服务的无形性，服务合同的完备性会直接影响服务的成本和质量。完备的服务合同的当事人必须可以预测所有有关的意外事件，并且对每个意外事件共同规定一系列交易各方必须执行的行动等内容。当事人还必须规定满意绩效的组成部分，并且可以衡量绩效。最后，合同必须是可以实施的。由于 IT 服务市场中的客户和服务商的经济行为在逐步市场化的过程中，供需双方对 IT 服务需求和履行的认识及体验在积累的过程中，在服务的合同中常常会出现不能够完全描述责任、权利、行动的现象，存在着对于意外事件无法预测或者虽然可以预测，但不能明确确定并履约义务。这样常常会导致客户的需求在签约后发生变更，合同的执行绩效难以评估，合同成本不可控。由于客户通常以固定价格签订合同，成本的不确定常常导致项目盈利不可控。

4．做综合服务商还是做专业服务商

根据斯密定理，对于某些活动需求的增长，应该伴随着供应这些活动的专业化的增长。当市场规模较小时，对专业服务的需求较低时，不存在可以补偿专业服务商初期投资的价格，市场不足以支持专业服务商收回平均成本，于是综合服务商能有机会做多种服务；随着需求的增加，市场规模的扩大，市场价格可以补偿其平均成本，市场就可以支持专业服务商。当价格处于综合服务商的平均成本和专业服务商的平均成本之间，专业服务商就可以获得利润，而综合服务商就不能获得利润。于是当需求处于高水平时，专业服务商可以将综合服务商驱逐出相应专业市场。

随着市场的不断扩大，在未来的市场中，可以预期存在大量的专业服务商而较少的综合服务商。

8.4　结束语

企业在市场上有其生命周期，要靠不断创新来延续生命的活力。达斯由有形 IT 产品销售型企业转变成营销 IT 服务无形产品的成功实践，其关键因素如下所述。

1．以客户为中心

从其营销战略的制定过程可看出，能准确地把握客户 IT 服务方面的当前需求、未来的发展趋势、消费行为特征等，这是正确战略的基础。在营销体系的实践方面可以看到，每个子系统都注重与客户的互动机制的建立，而且设有专门的监控系统，确保战略在执行层面的落地。

2．注重盈利

许多做 IT 服务的企业深陷无法盈利的陷阱中难以自拔，主要原因是由于 IT 服务的无形特点，企业 IT 服务业务的创始人多出自于 IT 专业服务人士，他们在市场营销方面缺乏经验，在客户选择和业务选择上缺乏系统规划。常见现象是，多项服务同时推向市场，但每项都没有规模，知识和经验无法复用，盈利模式不清晰。达斯公司在战略路线的选择和阶段部署、营销组合设计等方面，充分考虑了可盈利性，其针对 IT 服务的营销战略的制定方法具有一定的普遍性。

3．尊重 IT 服务这种无形产品的客观规律

尊重 IT 服务的客观规律，很多过去做有形产品营销的企业向 IT 服务转型不成功，是因为这一点做不到，究其原因，一方面是惯性使然，用有形产品的营销方式来对待无形产品；另一方面，中国企业在这个领域缺乏最佳实践参考，企业的学习成本高。在实操层面，达斯公司注重 IT 服务相关的国际标准、规范和方法论的导入。销售系统采用了 IBM SSM 方法论，交付系统依据 IT 服务管理国际标准 ITIL 建立，质量监控体系采用了 ISO9001 和 ISO20000 国际标准及 PDCA 方法论等。达斯公司的实践是对 IT 服务营销规律的一种诠释，起着抛砖引玉的作用。

参考文献

[1] 德尔·J·霍金斯，罗格·J·贝斯特，肯尼思·A·科尼著，符国群等译，《消费者行为学》（第 7 版）. 北京：机械工业出版社，2002.

[2] 戴维·贝赞可、戴维·德雷诺夫、马可·尚利著，武亚军译，公司战略经济学. 北京：北大光华管理学院，1999.

[3] 保罗·萨缪尔森、威廉·诺德豪斯著，萧琛等译，经济学. 天津：华夏出版社，1999.

[4] 万成林、温孝卿、邓向荣，市场学原理. 天津：天津大学出版社，2003.

[5] 菲利普·科特勒、托马斯·海斯、保罗·n·布卢姆，专业服务营销. 北京：中信出版社，2003.

[6] 李建军. 服务力. 北京：中国时代经济出版社，2005.

[7] 道·盖尔著，胡小军、王毅、范小平译，郭士纳与 IBM 十年转机. 北京：华夏出版社，2004.

[8] 詹姆斯·A·菲茨西蒙斯、莫娜·J·菲茨西蒙斯，服务管理——运作、战略和信息技术. 北京：机械工业出版社，2002.

[9] Julie.Edell.Britton，客户关系管理. 北京：北大光华管理学院，2004.

[10] Anat.Lechner，国际战略管理. 纽约大学斯特恩商学院，2003.

[11] 魏志峰、许伟波. 任职资格体系设计与实践案例. 北京：海天出版社，2009.

[12] 陈宏峰. 翰纬 ITIL V3 白皮书. 翰纬 IT 管理研究咨询中心，2007.

[13] 孙强等. IT 服务管理：概念、理解与实施. 北京：机械工业出版社，2004.

[14] 陆康明. 基于生命周期的 IT 服务管理研究. 上海：同济大学，2008.

[15] 左天祖，刘伟等. 中国 IT 服务管理指南. 北京：北京大学出版社，2007.

[16] 朱海林、方乐、梁晟等. IT 服务管理、控制与流程. 北京：机械工业出版社，2006.

[17] （南非）Peter Brooks，丰祖军译. IT 服务管理指标. 北京：清华大学出版社，2008.

[18] 孙莹. IT 服务管理流程及其评估方法的研究. 上海：同济大学，2006.

[19] 汤洪涛. 业务过程管理实施方法理论及应用的研究. 杭州：浙江大学，2004.

[20] 陶亚雄、王坚、凌卫青. 基于流程知识的业务流程管理系统研究. 制造业自动化，2007.

[21] 宋彦军. TQM、ISO9000 与服务质量管理. 北京：机械工业出版社，2007.

[22] 张彦平. 新产品开发流程优化的设计及应用. 北京：北京航空航天大学，2009.

[23] 秦杨勇. 平衡计分卡与流程管理. 北京：中国经济出版社，2008.

[24] 王玉荣、彭辉. 流程管理. 北京：北京大学出版社，2008.

[25] 周延虎、何桢、高雪峰. 精益生产与六西格玛管理的对比与整合. 工业工程，2006年11月第9卷第6期.

[26] 曹礼和. 顾客满意度理论模型与测评体系研究. 湖北经济学院学报，2007年1月第5卷第1期.

[27] 王敏. 基于价值链的培训服务满意度提高途径研究. 长沙：中南大学，2005.